建筑美学十五讲

唐孝祥 编著

中国建筑工业出版社

图书在版编目（CIP）数据

建筑美学十五讲/唐孝祥编著．—北京：中国建筑工业出版
社，2017.6（2021.11重印）
ISBN 978-7-112-20697-1

Ⅰ．①建…　Ⅱ．①唐…　Ⅲ．①建筑美学　Ⅳ．①TU-80

中国版本图书馆CIP数据核字（2017）第086034号

　　建筑美学是建筑学与美学相交而生的新兴交叉学科，学术生命力旺盛，学术前景广阔。《建筑美学十五讲》借鉴生存论哲学和价值论美学的最新研究成果，认为建筑审美活动是建筑美学的研究对象和逻辑起点，阐释了建筑美的生成机制，即建筑美的生成来源于建筑的审美属性，取决于主体的审美需要，产生于建筑审美活动之中。建筑美是建筑的审美属性和主题的审美需要在建筑审美活动中契合而生的一种价值。

　　《建筑美学十五讲》分析评述了国内外关于建筑美学的研究现状，结合中国传统的宫殿、陵墓、寺庙、园林、民居等建筑典例的审美文化分析和国外的朗香教堂、悉尼歌剧院、流水别墅等建筑精品的审美文化解读，力图系统深入地解析建筑审美活动的本质和特征，建筑审美活动心理过程的四个阶段，建筑审美的三个基本维度，创新论述了建筑美的生成机制、建筑审美的文化机制和建筑审美活动的情感作用，探析了建筑审美与艺术审美的共通性，建构建筑美学的文化地域性格理论，阐明建筑发展的适应性规律。

　　《建筑美学十五讲》是根据作者近二十年的建筑美学的学术研究心得和教学实践经验，以及多年的建筑美学教学改革成果编著而成的，在内容安排和语言表述上考虑了读者的多样性和差异性，以期实现作为教材选用时的专题型研讨式的差异化教学目标，与《建筑美学》国家精品视频课程相配合，兼顾建筑美学的普及与提高、学习与研究的不同目标需求。

　　《建筑美学十五讲》的编写致力于建筑美学的基本理论问题的解析，明晰建筑美学的理论体系及其逻辑框架，目的在于探索建筑审美规律，阐释建筑审美现象，培养建筑审美能力，指导建筑审美活动。

责任编辑：唐　旭
责任校对：李美娜　刘梦然

建筑美学十五讲
唐孝祥　编著

＊

中国建筑工业出版社出版、发行（北京海淀三里河路9号）
各地新华书店、建筑书店经销
北京锋尚制版有限公司制版
天津画中画印刷有限公司印刷

＊

开本：787毫米×1092毫米　1/16　印张：17¾　字数：326千字
2017年11月第一版　2021年11月第三次印刷
定价：**49.00元**
ISBN 978 – 7 – 112 – 20697 – 1
（30349）

目录
Contents

第1讲

建筑美学的学科定位和逻辑起点

建筑美学理论研究的创新发展首先必须弄清楚美学的学科定位，并在此基础上准确把握建筑美学研究的哲学基点及逻辑起点，自觉借鉴众多前沿学科研究的新成果，完善和优化研究方法。综观目前国内外建筑美学的论著，我们不难发现，它们多数因袭照搬从知识论哲学出发的美学研究范式，难以推进建筑美学研究的创新，难以建构建筑美学的理论体系。本讲主要讨论的问题是建筑美学的学科定位，建筑美学的研究对象，建筑美学的研究现状和建筑美学的目标任务。

一、建筑美学的学科定位

建筑美学是建筑学和美学交叉而生的一门新兴学科。建筑美学研究，有助于美学研究的深化和发展，也有助于建筑学的研究和发展，更有助于建筑学和美学这两大学科的联姻和整合发展。建筑美学研究必须准确把握建筑美学研究的哲学基点及逻辑起点，自觉借鉴众多前沿学科研究的新成果，完善和优化研究方法。

著名美学家车尔尼雪夫斯基曾说，建筑是最实用的一门艺术。建筑有实用、坚固、经济的一面，又有美观的一面；它有技术的一面，又有艺术的一面。人们对建筑的实用、技术的一面，一般争议不多；而对建筑艺术、建筑美的看法往往争议较多。建筑学界也见仁见智，说法不一。归根到底，就是对建筑艺术、建筑美的看法、标准不一致。建筑美学这门学科就是希望通过理论和实践在对建筑艺术、建筑美的看法上能够找出途径、方法，或者能够提出一些基础理论和理论依据。[①]

在学术思想史上，从公元前1世纪维特鲁威（Viteru）在其《建筑十书》中提出的"坚固、实用、美观"的思想到19世纪黑格尔（Hegel）在其《美学》中关于象征型艺术的广泛论述，从奈尔维《建筑的审美与技术》到罗杰·斯克鲁通（Roger Scuton）《建筑美学》……西方建筑美学研究注重于建筑审美描述和有关建筑的审美心理学研究，系统地建筑美学理论尚在探索和建构之中。国内近30多年来陆续出版了10余部有关建筑美学理论的论著，对中国建筑美学研究奠定了一定的基础，其中有的采用文艺美学、哲学美学的研究模式，有的局限于建筑技术理论研究。可以说，我国的建筑美学的理论体系建构尚处于初创和起步阶段。

理解建筑美学的学科定位应该注意到以下五个方面：其一，建筑是技术与艺术的统一体，建筑艺术是最实用的艺术门类，有别于书法艺术、音乐艺术、绘画艺术等纯精神性艺术；其二，建筑美学是一门涉猎宽、内容广的综合学科，关涉自然科学学科、社会科学学科、工程技术学科和人文艺术学科；其三，美学以研究审美活动为学科起点，具有开放性、交叉性、边缘性的学科特点；其四，建筑美学是建筑学与美学相交而生的新兴边缘交叉学科；其五，建筑美学的研究属于跨学科交叉综合研究，具有广阔的学术前景和强大的学术生命力。

二、建筑美学的研究对象

对象的确立是任何一项科学研究工作的前提，明确界定建筑美学的研究对象或主要内容是建筑美学研究的基础工作，因为它直接决定了建筑美学研究的目标、方法和意义。事物发展规律表明，任何事物都不是静止、孤立的存在，而是处于错综复杂的联系之中和连续永恒的运动变化之中。因此，我们对建筑美学的研究对象进行时空定位时，必须立足于建筑美学所固有的联系和发展的辩证本性。

纵观近30多年来关于美学原理理论的著述，张法、王旭晓在《美学原理》一书中认为，可以把学界关于三种追求美的本质的方向视为三大定点：理念（形而上根据）、形式（客观事物）、快感（主体心理）。"在某种意义上，正是这三个方向，构成了美学展开的三个基本研究领域。三大定点的确立，不但预构了随西方文化全球化而来的美学全球化的非西方文化美学的基本结构，也预构了西方文化自己批判自己的原始立场后的基本方向。"②

而学界关于建筑美学研究对象的研究，主要观点集中在以下三个方面：

其一，以建筑美为研究对象——沿袭传统的认识论哲学（或称知识论哲学）的研究范式，立足于传统的美学理论的立场，探讨建筑美的属性和标准，以指导建筑设计实践。

其二，以建筑的艺术性为研究对象——作为文化的载体和艺术的表现，建筑艺术博大精深。不少学者结合文化艺术研究的理论，分析中外建筑艺术演变发展的历史过程，揭示其文化含义及艺术观念，促进了建筑艺术性的挖掘与研究工作。

其三，以建筑审美经验为研究对象——着眼于建筑鉴赏或使用的角度，分析主体心理，探索建筑审美过程中的经验表征，以期指导和推进建筑审美活动。

我们认为，建筑审美活动是建筑美学研究的逻辑起点。任何对"理念（形而上根据）"、"形式（客观事物）"、"快感（主体心理）"进行单独考量的研究都难以解释纷繁的建筑审美。建筑审美活动的各个方面构成建筑美学的研究对象，以建筑审美活动为逻辑起点，可以充分联系客观事物与主体心理，并将形而上的理念探讨贯穿其中。有关建筑美的生成机制、表现形态，对建筑审美规律的探索以及一切建筑审美现象的解释等，只有通过对建筑审美活动的具体分析来获得答案。首先，建筑美是作为客体的建筑的审美属性与主体对建筑的审美需要相契合而产生的一种价值。建筑美作为一个价值事实，是主客体间价值运动的产物，既离不开建筑的审美属性，更取决于主体的审美需要，终究是产生于建筑审美活动之中的。只有通过建筑审美活动，才能形成现实具体的建筑审美关系，从而使建筑的审美属性和主体的审美需要走向契合而促成建筑美的生成。其次，建筑审美活动是人类多样性活动中的一项特殊活动，是人类实践活动的一个有机组成部分，人类的一切审美现象、审美关系与审美规律，都包蕴在人类的审美活动中。只有从具体的建筑审美活动出发，才能获得对建筑美本质问题的探索，对建筑审美规律的探索以及一切建筑审美现象的解释等。简而言之，建筑美学可以被称为研究建筑审美活动的学科。因此，对建筑审美过程的研究和分析自然成为探讨建筑美的本质和根源的逻辑起点和关键所在。

三、建筑美学的研究现状

　　人类的建筑审美活动，源远流长。古希腊罗马建筑十分推崇人体美，讲究度量及秩序和谐，充分反映了当时人的审美趣味和审美理想。古希腊罗马建筑"五柱式"就是明证。我国早在先秦时期的周代，就有诗人赞美那舒展的屋顶："如鸟斯革、如翚斯飞"。但是，对建筑美学的专门研究，则是在1750年美学作为独立的学科诞生以后的事情。在西方学术思想史上，公元前1世纪维特鲁威在其《建筑十书》中就提出了"坚固、实用、美观"的思想，国外关于建筑美学的专门研究，最早可追溯到德国古典美学的集大成者——黑格尔。黑格尔将建筑视为一切艺术之始，把它作为艺术发展的第一阶段——象征型艺术的代表。他认为："建筑是与象征型艺术形式相对应的，它最适宜于实现象征型艺术的原则，因为建筑一般只能用外在环境中的东西去暗示移植到它里面去的意义"[③]。显然，黑格尔的美学思想是他哲学思想的一部分，黑格尔论述建筑美的全部意义和根本目的在于说明"美是理念的感性显现"。他通过将建筑艺术与雕刻艺术相比照，认为建筑作为艺术的起源，以及包括建筑美在内的建筑艺术的全部意义，最为重要的在于找到建筑物本身的自有意义，这就是自在自为的理念或绝对精神，这"是打开建筑的多种多样的结构秘密的唯一一把钥匙，也是贯穿到迷境似的建筑形式中的一条线索"④。由于建筑艺术与雕刻艺术的"分别在于这种艺术作为建筑并不创造出本身就具有精神性和主体性的意义，而且本身也不就能完全表现出这种精神意义的形象，而是创造出一种外在形状只能以象征方式去暗示意义的作品。所以，这种建筑无论在内容上还是在表现方式上都是地道的象征性艺术。"⑤

　　注重于艺术的形式分析是西方艺术和美学研究的重要特征和一贯传统，这一传统在黑格尔生活的时代依然影响到艺术和美学研究。黑格尔认为艺术是普遍理念和个别感性形象对立统一的精神活动，艺术发展所经历的象征型、古典型、浪漫型三个不同阶段也就是艺术理念与艺术形式之间关系的三种不同表现，即（象征型艺术）形式大于理念、（古典型艺术）形式与理念的和谐、（浪漫型艺术）形式小于理念。在黑格尔看来，浪漫型艺术（如音乐、诗歌）是艺术发展的顶峰，此后艺术就要衰落，艺术精神就要脱离艺术发展到宗教和哲学上去，从而得出了艺术消亡的结论。

　　黑格尔建筑美学的贡献和启发主要在于考察艺术史的历史哲学高度及其闪烁的辩证思想的光辉，黑格尔美学的终极目的虽然在于论证理念或绝对精神自己实现自己并又回复到自己的发展过程，但对包括建筑在内的各种具体艺术的研究是深刻的，指出了建筑的一些特征，看到了艺术发展的一些规律。尽管黑格尔关于艺术美学的分析无论出发点还是结论都是错误的，但整个西方艺术理论可以说到了他那里才有了完整的体系。

　　在西方文化传统中，建筑历来被视为一门艺术，与雕刻、音乐、绘画相提并论。因此，探究建筑与其他艺术之间的关系便成了西方美学研究的重要内容之一。比黑格尔略早的许莱格尔、歌德、谢林等人的比喻"建筑是凝固的音乐"，至今人们还耳熟能详。对此，黑格尔曾经明确指出："弗列德里希·许莱格尔曾经把建筑比作冻结的音乐，实际上这两种艺术都要靠各种比例关系的和谐，而这些比例关系都可以归结到数，因此在基本特点上都是容易了解的。"⑥

　　19世纪以后，西方建筑艺术理论研究分为现代主义和后现代主义两个重要时期。在现代主义发展时期，西方建筑艺术流派纷呈，流派繁多。如"形式随从功能"、"国际主义风格"、"机器美学"、"房屋是居住的机器"、"装饰就是罪恶"等主张，如未来派、构成派、风格派、造型主义等流派，表征了这一时期西方建筑艺术思潮的发展演变。从总体上看，它们都倾向于功能主义的美学取向，从不同方面以各自立场为功能主义展开论述。犹如学术界达成的共识：这一时期建筑的美学风格可以概括为"功能主义"的技术美。因为它们的审美特征突出表现在形式服从功能，认定功能是建筑美的基础甚至全部，直接利用新材料的表现力，不求过多装饰，而是通过一定基本形式部件的重复组合，通过建筑群简洁明朗的配置，以形成生动的韵律变化的"乐章"。这一时期，有关建筑美学的主要著述有：奈尔维《建筑的审美与技术》、密斯《谈建筑》、柯布西耶《走向新建筑》、吉地翁《空间—时间与建筑》、莱特《给从事于建筑的青年》、约翰逊《论国际式风格》、佩夫斯纳《现代设计的先驱者们——从莫里斯到格罗皮乌斯》、班能《建筑论文四篇》、格罗皮乌斯《全面建筑观》、塞维《对建筑的解释》、拉斯穆辛《建筑的体验》等。

关于现代主义建筑的理论观点，吴焕加先生曾概括出5个主要方面："（1）强调建筑随时代而发展变化，现代建筑要同工业社会的条件与需要相适应；（2）号召建筑师要重视建筑物的实用功能，关心有关的社会和经济问题；（3）主张在建筑设计和建筑艺术创作中发挥现代材料、结构和新技术的特质；（4）主张坚决抛开历史上的建筑风格和样式的束缚，按照今日的建筑逻辑（architectonic），灵活自由地进行创造性的设计与创作；（5）主张建筑师借鉴现代造型艺术和技术美学的成就，创造工业时代的建筑新风格。"[⑦]结合现代主义时期建筑创作实例，通过对现代主义建筑许多代表人物的理论主张的分析，我们能够深刻地感受到现代主义建筑所留存的工业化社会的时代烙印。在工业化发展时期，人们追求的是技术革新和提高生产效益与生产效率。在建筑界则表现为对功能主义的追求和对新建筑运动的响应和努力。就这一时期的建筑美学而言，技术美学是主流，它影响并试图改变人们传统的艺术和审美观念，显示出对建筑的技术个性的关注和热情，与黑格尔建筑美学形成鲜明的对比和强烈的反差，仿佛是建筑美学领域的一股新风。然而，在深层的本质意义上并没有改变，依然沿袭认识论哲学（或称知识论哲学）的传统研究范式。也就是说，这一时期的审美理想和审美标准仍然是追求艺术的普遍性、和谐性、确定性和明晰性，这在风格派和包豪斯学派表现得最为明显。

真正的建筑美学新风是20世纪50年代开始酝酿并于20世纪60～70年代开始吹劲的。经过"第二次世界大战"结束后的头几年的探索，到现代主义后期，无论是建筑实践还是建筑理论，都在酝酿着对原有审美理想和审美标准的超越。这种超越最典型的实例便是1955年落成的由勒·柯布西耶设计创作的朗香教堂。这与他的20世纪20年代《走向新建筑》的理论主张迥异其趣，甚至背道而驰。正如吴焕加教授所指出的，"勒·柯布西耶在第二次世界大战之后建筑风格上的变化正是表现了一种新的美学观念，新的艺术价值观。概括地说，可以认为柯布西耶从当年的崇尚机器美学转而赞赏手工劳作之美；从显示现代化派头转而追求古风和原始情调；从主张清晰表达转而爱好混沌模糊，从明朗走向神秘，从有序转向无序；从常态转向超常，从瞻前转向顾后；从理性主导转向非理性主导。这些显然是十分重大的风格变化、美学观念的变化和艺术价值观的变化。"⑧ "但是现代主义与晚期现代主义之间仍有不少一致性：两者均强调自身革命性感情和文脉因素；偏重于立足科学技术，着眼于建筑的物质方面，却又过分重视设计的独创性和建筑美学的抽象性，如此等等，说明晚期现代主义没有完全脱离现代主义，这时甚至有些现代主义元老也或多或少表现出夸张的倾向，一反往常的刻板作法。"⑨因此，晚期现代主义是由现代主义走向后现代主义的西方建筑美学转型的酝酿期和过渡期，显示出西方建筑美学由现代主义向后现代主义进行理论转型的双重品格和过渡特征。

需要指出的是，晚期现代主义与后现代主义的区别并不在于时间顺序的前后关系，而是在于它们的建筑风格和审美理想的分野。所以，不能因为罗杰·斯克鲁通（Roger Scruton）在1979年而将其视为后现代主义的理论代表。事实上，罗杰·斯克鲁通的理论主张可算是功能主义。他说，建筑的更进一步特征是技术性。他认为，我们鉴赏的是建筑形式对功能而言的那种适应性。⑩

后现代主义是20世纪60年代兴起的，它是对诸多建筑运动的统称。虽然这些新流派没有共同的风格，也没有团结一致的思想信念，但它们满怀着批判现代主义的热情和希冀，共同相约在"后现代主义"旗帜下。

可以说，后现代主义的名字是通过"五本洋书"（文丘里《建筑的复杂性与矛盾性》、詹克斯《后现代建筑语言》、沃尔夫《从包豪斯到现在》、戈德伯格《后现代时期的建筑设计——当代美国建筑评论》、詹克斯《什么是后现代主义》），"三次展览"（1980年威尼斯第39届艺术节上的建筑展、建筑1960国际巡回展览、1987年西柏林国际建筑），后现代"七位明星"（文丘里、格雷夫斯、约翰逊、波菲尔、霍莱因、矶崎新、摩尔）不胫而走，影响世界。我们无意于追溯后现代主义建筑思潮的来龙去脉，但透过后现代主义的上述五部著作以及后现代主义思潮的复古主义倾向、装饰的倾向、重视地方特色和文脉的倾向、玩世不恭的创作态度、国际化的倾向，可以窥视后现代主义思潮所带来的建筑美学观的变化。这种变化表现在：

一是对长期以来传统的和谐美学观的反叛和超越，揭示建筑的复杂性和矛盾性，关注建筑艺术丰富的多义性内涵。重提反和谐美学观的建筑学意义，对传统以来西方建筑界信奉的建筑美在于建筑形式要素的和谐的观点开始了最为深刻的质疑。这在后现代主义建筑的代言人詹克斯那里表现得最为突出。詹克斯在阐释其建筑主张时借用了许多属于语言学或与语言学相近的术语，因为他把建筑理解为一种"语言"。他不满足于传统的建筑理论把建筑美的要素局限于统一、均衡、比例、尺度、韵律、色彩等方面，传统的建筑美学用来描述建筑美的那些通用术语在他看来都太贫乏了，以致无法用来区别建筑的现代主义及其当代的新发展，更无从区别"后期现代主义"和"后现代主义"形式各异的风貌。

第二个变化是研究范式的变化。改变了以往注重于探讨建筑与其他艺术的共性的研究范式，努力找寻建筑艺术和建筑审美的差异性和个性特征。表面上看来这似乎只是研究重点的变化和转移，其实有着更深层的意义。它预示了西方建筑美学的研究方法的更新和哲学基础的调整，透射出建筑美学研究的人类生存本体论哲学基础的方法论取向，从而显著区别于强调普遍性、一般性研究的方法和知识论哲学基础，这是一个具有深刻启发意义的不可低估的重大贡献。

第三个变化在于研究视野的扩大和深化。此前，西方建筑美学往往以建筑单体的形式关系和形式特征作为研究对象，在功能主义思想的影响下，更多地偏注于建筑的实用功能及其形式表现的技术个性，较少注意到建筑与环境、建筑与文化，以及建筑群体之间的关系。而后现代主义则标举"文脉主义"（Contextual-ism）、"引喻主义"（Allusionism）、"装饰主义"（Ornamentation），开始了综合建筑的时代性、地域性和文化性进行建筑审美欣赏和评价。

第四个变化在于接触到建筑美感的模糊性、复杂性和不确定性问题，从而与以往那种追求建筑美感的明晰性和确定性形成强烈反差和鲜明对比，给我们今天的建筑美学理论研究提供了启迪和借鉴。

后现代主义建筑思潮对现代主义建筑美学的极力反叛和根本否弃标志着当代西方建筑美学的开始。后现代主义建筑思潮声名鹊起之时，正是解构主义建筑美学着装登场之时，与解构主义建筑对后现代主义建筑的否弃相伴，新现代主义美学和高技派美学又从现代主义美学中发掘出新的价值和意义。这种否弃、超越、回归与重构的过程及其特征，勾勒了当代西方建筑美学的发展演变图景。它既显示出当代西方美学的批判精神和超越精神，又反映了当代西方建筑美学在开掘建筑审美意义上的巨大贡献和努力，是值得肯定和永远珍视的。

在我国，建筑美学的学术研究的兴起与新中国成立以后我国国内的美学讲座和研究曾出现的两次美学热潮密切相关。第一次美学热潮是在20世

纪50年代末至60年代初，就美的本质、自然美、美学的对象等问题展开了
热烈的争论，并形成以朱光潜、蔡仪、李泽厚为代表的三派互相对立的美
学理论，引起了学术界和文艺界的极大兴趣。第二次美学热潮出现于20世
纪70年代末和80年代，这不仅表现在从1978年开始，全国各种报刊上讨论
美学问题的文章逐渐增多，而且表现在讨论的范围也逐步扩大，除了继续
讨论美学对象、美的本质等问题外，讨论的问题还有形象思维、艺术形式
美、艺术中的"自我表现"问题以及中国古典美学和西方古典美学的不同
特点的问题等。我国关于建筑美学的讨论和研究就是从这个时候开始兴起
和扩大的。

　　但从学理上追根溯源，早在1932年梁思成、林徽因在《平郊建筑杂录》
一文中对建筑美学已初步形成自己的理解："这些美的存在，在建筑审美者
的眼里，都能引起特异的感觉，在'诗意'和'画意'之外，还使他感到
一种建筑意的愉快……"⑪

　　而国内有意识地对建筑美学进行专门的研究当始于王世仁先生。他在
20世纪80年代初期发表了《建筑中的美学问题》、《中国建筑的审美价值与
要素》、《中国传统建筑审美三层次》、《塔的人情味》等一系列学术论文，
就建筑的艺术特征、审美价值、建筑审美的层次展开了多方面的论述，这
些论文1987年由中国建筑工业出版社集成《理性与浪漫的交织》出版，对
国内建筑美学研究产生很大的影响，此后，陆续出版了王振复《建筑美学》
（1987）、汪正章《建筑美学》（1990）、王世仁等《建筑美学》（1991）、余
东升《中西建筑美学比较》（1992）、侯幼彬《中国建筑美学》（1997）、孙
祥斌等《建筑美学》（1997）、许祖华《建筑美学原理及应用》（1997）、金
学智《中国园林美学》（2000）、赵巍岩《当代建筑美学意义》（2001）、吕
道馨《建筑美学》（2001）、万书元《当代西方建筑美学》（2002）、唐孝祥
《近代岭南建筑美学研究》（2003）、熊明《建筑美学纲要》（2004）、沈福煦
《建筑美学》（2007）、曾坚等《建筑美学》（2010）等。这些著作的出版一
方面反映了建筑美学研究已引起学界的关注，另一方面也拓宽了我国建筑
美学研究的学术视野，对探寻和揭示建筑美和建筑审美的特征这两个在建
筑美学的理论研究中最为根本的问题提供了诸多启发。

　　汪正章先生认为："'美的建筑'≠'建筑的美'。那么'建筑的美'，
其意义究竟何在呢？概括地说，它是由建筑的美'因'（物质功能'因'和
科学技术'因'），美'形'（审美形式和艺术形式），美'意'（精神和意
蕴），美'境'（自然环境和人文环境），美'感'（审美主体和审美客体）
等要素所构成的'开放式索多边形网络'"，肯定了建筑美本质的学术地位

以及建筑美丰富多样的层次性。他还说："我们认为，建筑的美及其美感之所以产生，既不能脱离建筑审美对象，也不能单纯地归结于审美主体，而在于人与建筑，反映与被反映之间所构成的某种生动、复杂的交互关系。"⑫试图说明建筑美及其美感的生成机制，启发我们从生成机制的视角去把握建筑美的特点：建筑美是客观的，又是离不开"人"这一实践活动的主体的。

王振复先生的《建筑美学》在谈到建筑审美时，揭示了"艺术的共通性"这一十分重要的现象和艺术美学原理。将建筑形象与相关艺术如音乐、绘画、诗歌等艺术形象进行比较，为发掘论述建筑审美与艺术的共通性提供了丰富的材料。他说："谈到对建筑形象的审美虽然不能将建筑与音乐、绘画、诗歌等艺术混为一谈，然而，在其形象的审美时空意识上，它们又有相通之处或相似之点。"⑬比较而言，许祖华的《建筑美学原理及应用》的一个显著特点在于其有较为严密的理论逻辑和内容广泛性。从建筑美学的研究方法论、建筑美的本质和特征，到建筑美的艺术规律、建筑美的欣赏与批评等，该书均有论述。其中不乏启发性的论析，亦有不少自相矛盾之处或值得商榷的地方。

首先是关于建筑美学方法论的论述。这的确是不可忽视的重大问题，许祖华先生主张从建筑美学的概念、方法和内容三个方面来把握和构建建筑美学的方法论，不无启发意义。然而关于方法，即建筑美学方法论的主要内容，也就是他所说的"建筑美学方法论的第二个内容"则语焉不详，显得笼统。

侯幼彬先生的《中国建筑美学》运用丰富的史料就四个主要方面展开了令人信服的论述。一是综论中国古代建筑的主体——木构架体系，二是阐释中国建筑的构成形态和审美意匠，三是论述中国建筑所反映的理性精神，四是专论中国建筑的一个重要的、独特的美学问题——建筑意境。该书"借鉴接受美学的理论，阐释了建筑意象和建筑意境的含义。概述了建筑意境的三种构景方式和山水意象在中国建筑意境的构成中的强因子作用。把建筑意境客体视为'召唤结构'，区分了意境构成中存在的'实境'与'虚境'和'实景'与'虚景'的两个层次的'虚实'，试图揭示出被认为颇为玄虚的建筑意境的生成机制。并从艺术接受的角度分析'鉴赏指引'的重要作用，论述中国建筑所呈现的'文学与建筑焊接'的独特现象，阐述了中国建筑成功地运用'诗文指引'、'题名指引'、'题对指引'来拓宽意境蕴涵，触发接受者对意境的鉴赏敏感和领悟深度。"⑭

沈福煦先生编著的《建筑美学》分上篇"建筑历史与建筑美学"和下

篇"建筑美学和建筑"，内容丰富。但全书的美学理论基点没有超越认识论（或称知识论）哲学的限制。如该书的绪论有言"建筑美学就是研究建筑美的学问"，这与传统认识论美学"美学是研究美的学问"的观点在本质上是一致的。

综观国内关于建筑美学的研究，我们不难发现，我国的建筑美学研究尚处于起步和初创阶段。虽然近年来已有不少的相关论著问世，但主要集中于关于建筑审美的现象描述，而对建筑美及其本质特征、建筑审美及其标准问题论之不深甚至太少，从而表现出与建构我国的建筑美学理论体系的目标相距甚远。究其原因，主要在于：一是对建筑艺术本质的认识不足。建筑是技术和艺术的综合体，建筑的技术个性是建筑的艺术表现和人文品格的基础，建筑艺术美客观上在于其技术个性和人文品格的互相适应的和谐统一。由于在建筑艺术本质的认识上偏颇，不少论者在论析建筑美时要么撇开建筑的艺术性而专注建筑的技术和形式表现，要么无视建筑的技术个性而单论建筑的艺术共通性。二是建筑美学研究的哲学基础的错位。目前关于包括建筑美学在内的美学研究始终局限于认识论的框架之中，导致了热衷于追问美的客观性和绝对性，审美的共同性和普遍标准的现象和局面。建筑美学研究的创新有赖于走出沿袭已久的认识论的哲学框架，恢复于生存论的木休论基础，审美（包括建筑审美在内）作为人生存的一种表现方式，其秘密也只能从生存论的本体论角度加以破解。三是建筑美学研究方法的缺陷。建筑美学是一门交叉性边缘学科，建筑美学的学科特点决定了其研究方法不能是单一的，而应是综合的。目前建筑美学研究的方法缺陷表现出或套用文艺美学研究模式，抑或套用哲学美学研究模式，抑或套用建筑学研究方式，具体科学的某一研究方法的运用有助于建筑美学某些内容与特征的揭示，但难以展现建筑美学那独特的、全面的学术品格。

四、建筑美学的目标任务

建筑美学是建筑学和美学相交而生的新兴学科，在国内尚属起步阶段，而国外的研究虽广度恢宏，但深度尚待拓展。美学的学科边缘性和建筑美学新兴边缘交叉性质，决定了建筑美学研究在对象上的复杂性，在内容上的丰富性，在目标上的多样性和在方法上的综合性。

学习和研究建筑美学的目标和任务主要在于4个方面，即培养建筑审美能力，探索建筑美学规律，阐释建筑审美现象，指导建筑审美活动。

1. 培养建筑审美能力

艺术修养的提高不限于艺术技巧的改进，更重要的是审美思维能力、艺术直觉的培养，审美观点、审美理想的确立和个人品格气质的培养。审美是指审美活动、审美实践，建筑审美是指建筑审美活动、建筑审美实践。就建筑艺术而言，包含两个层面的意义：既指建筑师设计构思建筑作品过程中的审美实践，也指审美主体鉴赏建筑艺术的审美活动。而在美学知识指导下对艺术的视知觉调动感性思维的训练，是提高建筑审美能力的先决条件。审美实践和审美活动是提高艺术修养的先决条件。建筑作为社会意识形态领域的空间造型艺术，是人的现实物质生活和精神世界的形象反映，综合人的知识、感情、理念、生理及心理活动而成为有机统一体。

因此，通过审美而改善自身的气质、品格、道德等美学修养，才能使人和宇宙万物产生精神共鸣从而建立审美理想，这不仅是建筑师创作满足人们审美精神要求之作品的基本条件，更是"进德修业"，提高人们审美能力、审美素养和生活质量的基础。

2. 探索建筑美学规律

建筑作品中，那些经精心选择和创意编排之后得到的形式，是有组织能力的心灵与现实世界相契合而获得的成果。作为建筑师的气质和心灵的写照，建筑艺术固然凝结着创作者的审美个性，但同时，它也深刻地反映了当时、当地的审美文化特征及其规律。从美学发展的理论，我们可以梳理出建筑审美发展的内在逻辑；回顾中西方建筑审美发展的历程，更能够从审美发展的角度展望当今建筑发展趋势。

纵观古今中外建筑审美发展变化的历程，可以发现建筑审美的变化与美学发展的递进相吻合，是互相促进的，并深刻反映审美发展的内在逻辑与规律，事实上，自从建筑从纯粹实用的功能中衍生出社会功能和艺术功能之后，建筑就始终反映和关照着社会的审美趋势。从建筑审美的角度考察建筑发展变化规律，分析社会审美心理的变化历程，可以使我们客观全面地了解建筑审美发展的内在逻辑和规律。

3. 阐释建筑审美现象

在漫长的历史时期，艺术审美被赋予本体之外更多的社会意义，人们的审美追求已经超越视觉和感官刺激的单纯形式艺术性，建筑也因社会性的融入而具有更为厚重的外延和持久的意义。

　　审美是人类情感的最高追求和人类生存的最高境界。任何人都离不开建筑，任何人都有审美追求。建筑是人为且为人的人居环境，积淀了人类的创造智慧、刻录着人类的文化记忆、烙印了人类的情感追求。从宫殿到陵墓，从寺庙、教堂到园林，乃至于风格各异的世界各地民居建筑，中外建筑多姿多彩，千差万别，地域分布广泛，民族特色各异，文化精神分殊，时代风格更替，产生了纷繁复杂的建筑审美现象。

　　因此，透过漫长历史长河中纷繁变化的建筑审美现象，我们可以探究其美学意义，理解和领悟蕴含其中的哲学价值和文化精神。建筑造型审美、建筑意境审美、建筑环境审美是我们建筑审美现象的基本维度。

4. 指导建筑审美活动

　　总体而言，审美活动的过程是满足人的发展需要，实现人的全面发展，臻于自由境界的过程。建筑美学理论的学习和研究，其基本出发点便是指导我们的建筑审美活动。

　　单方面强调人的物质性需要或精神性需要的满足仍然是片面的。审美活动能够引起审美主体对日常生活功利态度的一种超越。审美活动在讲求非功利性的同时也会对社会产生间接的功利作用。如社会进步所依赖的技术、观念、制度等这些容易束缚人的自由个性的理性内容均可借助于审美活动来更好地实现自己的功能。

　　因此，以现实生活为基础的建筑艺术，其明确的功利实用性，如何与超功利的审美活动相依托，并互为实现，成为建筑美学所面临的重要现实意义。

　　美学理论的系统研究与学习，不仅有助于重新认识建筑审美活动这一特殊活动，更促使我们有意识地去获取一种自觉、积极的审美感受，并以此作为审美实践的出发点，创作符合现代人生活及审美习惯的优秀建筑作品。诚如王世仁先生在《理性与浪漫的交织》三版前记中讲述："我们不必在理论上穷其究竟，非得找到'终极的真理'不可；我们只是在探讨的过程中，是建筑师更聪明一些……这个研究探讨的过程，就是不断创造建筑美的过程，也就是我们今天要重视建筑美学的目的。"

　　美学是在发展的，建筑美学亦紧紧跟随时代的步伐前进。当代建筑艺术思潮与审美日趋多元，大众的参与对于建筑的意义愈显重要。因此，提高在校大学生和社会大众的建筑美学素养，既要加强建筑美学基本知识的学习，同时也要积极挖掘主体自身的审美能动性及美学时代精神。

注释

① 陆元鼎. 近代岭南建筑美学研究[M]. 北京：中国建筑工业出版社，2003.

② 张法，王旭晓. 美学原理[M]. 北京：中国人民大学出版社，2005：29.

③ 黑格尔. 朱光潜译. 美学（第三册上卷）[M]. 北京：商务印书馆，1979：29-30.

④ 黑格尔. 朱光潜译. 美学（第三册上卷）[M]. 北京：商务印书馆，1979：30.

⑤ 黑格尔. 朱光潜译. 美学（第三册上卷）[M]. 北京：商务印书馆，1979：30.

⑥ 黑格尔. 朱光潜译. 美学（第三册上卷）[M]. 北京：商务印书馆，1979：64.

⑦ 吴焕加. 论现代西方建筑[M]. 北京：中国建筑工业出版社，1997：60.

⑧ 吴焕加. 论现代西方建筑[M]. 北京：中国建筑工业出版社，1997：149.

⑨ 乐民成. 美国建筑学界略览[J]. 世界建筑导报，1987（10）.

⑩ 罗杰·斯克鲁通. 建筑美学[J]. 英国美学杂志，1973（秋季号）.

⑪ 梁思成，林徽因. 平郊建筑杂录[A]. 梁思成. 凝动的音乐[C]. 天津：百花文艺出版社，2006：13.

⑫ 汪正章. 建筑美学. 北京：人民出版社，1991：67.

⑬ 王振复. 建筑美学. 台北：台湾地景企业股份有限公司，1993：75.

⑭ 侯幼彬. 中国建筑美学[M]. 哈尔滨：黑龙江科学技术出版社，1997：2.

第2讲

建筑审美活动

建筑审美活动是一种以主体的审美需要为根据和动因的情感价值活动。建筑审美活动在本质上是人对建筑的生命体验活动和情感价值活动，具有超功利性、主体性、审美快感的综合性等主要特征。从历时性特征看，建筑审美活动的心理过程分为四个依次递进的阶段：建筑审美态度的形成、建筑审美感受的获得、建筑审美体验的展开和建筑审美超越的实现。其中，建筑审美感知和建筑审美体验是建筑审美活动的主要阶段。

建筑审美活动是建筑美学的研究对象和逻辑起点。建筑美就是在建筑审美活动中才获得并生成的。正是通过具体的现实的建筑审美活动，建筑的审美属性和人的审美需要才能产生契合，从而生成建筑美。建筑审美活动根本上就是人的生命体验活动和情感价值活动。

一、建筑审美活动的本质

人类的一切行为的发生都根植于人的直接或间接的需求。探讨建筑审美活动的发生，建筑审美活动的本质和特征，以及建筑审美活动的心理过程应回归到人的生命需求。马克思主义创始人早已指出，人的需要是人内在的、本质性的规定性，"他们的需要即他们的本性"。人是按照特定的需要进行活动的。

20世纪50年代，美国人本主义心理学家马斯洛进一步论证了马克思主义关于人的需要的理论。他把人的需要分为五个层次（图2-1），分别是生理需要、安全需要、归属和爱的需要、尊重需要、自我发展需要。马凌诺斯基（B.K.Malinowski，1884–1942）是英国（文化）功能人类学派的创始人之一，他并没有停留于纯生理层面，而是在肯定人的原始欲求，如谋取食物、燃料、盖房、缝制衣服等，同时也为自己创造了一个新的、第二性的、派生的环境，这个环境就是文化。[①]满足基本需要和派生需要的手段是"组织"（或"机构"、"制度"），组织的总和构成文化。

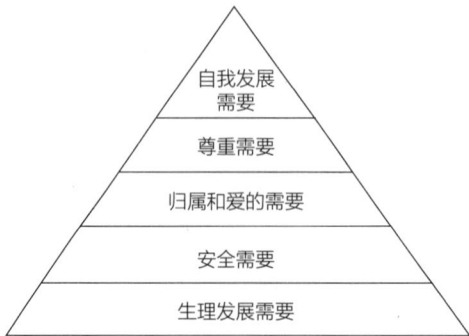

图2-1　马斯洛需求层次理论示意图（根据马斯洛需求层次理论绘制）

　　马克思、马斯洛、马凌诺斯基从不同的学科角度分析了人的"需要层次"具有由生理向心理，由有形向无形，由物质向精神，由实用向审美的发展规律性。归纳起来，人的需要主要分为三个递进阶段：生存需要→享受需要→发展需要。

　　生存需要是一切需要的原始起点，也是万事万物发展变化的原始内力所在。人类出于生存的需要、种族的繁衍，开展劳动实践活动，在实践活动中除了满足生存需要外，必然产生更高层次的需要，如享受需要和发展需要。实际上这三者需要不是泾渭分明的，并不是一个阶段的需要满足后才产生另一种需要，这三者是彼此交融的，在生存需要阶段也包含发展享受需求，在发展享受需求阶段也包含生存需求。但是发展享受属于高层级需要，是人所独有的，对人的价值意义也是很大的。但是人的审美需要又不是独立于生存、享受、发展需要之外的独立层次，这三种需要都是产生审美需要的源泉。但是作为高层次的需要，审美需要包含在人的享受需要、发展需要和自我实现需要之中。先秦哲人墨子曾经有言："食必常饱，然后求美；衣必常暖，然后求丽；居必常安，然后求乐。"②墨子所谓的"求美"、"求丽"、"求乐"，就是指人类在满足生存需要的基础上进一步产生的审美需要。

　　人的审美需要是随着人发展自身的需要而产生的，是人类表现自己的生命并从这种生命表现中获得享受的需要。人类的审美需要并不是一个独立的层次，它是与人类生命活动的进程中所存在的各种其他需要相联系的。可以说，"审美需要的冲动在每种文化、每个时代里都会出现，这种现象甚至可以追溯到原始的穴居人时代。"③当原始人从劳动成果的实用形式上意识到自己的创造智慧、体验到生命的律动，并获得心理情感的愉悦和满足时，原始人才开始进入审美活动。"在千百次、千万次使用工具的重复中，每一次重复都加深了满意的快感与工具的形式感之间的联系。在人进化的更高阶段，当对快感的追求独立的成为人的一种心理需要，即审美需要时，抽象的形式就对人具有了意义和价值"。④也就是说，人类的审美活动要以审美需要作为动因和根据。建筑审美需要是人类众多审美需要中的一种。因此建筑审美活动也应作如是观。建筑审美活动的产生是以人对建筑的审美需要和审美欲望为根据的，但建筑审美活动之成为现实，是以人对建筑的审美能力和审美意识的形成为前提的。

　　建筑审美主体的审美能力是指主体在建筑审美活动中形成的能使建筑审美活动得以顺利展开的能力，包括审美感知力、审美想象力与审美理解力。建筑审美意识是建筑审美活动产生的重要层面。原始人掘土为穴、构木为巢的实践活动，主要是一种满足自身物质功利需求的实践活动。只有当人类在掘穴构巢的活动中从实践活动成果（穴居、巢穴）的形式上意识到自身的创造力并具有情感上的满足和愉悦时，只有随着人类改造自然、征服自然能力的提高，人类懂得了如何"按照美的规律来塑造"时，建筑才不仅仅是为了满足实用功能的需求，同时也成为人类的审美对象，人类的建筑实践活动才成为建筑审美活动，这种活动才具有美学意义。普列汉诺夫关于纯粹饰品的产生过程的论述对于我们不无启发："那些为原始民族用来作装饰品的东西，最初被认为是有用的，或者是一种表明这些装饰品的所有者拥有一些对于部落有益的品质的标记，后来才开始显得是美丽的。但是，一定的东西在原始人的眼中一旦获得了某种审美价值后，他们就会力求仅仅为了这一价值去获得这些东西，而忘掉这些东西的价值来源，甚至连想都不想一下。"⑤

在美学史上，传统美学附属于哲学，受传统认识论（知识论）哲学的影响，探索"美的本质"，追问"美是什么"，一直将审美活动视为一种认识活动，审美活动是对美的反映和认识，人类在这个基础上产生美感和审美意识。受此影响，建筑审美活动也被认为是对建筑美的认识过程。这种观点深刻影响了我国美学研究，影响到对建筑审美活动的理解。如美学界有人把审美活动等于"审察——美"的活动，将审美活动的"审美"两字拆分成一个动宾词组，认为审美活动即"审察"外在于人而存在的"美"的认识活动，似乎在审美活动之前或者审美活动之外就已经先验地存在着"美"，等着主体去欣赏而已。这种对美学研究的哲学基础的错位和方法论原则的错误，产生了对审美活动误解的逻辑前提。

建筑审美活动直接根植于人的生命活动，起源于人的建筑审美需要，有着生命的原发性。在建筑审美活动中，主体才成其为审美主体，客体才成其为审美客体。一切建筑审美现象，都是在建筑审美活动中表现出来的。所以从建筑审美活动与认识活动的发生先后来看，由于建筑审美活动是一种与人的生命活动同一的活动，它应该先于认识活动而存在。建筑认识活动是在建筑实践活动的基础上产生的，建筑认识关系是一种人与对象之间的知性关系，认识活动是一种理性的、逻辑的活动。而建筑审美活动中尽管有着对象的认识和反映，本质上确实是一种轻松的享受，一种感性的、情感的活动，所以建筑审美活动不同于建筑认识活动。

从人类生存论的哲学基本点出发，建筑美学研究的逻辑始点是为人对建筑的审美活动。通过建筑审美活动，一方面，作为主体的人的审美需要可以得到满足，从而也确证人的生存和生命活动；另一方面，作为客体的建筑的一些属性激起人的情感愉悦，从而也确证了自身向人生成的审美意义。换言之，正是人对建筑的审美活动，才使作为主体的人和作为客体的建筑处在审美关系的实际状态，才使建筑的审美属性和人的审美需要发生契合，从而作为主体的人方可产生一种精神愉悦感。建筑审美活动正是这种直接根植于人的生命活动，起源于人的审美需要，有着生命的原发性的感性、情感的活动。

二、建筑审美活动的特征

建筑审美活动本质上是一种情感价值活动，既区别于功利实践活动，又区别于科学认识活动，还区别于宗教信仰活动。建筑审美活动具有超功利性、主体性、审美快感的综合性三个主要特征。通过对建筑审美活动的三个主要特征的分析，我们可以更加深入理解建筑审美活动的本质。

1．超功利性特征

建筑审美活动是人多样性活动中的一种。在人的实践活动中，人与建筑之间所形成的关系具有多种多样的规定性。但概括起来，不外乎四类，即实用功利关系、科学认识关系、审美情感关系和宗教信仰关系。虽然这四种关系之间具有一定程度的联系，但是，只有当人的实践活动是在人与建筑的审美情感关系中进行时，这种实践活动才是审美活动。建筑审美活动也因此呈现出它的一个最主要特征——超功利性。所以，黑格尔说："审美带有令人解放的性质，它让对象保持它的自由和无限，不把它作为有利于优先需要和意图的工具而起占有欲和加以利用。"[6]德国古典美学的另一位代表人物康德在《判断力批判》中进行美的分析时，首先着眼于审美快感与感官上的快感以及道德上的赞许所带来的快感的差异，得出了关于审美鉴赏的第一个结论："鉴赏是凭借完全无利害观念的快感和不快感对某一对象或其表现方法的一种判断力"[7]我国著名美学家朱光潜也曾对审美活动的超功利性特征进行了举例说明。面对一棵古松，商人想到的是它能出多少方木料，能卖多少钱；科学家想到的是这棵古松的科学分类及生长年代；而画家却会马上被古松的外形所吸引，沉醉于他的苍翠遒劲。这里，只有画家是在进行审美活动，而商人的活动是功利活动，科学家的活动是认识活动[8]。

建筑审美活动的超功利性是区别于人对建筑的实用功利活动的本质特征。这似乎与肯定审美活动本质上是一种价值活动产生了矛盾，因为价值一般被理解为一种功利性。在这里，我们所使用的价值概念不是经济学意义上的，而是哲学意义上的价值，即广义上的功利性。它是指客体或客体属性能满足主体需要的肯定性，是就客体能满足主体需要的"有用性"来说的。建筑审美活动的追求不是建筑的物质功利性，而是为了满足人精神愉悦的需要。建筑审美活动具有满足人的精神需要的广义功利性，超越了物质功利性的考虑。建筑审美活动的超功利性在于它不需要从实体上占有与拥有建筑对象，只是欣赏建筑对象的外形，领悟建筑形象的意义。由于建筑审美活动让人对建筑对象"保持它的自由与无限"，也就是主体从有限的、自私的占有欲中解放出来，超越了物质功利性的束缚，获得了一种自由。

建筑审美活动的超功利性特征是建筑审美活动区别于功利实践活动的分界线，但它并不意味着对建筑功能的排斥和否定。如果说建筑审美活动所关注的是建筑形象的感性形式（包括建筑造型、建筑环境、建筑意境），那么，这种感性形式是以建筑的功能要求和建筑的表现形式的和谐统一关系为本质内容的，绝不是不顾建筑功能要求的唯形式主义。

2. 主体性特征

所谓主体性特征，是指人所具有的自主、主动、能动、自由、有目的地活动的特征。建筑审美活动的主体性特征主要表现在人对建筑审美选择的自主性和能动性，以及主体在建筑审美活动中的自由性和超越性。这是建筑审美活动区别于人类其他建筑活动，特别是建筑科学认识活动的标志。诚然，在人类的各种建筑实践活动中，作为主体的人是有一定的自主性、能动性和自由的，体现了一定的主体性。但在建筑审美活动中，人的自主性、能动性和自由目的性则更为突出、更加强烈。建筑审美活动是对主体性的发挥最少局限和制约的活动，人的自主性、能动性在审美活动中能得到最充分的体现，审美活动也因此表现出精神的充分自由。从建筑的创作活动来看，建造一座建筑精品要受到各种条件的限制，但这并不意味着人是被动的，相反，由于建筑的相对性，建筑创作不存在唯一的答案，所以建筑师可以做出许多方案。比如，人民大会堂立面的柱子比结构工程师按照结构力学计算得粗很多，这是为什么？审美的需要就是关键原因。

哲学家说，人的全部活动"既受客观世界规律的制约，又受客观世界提供的物质条件的制约，永远不能摆脱自然、社会和思维规律的制约"。但是"在主体和客体的实践关系中，人按照自己的目的实现对客体的改造，把自己的力量、能力的对象化，确证自己是活动的主体，同时、占有、吸收活动的成果……提高认识和改造世界的能力，巩固自己的主体地位。"⑨这是人的主观能动性，即主体性。

在具体的建筑审美活动中，主体能够任凭情感的驱使，随意地想象，这种想象更具有自主、能动、自由的特点。

图2-2　悉尼歌剧院（引自罗小未. 外国近现代建筑史［M］. 北京：中国建筑工业出版社，2004.）

对同一座建筑，审美主体随情感根据各自的感觉、想象和理解，使同一审美客体展现着不同的风采风貌，构成一个个迥异其趣的审美对象，这是建筑审美活动中十分普遍的现象。例如悉尼歌剧院（图2-2），它那玲珑俏丽的三组券肋结构的壳体独特造型和美丽鲜艳的色彩以及与它所处的周围环境的和谐一致使人们在对其进行建筑审美活动时，所获得的感受很不相同。有人觉得，它像一艘迎风起航的帆船，正傲然地驶向苍茫的大海；有人把它比喻为碧海银沙上的贝壳，在海滩边上展现自己优美的曲线；有人把它看成一朵"不谢的花蕾"，展现了花朵绽开的优美过程；而有的人则认为这栋建筑的造型，像一堆砸扁了的物体的造型，没有规律，缺乏秩序，似乎显示了一种悲剧性的美，还有人认为它是平躺的北京故宫祈年殿……又如著名的法国朗香教堂，建筑师柯布西耶的原意是立足于建筑的功能，把教堂当作传达上帝的旨意和倾听天国纶音的圣所，以巧妙的隐喻营造出教堂的神圣性和神秘感。但是由于审美主体的不同及其自由的想象，可以形成多种多样的审美对象。且看黑勒尔·肖肯的解释——或把它想象成一双祈祷的手，或为一艘轮船，或为一只鸭子，或为一个牧师的后侧头影，或为两个修女，一高一矮——况且，这还只是黑勒尔肖肯的个人看法。⑩再如南京中山陵（图2-3），其主体建筑（祭堂）的造型恰似一座钟，人们的耳边仿佛依稀听见孙中山先生"革命尚未成功，同志尚需努力"的嘱托；同时，中山陵的平面布局

图2-3　南京中山陵（引自潘谷西. 中国建筑史［M］. 北京：中国建筑工业出版社，2009.）

好像平放的一把钥匙，激励后人继承孙中山先生遗志，努力探索救国救民的真理。这说明在建筑审美活动中主体不仅按照自己的意愿、情趣、爱好、经验等选择对象，同样也按照它们去"建造"对象，这种"建造"除了主体的内在要求之外没有任何规定与局限。主体对建筑审美对象的建造只受到主体自身条件的制约，个人先天生理与气质的差异和后天的文化差异，使其对建筑的审美判断无疑也各不相同。因而，建造本身是能动的、自由的，是主体的创造。在建筑审美活动中，这种创造是始终存在的。这正是建筑审美活动的主体性的体现。

3. 审美快感的综合性特征

建筑审美活动的第三大特征是审美快感的综合性特征。建筑审美活动的过程即表现为主体审美需要及审美欲望、兴趣等的逐步满足。而这种满足的结果及其心理表现，就是审美快感。无疑，愉快的性质一方面在很大程度上是由对象的性质决定的，另一方面离不开主体的欲望、感觉、知觉、情感、想象、理解、意志等心理因素的中介作用。

建筑审美快感作为一种综合性的心理效应，还表现在它是感性和理性的结合。建筑审美愉快绝不是单纯的感官快乐，也不是单纯的理性快乐，前者已经有经验派美学的片面性，后者亦有理性派美学的片面性。因为，单纯的感官快乐仅仅是由简单的"刺激——反应"所产生的，仅仅是人的生理感觉起作用，谈不上心理效应的综合性。也就是说，如果仅仅停留在生理层次，如果不上升到心理、意识或精神层次，也就谈不上审美快感。另外，建筑审美愉快也与纯理性快乐相区别。在最一般意义上，求知的或科学的愉悦来之于理性的满足，道德的愉悦产生于实践理性的满足，宗教的愉悦则决定于信仰期待的满足。它们都缺乏感性与理性的综合，而且在本质上是排斥感性的。建筑审美的愉悦与科学的、道德的、宗教的愉悦既有联系和相似之处（如惊奇感，崇高感，甚至某些心理机制），但又有本质上的区别。建筑审美愉悦是感性的，因为审美主体总是作为一种感性存在物进行审美活动的，而且对对象的把握也是一种感性把握。建筑审美活动的对象必然是感性具体的建筑物，并且建筑审美快感往往是凭借建筑的形象（建筑的造型、意境、环境）而产生的情感愉悦。同时，建筑审美愉悦又具有超感性特点，一方面，建筑审美活动所体现并满足的不是单纯的自然状态的感性生命的要求，而是在人类的活动中丰富、发展了的感性生命的要求，是含有极为丰富文化意义的感性生命的要求。另外，审美主体作为社会存在物，文化道德存在物，即超感性自然的存在物进行建筑审美活动的。总之，参与建筑审美活动的各种心理机制，无论是欲望、感知、想象、理解、兴趣、情感等，都既不是纯感性的，也不是纯理性的，而是感性与理性的统一体。因此，建筑审美愉悦作为一种综合心理效应，其综合性必然也表现为感性和理性两种心理活动的相互渗透和融合。

三、建筑审美心理过程

建筑审美活动如同其他一切审美活动，是一个审美主体与审美对象往返交流的心理过程，是一种具体的、复杂的、动态的个体心理活动，它必然呈现出阶段性和历时性特征。建筑审美活动的心理过程依次表现为四个主要阶段。这就是，建筑审美态度的形成、建筑审美感受的获得、建筑审美体验的展开和建筑审美超越的实现。

1. 建筑审美态度的形成

建筑审美态度的形成，即指主体对待建筑的态度由日常态度向审美态度的转化，这是主体进入建筑审美心理过程的标志，也是建筑审美心理准备阶段的完成。自此，审美感觉、审美知觉、审美联想等心理因素便发挥作用，主体进入审美感知活动阶段。建筑审美态度指审美地对待建筑的态度，是指唯有建筑审美时才出现的一种奇特的心理状态。从积极的方面来讲，建筑审美态度是一种充满着情感渴求和期望的态度，而且是一种积极主动追求建筑的感性形式特征和整体形象意义的情感态度。

建筑审美态度的心理表现是建筑审美注意的出现。建筑审美注意指主体在审美期待的心理推动下，运用相应的感官，使意识指向或集中于特定的建筑或特定的建筑属性，同时，此建筑周围的其他建筑和事物都处于注意的边缘（或称背景），大多数则处于注意的范围之外。有的心理学家把这种心理倾向叫作"注意的中心化"。如日日面对之处有一正施工的建筑，四周散乱着砖瓦石砾，被脚手架和纱网围合着的钢筋水泥，我们或许不会有兴趣多看一眼，甚至完全忽略它的存在。忽然某一日，脚手架、纱网拆除了，建筑以其清新独特之面目呈现眼前，如少女撩开厚重的面纱，如蛹之破茧成蝶，我们不由得眼前一亮，视线久久地停留在此建筑上。在这一瞬间，我们的意识脱离了原来的轨道，完全指向了这座建筑。建筑审美注意的指向性，使审美者能够更清晰地反映特定的建筑审美对象。

建筑审美注意的指向性反映出主体对建筑的情感选择。不同审美兴趣和审美需要的主体会选择不同的建筑形式作为审美对象。老北京的居民看到四合院就产生莫名的亲切感，安徽人独钟情于白墙灰瓦的徽派建筑，文人雅客欣赏江南园林的含蓄雅致，朝圣者一生仰视布达拉宫的金光顶……在这种意义上，建筑审美注意的情感选择是主体对建筑的审美欲望和审美需要的一种外在表现形式。

在建筑审美中，被具体的主体所选择的对象，成为这个主体的审美对象。曾有古诗生动地描写了山西浑源悬空寺的动人心魄景象："飞阁丹崖上，白云几度封"，"蜃楼疑海上，鸟道没云中"。悬空寺上载危岩，下临深谷，30多处殿、堂、楼、阁错落有致地"镶嵌"在翠屏峰的万仞峭壁上。从诗中可看出诗人被这组"悬挂"在半山的奇特建筑物所震撼、所吸引，其注意集中到该建筑物的造型、色彩、环境、气势等，这样，悬空寺就成为诗人的审美对象，而对于没有看过悬空寺的人，或者不欣赏此种建筑形式的人，悬空寺就不是审美对象。由此可见，审美对象是具体的主体审美注意中的对象，它不能离开具体的审美主体和审美活动而存在。

由于具体的审美主体所表现出的审美期待、审美兴趣、情感要求不同，因此，作为具体审美对象的建筑，其整体形象、风格特点、空间组织、环境氛围等呈现出丰富多样性，有天圆地方的四合院、中心凝聚的客家围龙屋，庄重大气的皇家园林、含蓄雅致的江南园林，又高又尖的哥特式教堂、恢宏雄伟的罗马角斗场，静看樱花飘落的日本茶室、傲然俯瞰平原的法老陵墓等。

当建筑审美注意产生时，一切与审美无关的因素从主体的视线中消失或退居为背景，只有具体建筑整体造型和感性形式凸现出来，清晰地呈现在充满着情感渴望的主体之前。主体本身也排除了建筑的实用性、材料、价格等功利目的的干扰，积极而专心地投向了审美客体，把客体变成自己感性观照的对象。此时，主体与建筑之间的审美关系才真正建立，建筑审美活动才可能真正展开。所以，建筑审美注意的产生是建筑审美活动的必要前提，是建筑审美活动的准备阶段的完成。

2．建筑审美感受的获得

就建筑审美心理机制而言，主体在审美欲望和审美需要的推动下形成建筑审美态度，经过主体情感作用，主体的审美注意力集中到具体的建筑对象上，审美感觉、审美知觉、审美联想等心理因素便发挥作用，主体进入审美感知活动阶段，从而获得建筑审美感受。

建筑审美感知阶段是建筑审美活动的真正起点。主体对建筑的整体形象和感性形式形成知觉完形，把握建筑对象的情感表现性，在此基础上，通过审美联想、审美想象等对建筑审美属性进行情感选择、情感加工和情感建构，达到对客体的整体直观把握，实现与建筑的交流。与此对应的心理状态便是建筑审美感受。建筑审美感受的获得标志着建筑审美活动的初始阶段的完成。

美学家、心理学家对审美感知的特点作了种种界定。杜威认为审美感知的特点是欲望的排除、完整性和完美性；比尔兹利认为审美感知的特点是其具有注意力、强烈度、凝聚力和完整性；而朗菲尔德认为审美感知的特点是排除实用性和占有欲，以及全神贯注、身心完全参与和感受的非现实性；叶朗先生则认为应从完整性、主动性、情感性三个方面把握审美感知的特点。

审美感知的完整性在建筑审美中表现得更加明显。当我们欣赏一座建筑时，并不是把色彩、线条、形状等感觉到的审美属性简单地相加达到感知，而是一种完整的组织形式迅速构成某种整体形象，从而感受和理解建筑的感性形式、情感表现和直接意蕴。美国格式塔心理学家阿恩海姆指出："这种整体性不仅可以直接知觉，而且必须被确定为基本的知觉现象，它们似乎是在把握视觉对象更多的特殊细节之前就已映入眼帘。"[⑪]建筑审美感知的这种整体性是先在的，作为一种心理框架制约着感觉。

建筑审美感知的过程是主体主动去感受对象、协调感官和其他心理功能，对建筑形象进行组合和选择的创造性活动过程。在此过程中，主体将自己的兴趣、爱好、审美标准等带入建筑而达到的一种个人认同。例如，朗香教堂的造型在我们心中引出的意象是不明确的，有多义性，或想象成一双祈祷的手，或为一艘轮船，或为一只鸭子，或为一个牧师的后侧头影，或为一高一矮的两个修女等，同一个审美主体会产生这样的多个联想，不同的审美主体会有更多不同的联想。审美主体根据自己的兴趣、标准、生活经验等主动对建筑造型进行加工、建构，形成多种意象。

审美心理过程的一个重要特点，就是"贯注在一个愉快的情感上"。蔡元培在浙江第五师范学校演说时说"如见动物之一鸟一兽，植物之一草一木，以情感的观察，无一不觉有美感也。"中国古代美学思想中关于"感物而动"、"即景生情"、"哀乐之心感，歌吟之声发"、"情哀则景哀，情乐则景乐"、"登山则情满于山，观海则意溢于海"等论述，说的都是审美心理的情感性特点。情感性是建筑审美感知过程的突出特征。建筑承载、激发了主体的情感记忆。广州白天鹅宾馆中庭的"故乡水"设计让侨胞萌生游子归家的亲切感；黄鹤楼承载了与友人分别的记忆，引发诗人的"烟波江上使人愁"之叹；富甲一方的盐商钟爱于竹及其所象征的"本固"、"心虚"、

"体直"、"节贞"，而有个园的文人之风、雅正之气。

　　建筑审美感知过程既是主体面对建筑物的形式刺激而产生的情感上的接受过程，又是主体按照自身的情感模式主动地建构一个完美的建筑审美对象的过程。

　　一方面，在审美感知阶段，建筑物不是作为认识的对象而是作为情感的刺激物对主体存在着，其作用在于激发主体情感，使主体进入心理亢奋状态，获得感性的愉快。主体对建筑物的情感表现性的情感接受主要包括建筑造型的形式表现性、建筑空间的意境表现性和建筑环境的布局表现性等方面。中国传统建筑的曲线屋顶的奇特造型不仅在外国人眼中是美丽动人的，就是在对此司空见惯的中国人来看，"飞檐"的雄浑挺拔、飞动飘逸的独特韵味也有着极强的艺术感染力。我们古建筑学家林徽因说："在外形上，三者（大屋顶、高台基、木构架）之中，最庄严美丽、迥然异于他系建筑，为中国建筑博得最大荣誉的，自是屋顶部分。"[12]中国古典建筑在建筑内部装饰上也有许多飞动的动物形象，如龙飞凤舞，灵蛇游走，猛兽奔突等，中国传统建筑的造型和装饰所展现的飞动气韵使审美主体获得一种感性的愉悦，从而获得情感上的认同。

　　另一方面，在审美感知过程中，主体同时也按照自身的情感模式实现对建筑形象的"建构"和知觉完形，即主体按自身的需要、欲望、兴趣等选择、发现、评价、建构来自客体的信息的过程。正是通过这个过程，审美的客体才转化为审美的对象，即转化为个体性审美感知的对象。郑板桥在《板桥题画竹石》曾这样描写一个院落："十笏茅斋，一方天井，修竹数竿，石笋数尺，其地无多，其费亦无多也。而风中雨中有声，日中月中有影，诗中酒中有情，闲中闷中有伴，非唯我爱竹石，即竹石亦爱我也。彼千金万金造园亭，或游宦四方，终其身不能归享。而吾辈欲游名山大川，又一时不得即往，何如一室小景，有情有味，历久弥新乎！对此画，构此境，何难敛之则退藏于密，亦复放之可弥六合也。"这个小天井的空间是流动变化的，虚灵的，它随着郑板桥心中的意境可敛可放，是画家个体性的审美感知对象，带给画家丰富的感受。

　　主体对建筑物的知觉完形从而使之转化为审美对象，主要通过情感加工、情感转换和情感建构来实现的。由于情感的主体性特征，同一建筑物经过主体的审美感知而表现为具有差别性的即个体化的审美对象。再经过审美想象的作用，又使主体进入个体化的审美体验之中。站在古希腊的狄安娜女神庙的爱奥尼柱子前，便如站在了一个个高挑、窈窕的女子面前。柱子下部的状如靴子的凸线脚，柱头左右下垂的卷蔓，仿佛时尚女子卷曲的头发，柱头颈下装饰着的花带，柱身上镂刻的细密的纵向凹槽，恰如女子细密、柔和的衣褶一般。

在建筑审美感知阶段，审美领悟和审美理解是渗透其中的理性因素。所谓审美领悟，即主体用某种感性的方式，在知觉水平上领会并把握了该建筑的直接意蕴和情感特征。中国园林艺术的借景、对景、隔景、分景等造园手法都是为了组织、扩大空间，园林的走廊、窗子、亭台楼阁都是为了得到和丰富对空间美的感受，创设意境，如苏州留园（图2-4）的冠云楼可以远借虎丘山景，拙政园的两宜亭把隔墙的景色尽收眼底，颐和园把玉泉山纳入自己的景中等。审美主体通过中国园林艺术的这些特殊表现，可以理解中华民族建筑审美属性的特点，即如沈复在《浮生六记》中所说的"大中见小，小中见大，虚中有实，实中有虚，或藏或露，或浅或深，不仅在周回曲折四字也。"阿恩海姆也指出："知觉活动在感觉水平上，也能取得理性思维领域中称为'理解'的东西。任何一个人的眼力，都能以一种朴素的方式展示出艺术家所具有的那种令人羡慕的能力，这就是那种通过组织的方式创造出能够有效地解释经验的图式的能力。因此，眼力也就是悟解能力。"[13]

审美感觉是受审美欲望支配的，在建筑审美感知过程中，主体审美感官都会全力选择符合自己要求的建筑审美属性，因此建筑审美感知过程中经常出现通感现象。我国建筑家梁思成先生曾分析过柱窗的节奏："一柱一窗地排列下去，就像柱、窗、柱、窗的2/4的拍子，若是一柱二窗的排列法就有点像柱窗窗、柱窗窗、柱窗窗的圆舞曲。若是一柱三窗的排列就是柱窗窗窗4/4的拍子"。德国古典美学家谢林也说过"建筑是凝固的音乐"，歌德赞美建筑是冻结的音乐，并说他在圣彼得大教堂前广场的廊柱散步时，感觉到了音乐的旋律。这些比喻十分贴切地道出了建筑艺术的审美特征。审美主体也能借助建筑艺术造型、线条、色调的变化等联想到音乐节奏。在建筑审美

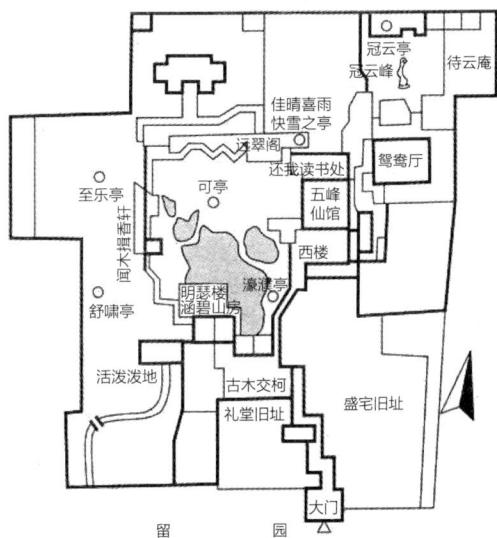

图2-4　苏州留园（引自金学智. 中国园林美学［M］. 北京：中国建筑工业出版社，2007.）

感知中，由于通感的作用，审美主体所获得的心理快感更为全面、丰富。

在建筑审美感知过程中，一般审美者都能达到获得审美感受、感性的愉快。但是，人的审美活动应该由审美感知阶段进入更高的阶段。审美愉快并不只是感性的愉快，感官层次的满足也不是最后的审美满足，所以，建筑审美感受与感性的愉快在审美情感的作用是必然走向审美活动的进一步深入。

3．建筑审美体验的展开

建筑审美体验是建筑审美心理过程的深入阶段和中心环节，是建筑审美感受的主体化、内在化和理性化。在这个阶段中，主体的想象活动全面展开，并以想象为媒介，以体验的方式从对象的外在形式进入对对象的形式意蕴和意义层次的把握和理解，从而从想象所创造的审美世界中体验到自身的生命活动，获得更高的审美愉快。

审美体验是沟通审美主体与建筑，深化情感与想象，促使客体情感化、主体对象化的媒介。观四川成都杜甫草堂，建筑素雅古朴，装饰简洁和谐，正如杜甫一生为国为民的纯朴之心。审美主体面对的是此整洁古朴的草堂，如临眼前的却是秋风怒号，茅尺漫天，黑云漠漠，雨脚如麻，床上屋漏，绵绵人忧，一位古稀老人发出的叹息和呼号，"安得广厦千万间，大庇天下寒士俱欢颜，风雨不动安如山！呜呼，何时眼前突兀见此屋？吾庐独破受冻死亦足！"杜甫身住茅屋心系天下黎民，正如王安石在《题子美画像》中曾热诚地赞颂了杜甫的这种精神："瘦妻僵前子仆后，攘攘盗贼生戈茅……宁令吾庐独破受冻死，不忍四海赤子寒飕飕。"此时，草堂作为一个媒介，沟通了审美主体情感与建筑的文化意蕴，深化了主体对建筑的理解。在建筑审美体验中，主体通过情感和想象等心理机制，实现了主体和客体的沟通和交融，从心物交感进入"物我同一"的境界。换言之，在这种情况下，建筑的存在和意义就在于它外化了主体的生命情感，显现了主体的生命情感。

在建筑审美中，这种情形是常见的。希腊神庙充分体现了希腊人的审美理想和生命情感，希腊神庙不像埃及金字塔那样庞大压抑，也不像基督教堂那样巍峨神秘，它庄重，明快，呈规整的几何结构，细部变化多端，柱石肃立，挺拔，好比希腊的运动健儿，风度潇洒、气概非凡。希腊神庙的意义和价值也在于它体现了希腊的艺术精神，即如温克尔曼所说："希腊艺术杰作的一般特征是一种高贵的单纯和一种静穆的伟大。"[14]

建筑审美体验的展开是以建筑审美感受为基础的。如果说，建筑审美感受是对建筑形象（形式）的知觉性感知，那么，建筑审美体验则是对建筑意蕴（意味）的知觉性领悟，主体是自己置身于意义的世界和情感的世界，通过想象，调动自己的生活经历、知识水平和审美修养等多方面的因素参与体验，从对建筑的形式、形象的感知进入其内在意蕴、意味的层次，进入了意义的世界、情感的世界，从而得到极大的心理满足。从苏州园林如画如梦的鬼斧神工之中去体验中国历代文化经营所创造出的建筑哲学，从山西的乔家大院、平遥古城，体会中国历史上的商人所遵从的建立在儒家哲学基础上的人生哲学，从北京四合院的营建中体会中国古代的建筑环境哲学等，都是审美主体从对建筑之景进入对建筑之情之意的把握，获得审美愉悦的典例。

在建筑审美体验阶段，审美想象占着主导地位，它使体验得以发生并完成。同时，主体的经验、理解等因素也逐步得到充分的调动和发挥，主体开始起决定性的作用。在建筑审美活动中，主体的想象是自由的，又是与情感互为动力、互相促进的。

建筑审美体验阶段想象的两种基本类型：联想与创造性想象。联想是指由一事物想到另一事物的心理过程，是由一个知觉心象转移到一个记忆心象的心理活动。在建筑审美中，即指由一建筑的造型、环境、意境等想到相关事物的心理过程。如云南的景真八角亭，造型优美，结构特殊，阳光照耀下光彩夺目，华丽异常，整个亭子玲珑秀丽的让人联想到一朵千瓣莲花。而黄浦江上，波光潋滟，远眺东方明珠塔，恰如一颗明珠倒映水中，熠熠生辉。

创造性想象是比联想更为复杂的一种心理活动，它把各种知觉心象和记忆心象重新化合，孕育成一个全新的心象，即审美意象，并激发起更深一层的情感反应。在建筑审美中，主体通过创造性想象不仅达到对建筑意义的感性把握，而且加深对建筑价值的理性认识。主持修建了圣德尼修道院教堂的苏杰长老有句名言："凝视物质的美丽能导致对神的理解。"他在圣德尼修道院教堂大门的青铜镀金门扉上刻了一句铭文："阴暗的心灵通过物质接近真理，而且在看见光亮时，阴暗的心灵就从过去的沉沦中复活。"这里谈的是哥特式建筑带来的审美体验。在审美感知中，主体置身教堂内部，感受到哥特教堂空间的阔大，内部群柱的动势，如歌德和雨果所感知到的："它们腾空而起，像一株崇高壮观、浓荫广覆的上帝之树，千枝纷呈，万梢涌现，树叶多如海边的沙砾。"而在审美体验中，主体会用自己的审美想象与情感来理解和丰富建筑的意义：在广袤的群柱之间，摇曳闪耀着鲜红、莹绿的亮光，恍如置身尘世里的天堂。一切都指向上帝：向上涌动的

图2-5　山海关（引自www.shanhaiguan.gov.cnshgqz-ffront14123_ly.htm）

群柱和肋架券，引领着人们仰望天堂的圣父，奔腾向四面八方冲射出肋架卷的列柱，导引着信徒走向前方圣坛上的耶稣。

登临有"天下第一关"之称的山海关（图2-5）的城台，北望长城蜿蜒山间，南眺渤海波涛浩渺，正如古诗所说，"曾闲山海古榆关，今日行经眼界宽，万顷洪涛观不尽，千寻绝壁渡应难"。烽火台恰如一个一个尖兵，风雨不改，屹立于中华大地上，目不转睛地监视塞外的一举一动。长城横亘中国北方辽阔的土地上，宛如一条巨龙盘旋于起伏的群山之巅。万里长城见证了古代中原农业文明和北方游牧民族间剑拔弩张的激烈对抗，登高远眺，凭古怀幽，古战场的金戈铁马似乎就在眼前。铁蹄声中，长城如神龙，摆尾荡尽大漠的金戈铁马，保护中原安宁。在感受阶段，审美主体能感受到山海关的巍峨庄严，长城的蜿蜒雄姿，在体验阶段，审美主体在对此建筑的欣赏中融入了自己的感情和想象，能深切体会到长城所蕴含的"巨龙"精神，体会到中华民族坚不可摧和永存于世的意志和力量。

广州陈氏书院为19世纪的建筑杰作，采用中轴线对称的结构，厅堂、廊庑、斋室、厢房等建筑中广泛采用木雕、石雕、砖雕、陶塑、灰塑、铁铸等不同风格的工艺做装饰，梁架、斗栱、驼峰、墙壁、墀头、踏道等均以梅兰竹菊、花鸟虫鱼、岭南佳果、历史典故、戏曲人物等题材为装饰内容。如果把它看成一个知觉对象，它只是广东规模最大且最具岭南文化风格的古建筑。但是在审美体验中，这座建筑就作为岭南文化精神的表象存在着。透过以王母祝寿、渔樵耕读、渭水访贤、韩信点兵等为题材内容的木雕，以凤凰、仙鹤、鸳鸯、鹁鸪、黄莺为代表的砖雕五伦全图，以八仙贺寿、加官晋爵为题材的陶塑，以人物、花鸟、亭台楼阁、山水美景等具有浓郁的岭南特色为题材的灰塑，以麒麟玉书凤凰图，三阳开泰、年年有余等为内容的佛山铁画等装饰装修，我们体会到儒家思想对岭南文化的深刻影响——对祖先功绩的颂扬和缅怀，光大先祖文风宏业的理想和愿望，对和谐生活的追求。从陈氏书院的装饰装修的象征意义上，我们能更深地领会岭南文化独有的文化精神：经世致用、开拓创新的价值系统，开放融通、择善而从的思维方式，经验直观、发散整合的民族心理和清新活泼、崇尚自然的审美理想。从中所"看到"的文化精神，就是建筑表象所要传达的意义的世界。

在建筑审美体验阶段是要达到对建筑文化精神的进一步把握，指向于创造意义的世界。这时，建筑不再作为纯客观的现象表象存在，而是作为某种文化精神的表象对审美主体存在着，因此审美体验中的建筑形式、形象等往往具有象征性。在建筑审美体验阶段，主体建构起与建筑表象具有情感同构性的心灵世界，达到物我同一。

建筑审美体验使主体审美达到了一个高潮，获得了巨大的情感满足，但这并不意味着建筑审美心理活动的结束，审美主体会在建筑审美体验中产生一种强烈的情感追求和精神向往，希冀有内心情感体验向精神的无限自由的境界升腾，从而实现审美超越，进入建筑审美心理活动的最高阶段。

4. 建筑审美超越的实现

建筑审美超越是建筑审美的最高境界，有似于禅境，有似于庄子追求的"超旷空灵"，即超越于物象之外达到宇宙生命精神与个人生命自由的瞬间同一。在这个阶段，审美主体超越了建筑形象，完全沉浸在通过审美体验而产生的意义世界和情感世界之中，沉浸在对透过建筑形象并凭借主体想象而传达出来的宇宙感、历史感和人生感的理解和体悟之中。建筑审美超越的最大特点是审美主体精神的自由，审美主体的精神越趋向于无限和永恒，所获得的审美愉悦就越广越深。

建筑审美超越是以建筑审美体验和建筑审美理解为基础的，对建筑体验越深，领悟越透，就越能理解到建筑的意义和底蕴。雨果所谓"建筑是石头的史书"的名言，不仅说明了建筑是社会生活的反映和历史文化的缩影，而且表达了对建筑的意义世界的体验和历史厚重感的领悟，以期实现建筑审美超越。

审美超越植根于人的审美需要之中。人永远不会驻足于有限的此在，而总是企求某种超越，唐代美学家张彦远在他的《历代名画记》有十六个字："凝神遐想，妙悟自然，物我两忘，理性去智"，这十六个字可以看作是对审美超越的很好的描绘。迄今为止，无论是在什么样的社会历史条件下，也无论是对大自然、对人自身、对神、还是对物质、对精神，事实上人都在信仰着、追求着，以这种追求、信仰作为自己精神生活的一个支柱。因此，在建筑审美活动中，同样存在着建筑审美超越这样一个审美活动的最高阶段。

经历了前面几个审美阶段的通感、想象、体验、物我合一，审美超越实现的是体悟之后的升华，是李泽厚先生所说的"悦志悦神"，意境更为深远和广阔。"悦志悦神是在道德基础上达到某种超越道德的人生感性境界。……是对某种合目的性的道德理念的追求和满足，是对人的意志、毅力、志气的陶冶和培育；是超道德而与无限相同一的精神感受。……是一种不受规律包括不受道德规则、更不用说不受自然规律的强制、束缚，却有符合规律的自由感受。"[15]当然，审美的超越离不开一颗审美、敏感、勇敢、探索的心灵，只有投入全部的身心和生命，才可唤起悦志悦神的审美享受。在中国传统园林的品赏中，体现为人与大自然"天人合一"审美理想的实现：人的个体存在具有现实时空的有限性，于是在审美活动中期待超越这个有限，追求超越自身感性的个体存在，寻求那永恒的超越和不朽。

在这一阶段，审美主体的生活经历、知识修养和人生体验发挥重要的作用。王安石作为一个进步的政治家，为国为民，革新图治，他登临岳阳楼之际，岳阳楼阔大壮观之景引发了他追求"先天下之忧而忧，后天下之乐而乐"的仁人之心，这与"迁客骚人"的审美体验——"霪雨霏霏"时的感伤心情和"春和景明"时的开阔胸怀——不同，在此审美阶段，王安石超越了岳阳楼之物之景的限制，达到了对岳阳楼意义世界的更深领悟，和理想之境与自身生命活动的瞬间统一，这与他的生活经历和人生理想直接相关。

建筑审美超越的发生与实现都是以理性为基础的，此过程是理性大于感性的过程，要达到建筑审美超越要以审美理解为基础。与建筑审美知觉、建筑审美体验中的理解不同，此处的理解不是想象、移情、体验，不是完全进入对象和与对象合二为一，而是了悟、把握，是主体从建筑审美体验中所达到的意义世界中获得难以言传的审美蕴含后，升腾到一个更广阔深邃的境地。

中国古代文人儒、道、释三位一体的思想对造园影响颇深。儒家追求天道，"以天合人"，探求人的生命和生存之道，道家主张"以人合天"，"道法自然"，以达到常乐的至境，禅宗佛学的思想，认为人在宇宙之中，宇宙也在人心之中，人与自然浑然一体。在中国的传统园林美学中，主要体现为对意境的追求。园林意境酝酿处处体现着造园者的深思熟虑，从各座名园的空间处理和人文氛围的意境营造中，我们可以体悟到厚重深情的历史人文情怀。

在园林境界内，人与人、人与自然、人与物是平等和谐的，人们惬志怡神，澄怀观道，处处洋溢着天人和谐，物我相望的情境。粤东梅州"人境庐"取意于东晋大诗人陶渊明"结庐在人境，而无车马喧"的名句，传递着主人退隐之后闲静清和的心态。苏州网师园《网师小筑吟》描述天人谐和的境界："物谐其性，人乐其天。临流结网，得鱼忘筌"，此情此景，诚如苏舜钦《沧浪亭记》中所述，鱼鸟共乐，安于冲旷，怡然自得，实为"真趣"，是园林品赏审美心理的至高境界。我们还可以试想沉浸在沧浪亭的意境中，万籁俱寂的深夜里，一轮皓月下伫立着的孤独身影，天人相知，唯意所适。所谓"观取天地群物生意"，而"取天地之美以养其身"，又是怎样的一种"忘机"、"自失"境界？拙政园内与谁同坐轩，轩名取自苏轼《点绛唇》词："闲倚胡床，庾公楼外峰千朵，与谁同坐？明月清风我"，反映了词人流连山水，与明月清风为伴的超尘脱俗的傲人气质。"与谁同坐"，貌似设问，但眼前明月清风，境界深远，赏山赏水，神游物外，又何尝不是赏自己？园内水池最西端还有一个半亭，亭柱有对联曰："唤我开门迎晓月，送人何处啸秋风"，"晓月"，"秋风"，由宋代词人柳永《雨霖铃》，"多情自古伤离别，更那堪，冷落清秋节。今宵酒醒何处？杨柳岸，晓风残月"化出，渲染出秋天早晨，惆怅的人生感慨和古代文人的内心情节。

建筑审美超越是一种旨在超越人生的有限性以获得人生的终极意义和生命精神的审美活动阶段。

王勃在对滕王阁凝神观照时，盛赞它"飞阁流丹，下临无地"，"落霞与孤鹜齐飞，秋水共长天一色"，此千古绝唱，尽写三秋时节滕王阁的壮美而又秀丽的景色，看到的是一幅流光溢彩的滕王阁秋景图，这是对滕王阁的审美感知。在审美体验中，王勃联想到整个社会不够革新、开放，因此，自己虽有积极进取的雄心，却又深感步履维艰，壮志难酬，"时运不济，命途多舛。冯唐易老，李广难封"，连遭挫折，不免产生人生无常、命运偃蹇的怨叹，"屈贾谊于长沙，非无圣主；窜梁鸿于海曲，岂乏明时"，此时，王勃的情感与建筑情感表现达成同构，但王勃很快走出了这种追求和痛苦交织的情感，"老当益壮，宁移白首之心；穷且益坚，不坠青云之志"。王勃在失望与希望的情感交织中漫游时，由"落霞与孤鹜齐飞，秋水共长天一色"的意象比兴引发出"天高地迥，觉宇宙之无穷；兴尽悲来，识盈虚之有数"的哲理性感悟。他已经从滕王阁的意义世界中跃出，上升到对自己人生意义、价值的思考之中，如叶朗先生所说的："就是超越具体的、有限的物象、事件、场景，进入无限的时间和空间，即所谓'胸罗宇宙，思接千古'，从而对整个人生、历史、宇宙获得一种哲理性的感受和领悟。"[16]

在建筑审美超越阶段，审美主体在对建筑意义、文化精神等了悟的同时，又超越了建筑意象，升腾到一个精神无限自由的境界。它是建筑审美活动的最高阶段的标志，表明一切建筑审美活动在此时、此地、此人身上的最高层次的完成。此时，建筑实现了自己最高的审美价值，使主体获得了最高的审美愉快。这是对宇宙本体、人生意义、生命精神的理解后滋生于心中的愉快，它伴随着主体升腾到永恒和无限，使主体感到自己的精神和肉体与自然浑然一体的自由感，感到自己与宇宙同在的崇高感，精神获得宁静与空灵，从而实现感性生命个体的自由。

注释

① 宋蜀华，白振声. 民族学理论与方法[M]. 北京：中央民族大学出版社，1998：42-43.

② 北京大学哲学系美学教研室编. 中国美学史资料选编（上册）[M]. 北京：中华书局，1980：22.

③ 弗兰克·戈布尔. 第三思潮：马斯洛心理学[M]. 上海：上海译文出版社，1987：45.

④ 黄凯峰. 人何以需要审美[J].河北师范大学学报（哲学社会科学版），1999.

⑤ 普列汉诺夫. 普列汉诺夫美学论文集[M]. 北京：人民出版社，1983：427.

⑥ 黑格尔. 美学（第一卷）[M]. 北京：商务印书馆，1979：147.

⑦ 北京大学哲学系美学教研室编. 西方美学家论美和美感[M]. 北京：商务印书馆，1980. 154.

⑧ 朱光潜. 谈美谈文学[M]. 北京：人民文学出版社，1988：18.

⑨ 中国大百科全书总编委会. 主体与客体（中国大百科全书哲学卷）[M]. 北京：中国大百科全书出版社，1987.

⑩ 唐孝祥. 岭南近代建筑文化与美学[M]. 北京：中国建筑工业出版社，2010：78.

⑪ 走向艺术的心理学[M]. 伯克莱加利福尼亚大学出版社，1966：30.（转引自叶朗. 现代美学体系[M]. 北京：北京大学出版社，1999：164.）

⑫ 梁思成. 清式营造则例[M]. 北京：中国建筑工业出版社，1981.

⑬ 阿恩海姆. 艺术与视知觉[M]. 北京：中国社会科学出版社，1984：56.（转引自叶朗. 现代美学体系[M]. 北京：北京大学出版社，1999：182.）

⑭ 宗白华·美学文学译文选[M]. 北京：北京大学出版社，1982：2.

⑮ 李泽厚. 美学四讲（第一版）[M]. 北京：三联书店，2004：140.

⑯ 叶朗. 胸中之竹——走向现代之中国美学[M]. 合肥：安徽教育出版社，1998：57.

第 3 讲

建筑审美主体

　　建筑审美主体是建筑审美活动的发出者和
承担者，是指在建筑审美活动中与审美客体相
对而言的人。在建筑审美活动中，审美主体因
其鲜明的特点起着主导作用，是建筑审美活动
得以发生的关键。建筑审美主体具有感性、情
感性和自由性的特点。审美主体的心理要素包
括审美认识心理要素和审美价值心理要素两个
系列。审美认识心理要素系列主要包括感觉、
知觉、想象、理解四要素，主体审美价值心理
要素包括审美的欲望、兴趣、情感和意志等。
审美主体的审美心理结构可分为生理层次、心
理层次和社会文化层次，相应表现出悦耳悦目、
悦心悦意、悦志悦神的特征。在建筑审美活动
中，主体的情感作用极为重要，主要表现为情
感选择、情感加工和情感建构。建筑审美主体
的审美能力包括审美感知力、审美想象力与审
美理解力。

建筑审美主体是建筑审美活动的发出者和承担者，是指在建筑审美活动中与审美客体相对而言的人。在建筑审美活动中，审美主体因其鲜明的特点起着主导作用，是建筑审美活动得以发生的关键。建筑审美主体可以区分为个人性主体和群体性主体，建筑审美主体具有感性、情感性和自由性的特点。

一、建筑审美主体的基本特点

建筑审美主体是在人类实践活动中生成的，在建筑审美活动中起主导作用。建筑审美主体的主导作用来自其鲜明的特点：感性、情感性和自由性。

首先，建筑审美主体具有鲜明的感性特点，处在建筑审美活动中的主体是感性观照的主体。审美活动与认识活动一样，都属于人类高级精神活动，但是不同于认识活动的是，审美活动具有明显的感性色彩。从建筑审美活动的对象来看，它是感性与意义的统一体。杜夫海纳说："审美对象就是辉煌呈现的感性。"建筑审美属性以建筑线条、建筑色彩、建筑造型等感性方式存在。舒畅、别扭、恐怖、惊讶……这是视觉神经反应的直接情绪；质朴、刚健、雄浑、纤秀……这便进入了初步的审美判断。主体的这些主观感受，正是建筑的序列组合、空间安排、比例尺度、造型式样等外在形式的情感价值判断。同时，这些感性的形式又蕴含着意义。宏阔显赫的故宫，圣洁高敞的天坛，清幽别致的峨眉山寺，端庄高雅的希腊神庙，威慑飞腾的哥特式教堂，豪华炫目的凡尔赛宫，……所有这些具体的感性形式，无不包含着深刻的历史因素以及丰富的内涵意义。正是在感性与意义相统一的基础上，建筑审美对象才能在建筑审美活动中成为审美客体。从建筑审美活动的主体来看，建筑审美主体要成功地进行建筑审美活动，必须要有一种感性能力。主体的感性能力是一种透过建筑的感性形象看到意义，即"直击"建筑事物本身的能力。例如北京故宫根基的雄厚，气势的宏阔显赫，加上皇室专用的色彩和装修，突出表现封建社会森严的等级制度以及帝王至高无上的尊贵和权势；古埃及的金字塔，古西亚人的萨艮王宫宏大的规模，反映王族的威严和显赫，渲染法老的超人力量，象征着法老的威势和王权不可动摇，给人一种神秘的压迫感。这些都是审美主体在建筑审美活动中运用其感性的能力通过对建筑感性形体的观照得到的对建筑意义上的"直击"。约翰·罗斯金（John Ruskin）是英国著名的艺术史家。他游历到意大利的时候，为维苏威火山中的别墅所深深吸引："在这片支离破碎的土地上，无数的别墅就坐落在火山锥的顶部。然而它们出人意料地毫无冒犯之感，在一片毁灭的残骸中间，它们显得生机勃勃，绝对不与周围的景色同流合污，这丝毫不刺目。"①它们在荒凉寂静的自然环境中，既凸显了奋发向上的生活气息，又因为墙壁的形状有意模仿火山的沟壑，而顺应了大地的肌理。罗斯金不是专业的建筑师，没有接受过任何建筑学的训练，但是凭借着他对建筑造型、色彩、材质，以及山川、河流、森林的感性体会，写成了《建筑的诗意》。文中对英格兰、法国和意大利等国家的建筑和景观的描绘，洋溢着一种午后田园诗般的清新与优美。

　　其次，建筑审美主体是情感丰富的人，建筑审美主体是情感活动的主体。与单纯的认识活动不妥，在审美活动中，情感的作用至关重要，离开了主体的审美情感，审美活动的特质也就失去了。在建筑审美活动中，审美主体的情感起着决定性的作用，它引导和推动着审美主体的感知、体验审美对象，从而使得审美活动顺利发生，并最终实现审美超越。康德认为：我们判断某一事物美还是不美，并不是对某个对象作出逻辑判断，而是借助想象力作出情感上的判断，看它是否引起主体的快感或不快感。《乐记·乐本》中说："凡音者，生人心音也。情动于中，故形于声；声成文，谓之音。"指出音乐的目的正是为了表达人的情感。建筑审美活动中主体的感觉作为一种认识机制，使主体总是被对象的能引起自己愉快的性质（建筑的色彩、材质、线型）所吸引。建筑审美活动中的知觉往往按照主体情感的需要选择并加工建筑对象，去选择与"判断"建筑对象。建筑审美活动中的想象按照主体的情感要求对建筑形象作出情感的判断，按照自己的情感要求和情感规律去建构符合自己情感目的的形象。通过想象，在现实中不能满足的欲望、兴趣能够达到满足。审美中的理解是一种包含情感的理解，往往是一种个人的体悟，通过体悟获得包括对宇宙、历史、人生的最深切的理解。这些感觉、想象、理解等心理因素在建筑审美过程表现出来的与在其他活动中截然不同的特点，也是由于它们摆脱了理性的严酷限制与束缚，而听从欲望、心灵、情感的指挥。

图3-1　汶川地震纪念园（引自华南理工大学建筑设计研究院 何镜堂建筑创作［M］. 广州：华南理工大学出版社，2010.）

吴焕加先生在他的《建筑趋势与社会趋势》一文中，对中国建筑的未来做出了预估，认为建筑将走向高技术和高情感。所谓高情感，就是指满足人们的审美理想和精神需要。庄严雄伟的纪念性建筑最容易激发起人们在情感上的共鸣。例如，当审美主体直面汶川钟楼纪念园（图3-1）广场的28分线时，心中会联想起2008年5月12日14点28分发生的那一场地震，怀念那些无辜逝去的鲜活生命，从而产生凝重和哀悼的心情。但是随着审美主体登上节节抬升的阶梯，观赏着广场上生机勃勃的鲜花，感受着钢筋网毛石墙体带来的一种扑面而来的震撼力量，伤痛的心灵得到安慰，心中重燃对生活的无限希望。汶川钟楼纪念园给审美主体带来了一种痛感，但同时随着痛感被逐步克服，痛感最终升华成一种类似于崇高的情感，这种崇高的情感来源于人在面对灾难时所表现出的顽强不屈和众志成城的精神。何镜堂院士在《大地的纪念——汶川映秀镇地震纪念体系规划及震中纪念地设计》中，强调要使集体记忆和个体情感相协调："地震纪念性场所除了需要表现宏大和历史性的主题外，一些能表达对个体情感关注的元素也不能缺少，如：能与日常生活相结合的空间场所的营造、对个人能直观感受和熟知的事物的利用等，这些事物均能在群体活动以外，于细微之处贴近每个人的心灵。"②正是充分尊重了审美主体的情感性特征，才使建筑师设计出汶川钟楼纪念园等一系列优秀的建筑作品。

第三，建筑审美主体具有自由能动性，审美主体是自由的主体。人作为一个社会存在物，其本质特征在于自由。在人类的其他实践活动中，由于主体对客体的功利性要求，其自由受到了限制，是在一定限度下的自由。同样是建筑实践活动，建筑设计以及建筑建造总是要适应建筑物的功能和环境的。因此建筑设计师虽然可以发挥他的创意进行建筑艺术的创造，但是这种自由是受限的，受到了诸如建筑功能的满足以及环境等因素的限制。而在审美活动中，审美主体在选择哪些建筑作为审美客体的过程是自由的，他可以喜欢东方建筑，也可以喜欢西方建筑；可以喜欢古典主义，也可以喜欢现代主义。享誉全球的埃菲尔铁塔充分见证了不同审美主体对同一座建筑物的不同态度，充分体现了审美主体的能动自由性。埃菲尔这样评价自己所设计的巴黎铁塔："建筑美学的第一条原则规定，一座建筑物的主要线条必须完全符合其目的。……我认为那四根外露杆件的曲线……将给人以一种很深的力和美的印象，因为它们显示出整个结构物的大胆手法"，显示出埃菲尔对现代建筑的肯定与讴歌。然而也有许多大名鼎鼎的作家和艺术家对这座庞然大物不屑一顾、嗤之以鼻："我们这些作家、画家、雕塑家和建筑师，热爱美丽的巴黎，迄今为止她一直是那么完美，我们以蔑视法兰西情趣的名义，竭力反对在我们首都的心脏竖起这座无用而畸形的埃菲尔铁塔……想象一下巴黎耸立着一个怪异和令人头晕目眩的结构物，它像一个巨大的工厂黑烟囱，使我们的纪念物和建筑物都相形见绌、蒙受耻辱，直至被这个噩梦所吞噬。在20年的时间里，我们将看见这根丑陋的、用铆钉铆起来的铁柱，它像斑斑墨迹顺势而下，布下一片讨厌的阴影。"③这段文字赞扬了巴黎原有的建筑风貌，毫不吝啬地表达了对现代铁结构建筑的厌恶之情。埃菲尔铁塔自诞生以来既备受瞩目，也备受争议，这本身就反映出审美主体在审美活动中是自由的，是不受干扰和限制的。

正如席勒所说："在有文化教养的圈子里，在审美的国度中，人就只需以形象显现给别人，只作为自由游戏的对象而与人相处。通过自由去给予自由，这就是审美王国的基本法律。"④建筑审美客体的自由性不仅表现在主客体的融合，还表现在主体可以凭借审美想象力，突破时空和现实的限制，创造出现实中所没有的事物和形象。例如人们可以由建筑的空间结构想象出音乐的韵律节奏，并以此得出建筑艺术与音乐艺术的共通性。宋代冯子振在《铁塔燃灯》一诗中这样描绘开封铁塔的盛况："擎天一柱碍云低，破暗功同日月齐。半夜火龙翻地轴，八万星象下天梯。光摇激滟沿珠蚌，影落沧溟照水犀。文焰逼人高万丈，倒提铁笔向空题。"⑤冯子振的诗已经不仅仅局限于描绘铁塔的造型和颜色，而是把燃灯的铁塔想象成火龙翻地轴、星象下天梯等意象，天马行空，酣畅淋漓，突破了时空的限制，实现了审美超越（图3-2）。

图3-2　开封铁塔（引自肖东发. 宝塔珍品巧夺天工的非常古塔［M］. 北京：现代出版社，2014.）

二、建筑审美主体的心理要素与心理结构

探讨审美主体的心理要素的功能结构及其主要机制，对于揭示建筑审美活动的秘密和建筑审美心理的特殊性是十分重要的。

在传统美学研究中，一般从认识论框架去分析审美心理，从而把参与审美过程的心理因素概括为感觉、知觉、想象、理解四要素。事实上，在审美过程中发挥作用的心理要素除了感觉、知觉、想象、理解等审美的认识心理要素外，还有欲望、兴趣、情感、意志等审美的价值心理要素。

在建筑审美过程中，主体的感觉出于主体的生命欲求，对建筑的形式属性如造型、色彩、布局、环境等做出选择，选择的结果即欲望的满足和审美兴趣的产生以及情绪的激动。审美知觉所指向的只是与主体情感模式相联系的对象本身的感性形式。潮汕人看见爬狮、四点金、驷马拖车民居就产生亲切感，北京人怀有极深的四合院情结，因情感而产生了审美感知。想象作为审美认识的心理机制发挥着价值选择和评价的功能，而且较之于审美感知更自由、更富于创造性。正因为有审美想象力，梁思成才会为天宁寺砖塔的立面谱出无声的乐章。审美理解是贯穿整个建筑审美过程的心理要素，它主要表现为对对象形式意味的直觉把握，有似禅宗的"顿悟"，即通过审美主体的独特感受及体验，领悟到建筑的某种意义，直至宇宙感、历史感和人生感。

建筑审美主体的心理要素的另一个系列是审美价值心理要素。审美价值心理是由主客体之间审美关系的价值特性所决定的，因此也可以说是审美价值关系的心理表现，包括审美的欲望、兴趣、情感和意志等。

在建筑审美活动中，建筑审美欲望是主体审美的内在心理动因，是使建筑审美得以实现的重要心理机制，在具体的审美过程中，表现为一种无意识的、强烈的价值追求。正是有了这种价值追求，主体才会有审美的激情和冲动，并因此而产生对于具体建筑审美对象的兴趣。审美兴趣是在建筑审美活动中又表现为一种初步的肯定性态度。从审美主体方面来说，兴趣的产生过程也就是主体对建筑形成肯定性态度的过程，这种肯定性态度的进一步的心理表现就是建筑审美情感。情感是审美心理中最活跃的因素，在整个审美过程中，始终发挥积极的能动作用，直接影响到主体对建筑的审美感受。意志也是审美价值心理中不可忽视的因素。在审美过程中，意志在情欲和理智之间起着调节作用，集中反映了审美活动的主体性特征。人对建筑的审美欲望随意志的作用得到强化或弱化，人对建筑的审美兴趣和审美情感随意志的作用而激发而抑制。

　　建筑审美活动，如同其他一切审美活动，也是一个审美主体与审美对象往返交流的复杂心理过程。一方面，审美主体对建筑形象进行着由浅入深、由局部到整体、由表面感性形式到内部文化意蕴的审美把握，是建筑审美属性在审美主体的审美活动中得到确认，形成价值事实。另一方面，作为审美客体的建筑，其审美属性也不断地影响审美主体的审美活动和审美过程，在这个复杂的往复交流的心理过程中审美主体的审美心理结构起着十分重要的作用。研究主体的审美心理结构及其作用是进一步了解建筑审美活动的根本所在。

　　审美主体包含着群体的审美主体和个体的审美主体两种层面。群体的审美主体和个体的审美主体之间是相互交叉的关系。群体的审美主体为个体的审美主体提供了审美的先天可能性，这种先天的可能性我们称之为人类学的审美—心理结构，简称"主体的审美结构"，它是人类文化—心理结构中的一部分。人类文化—心理结构是在人类长期实践中形成的，人类在运用物质工具改造和征服自然的劳动生产实践过程中，不仅使外在自然成为人化自然，创造了人类的物质文明，同时也使内在自然成为人化的自然，创造了人类的精神文明，而其中人类的文化—心理结构就是在内在自然的人化过程中形成的。

　　审美结构和意志结构、智力结构都是人类文化——心理结构的一部分，但是审美结构不同于智力结构和意志结构的最大区别在于智力结构和意志结构表现为一种理性结构，而审美结构则是一种感性结构。审美心理结构问题，是美学研究中一个备受关注的课题。在西方美学史上，许多理论家都做过探索。早在英国经验主义美学时期，夏夫兹博里就认为人天生就存在一种审美感官，他试图以"内在感官"或"第六感官"揭开审美心理之谜。夏夫兹博里说过，眼睛只要看到形状，耳朵只要听到声音，就能够认识到美、秀雅与和谐。行动一经察觉，人类的感动和情欲一经辨认出，也就有一种内在的眼睛分辨出什么是美好端正的，可爱可赏的，什么是丑类恶劣的，可恶可鄙的。这些分辨的能力本身应是自然的，因此只能来自自然。夏夫兹博里的意思是主体的"内在感官"或"第六感官"在感受美的时候是不假思索的、直接的、感性的。其后休谟将审美能力归结为"人心的特殊构造"；康德则先设定一种"共同感觉力"的存在来对审美判断进行分析。直至现当代，德国心理学家考夫卡，法国美学家杜夫海纳，美籍美学家阿恩海姆亦进行了研究，心理学家荣格提出"集体无意识"学说，等等，虽然具体观点各异，但都认为主体在对对象感知的时候，已经事先具有一定的审美心理结构，即每个个体都具有先天获得的一种深层的文化心理结构，正是这种文化心理结构使审美活动成为可能。对于这种审美结构，美学家们受到历史条件的限制，还不能解释它来源于长期的社会实践，但他们认识到了审美结构的直接性特点，这就紧紧抓住了审美结构的特征。事实上，人类在长期的社会实践过程中，不仅形成了内在审美心理结构，而且也形成了这种结构的层次性。这就是通常所说的审美结构由低到高分为：生理层次、心理层次和社会文化层次。

第一是生理层次。人类的生理活动与外部环境的关系是刺激—反应关系，正是这一关系使人类一切高级生命活动包括审美活动成为可能。当外部刺激（如建筑的感性形象）出现在审美主体面前时，主体的反应包括两个方面，一方面是感官接受外来的信息（如建筑的外观造型、材质色彩等），另一方面产生快感和不快感。当刺激适应人的生理运动的节奏韵律时就产生快感，不适应时就产生不快感。千百年来，人们都对古希腊帕特农庙的圆柱赞美有加，正是在于它的柱式的高、宽与柱间距等都符合"黄金分割"律，引起了人们生理快感的反应。而美感又是以快感能为基础的。所以无论人类怎样发展，刺激—反应机制都不可能在肢体的生命活动中消失，它是审美活动中最基本的、最原始的因素。维特鲁威在谈论古希腊神庙的种类时，认为神庙分为五种，即密柱距型、窄柱距型、宽柱距型、疏柱距型和正柱距型。维特鲁威认为密柱距型和窄柱距型都有缺陷，因为当贵妇们登上密柱距型神庙的台阶做祈祷时，她们不能相互挽着臂膀通过，而必须排成纵队。同时，供人祭拜的雕像总是半隐半藏着，入口的景观也被密集的圆柱所遮挡，空间的局促使门廊周围的活动受到阻碍。宽柱距型和疏柱距型的神庙则是低矮而散漫的。维特鲁威最欣赏正柱距型的神庙，认为它们不仅具有漂亮的外观，而且增加了廊下的活动空间，能够为人们提供遮风挡雨之处。希腊神庙柱子之间的间距，刺激了人们的生理感受，审美主体可以很直接地感受这个距离是压抑的还是相宜的，是让人愉悦的还是不快的。

第二是心理层次。心理层次是比生理层次更高一级的层次，其重要特点是物的对象化。这里的意思是外界环境和人的关系不只是刺激和反应的关系，还有刺激—反映的关系，即外界环境不再仅仅只作为一个单纯的刺激物作用于人的感官，而是作为一个对象以其形式和整体形象及其所包含的全部内容和意义作用于人的心理，引起主体的心理活动。如果说在生理层次，刺激—反应活动引起的是主体的快感与不快感，那么在心理层次，刺激—反映引起的就是主体的审美情感。在建筑审美活动中，无论是高直挺拔的哥特式教堂、巍峨肃穆的道观佛寺，还是气势恢宏的罗马斗兽场、威严显赫的故宫，都已经不是单纯的建筑物，而是能够引发主体情感的对象，能够引发主体进入广阔的审美想象和丰富的审美联想，使审美主体经过情感体验而获得精神愉悦和审美感受。因为心理层次的作用，同一建筑审美客体，可以激发主体不同的情感，引发不同的体验、理解和想象。著名的艺术史家贡布里希在看到罗马万神殿的时候，立刻就被它单纯而庄重的形式所征服。他感叹在他知道的建筑物中，几乎没有一个能像它那样，给人那么沉静和谐的印象。巨大的屋顶穹窿仿佛自由地在人们的头顶盘旋，好像第二个天穹。他又形容自己身处12、13世纪的主教堂时的心理感受，"一旦进入那些教堂的宏阔的内部，巨大的空间似乎使一切世俗琐屑事物显得微不足道，那种感受依然是令人难以忘怀的。"⑥贡布里希在这里所表达和阐释的，正是审美客体与审美主体之间的一种刺激—反映的关系，是在神庙和教堂这样宏伟的公共建筑中，审美主体产生的一种沉静安宁的心理感受。

　　第三是社会文化层次，它是审美结构的最高层次，与心理层次紧密相连。在长期的社会实践活动中，各种文化信息逐渐沉积在心理意识中，形成社会文化结构。在建筑审美活动中，社会文化结构的作用尤其重要，一切审美愉快的获得，特别是对建筑较高层次的审美愉快都离不开社会文化结构的作用。范仲淹在《岳阳楼记》里，尽展"岳阳楼之大观"，抒怀咏志，纳古怀今，从抒写"登斯楼也，则有去国怀乡，忧谗畏讥，满目萧然"之感，到咏叹"登斯楼也，则有心旷神怡，宠辱偕忘，把酒临风，其喜洋洋者矣"，最后，从岳阳楼之景荡开笔锋生发出"先天下之忧而忧，后天下之乐而乐"的壮怀，将岳阳楼之大观的情趣上升到人生意境的深远追求。

　　生理层次、心理层次、社会文化层次，共同构成了完整的审美结构。这三者之间是相互渗透的关系，正是在这三者的相互渗透的作用下，主体具有了能够进行审美活动的可能性，它引起主体的审美追求并最终要现实化为主体的审美能力。

　　审美心理结构决定着审美主体对建筑审美属性的选择和发现，决定着建筑审美属性对主体发生的影响及其程度，也决定着审美主体对建筑审美属性的感知和评价。

　　需要指出的是，建筑审美主体的心理结构并不是人与生俱来的先验的假设或生理器官，它有一个历史的形成过程。这个历史过程以建筑审美实践活动为内容。也就是说，离开审美实践，审美心理结构永远不可能完全形成。一个足不出户的人要形成对泰山、黄河等名山大川的审美心理结构显然是不可能的，一个从不欣赏交响乐的人也根本不可能对贝多芬、莫扎特、柴可夫斯基的作品形成审美心理结构。同样，一个从未进行过建筑审美实践活动的人当然无法形成对精美建筑的审美心理结构。建筑审美主体的兴趣、感知、情感、想象、理解等所有心理要素都是在建筑审美活动中形成、发展和深化的。正是建筑审美活动，使人的建筑审美心理结构得以形成；也是建筑审美活动，使人的建筑审美心理结构得以不断丰富和完善，建筑审美主体的心理结构的特征亦由此呈现出来。

按照李泽厚先生的理解，"悦耳悦目""悦心悦意""悦志悦神"是人（人类和个体）的审美能力的形态展现。因此，"悦耳悦目""悦心悦意""悦志悦神"也构成了建筑审美主体心理结构的特征。

"悦耳悦目"指的是建筑使人的耳目感到快乐。意大利那不勒斯的圣卡洛剧场是建筑悦耳的表现。它首次实现了乐队伴奏区和演员表演区的分离。演员在舞台上表演，而乐队则位于舞台前的区域，标高低于舞台，从而形成乐池。观众厅平面呈马蹄形，设计了台阶式的座位和环形包厢，利用观众席的面积，大量吸收声音，同时舞台区悬吊有布景等织物吸声体，使混响时间较短，适合于歌剧的演出。中国古代的天坛在声学方面也达到了较高的水平。建造者设计了半径32.5米、高6米的回音壁，表面用坚硬的灰砂粉刷，光滑平整，曲率均匀。声音在坚硬的介质上反射，损失很少。建筑审美主体容易对造型、颜色、尺度、比例等视觉元素产生悦目的感受。中国古代建筑的柱、梁、枋、椽、斗栱等构件，大多有着优美柔和的造型和丰富华丽的文饰，让人叹为观止。"柱子做成上下两头略小的梭柱，横梁加工成中央向上微微起拱，整体成为富有弹性曲线的月梁，梁上的短柱也做成柱头收分，下端呈尖瓣形骑在梁上的瓜柱……上下梁枋之间的垫木做成各种式样的驼峰，屋檐下支撑出檐的斜木多加工成为各种兽形、几何形的撑拱和牛腿，连梁枋穿过柱子的出头都加工成为菊花头、蚂蚱头、麻叶头等各种有趣的形式。"[⑦]古建筑的构件线条流畅，富有张力，装饰的图案雕刻精美细腻，蕴涵着追求幸福吉祥的文化精神，使人陶醉在耳目愉悦之中，获得审美的享受。

当审美的愉悦从自然生理层面走向内在心灵的时候，就是审美主体的"悦心悦意"了。悦心悦意的精神性、社会性、多样性和复杂性更为明显，它是审美经验中最常见、最普遍的形态。赵伯仁教授在谈论岭南画派纪念馆时这样说道："她不是雍容华贵身着晚礼服的贵妇人，而是一位体态端庄、淡妆素裹的少妇，有着不平常的活力与魅力"。周凝粹则认为岭南画派纪念馆体现了现实主义和浪漫主义相结合的建筑理念："该设计借欧洲19世纪末新艺术运动的风格，阐释岭南画派的内涵，以曲线动态建筑造型和有机的内部空间，运用夸张手法获得出奇制胜的艺术效果。内部空间的处理，沿各楼层的纵向在中部切割成带状空间，把展馆的功能、结构、技术、顶部采光和岭南画派的创新精神汇为一体，构成多层次的丰富空间。"[⑧]莫伯治大师设计的岭南画派纪念馆表达了岭南文化的内涵与实质，引发了审美主体的联想与想象，培养了审美主体的情感心意，使审美主体感受到不拘一格、锐意创新的时代精神，从而进入了悦心悦意的层面。

悦志悦神，是在道德的基础上达到某种超道德的人生感性境界。它带有一种崇高感，让人感觉到似乎在从事着神圣的事业，对宇宙规律性和合目的性的领悟。在西方，它表现为全心全意地依归于上帝。世界上几乎没有哪几座教堂能像朗香教堂那样让人过目不忘。它的造型是那么的不规整，审美主体根本不可能从一个立面去猜测它另一个立面的模样。它的屋顶像帽子，又像蟹壳。它的白色的墙体上开着大小不一的窗洞，给人带来一种神秘和朦胧的感受。它矗立的三座竖塔不是哥特式的尖塔，反倒像犹太人的墓碑。它完全不同于以往任何一座教堂的形象，给人们带来一种全新的陌生的审美体验。这座位于法国布勒芒山上的乡村小教堂，自它诞生以来就引来了无数的赞美和非议。尽管褒贬不一，它的造型和细节却依然清爽整洁，似乎容不下外界的繁冗和杂质，它的纯粹是如此真实地感动着观众的心。它那么复杂，却又那么简单。审美主体似乎能在布勒芒山上近距离地聆听上帝的声息，却又仿佛神秘而遥不可及。柯布西耶在朗香教堂中的尝试，表达着自己对宗教和未知世界的精神感悟，似乎表现出后现代主义的端倪，是对现代主义的反叛。

悦志悦神在中国表现为天人合一、天人感应的精神境界。白居易在《池上篇》里这样描绘他所喜爱的私园履道坊宅园："十亩之宅，五亩之园；有水一池，有竹千竿；勿谓土狭，勿谓地偏，足以容膝，足以息肩；有堂有庭，有桥有船，有书有酒，有歌有弦。有叟在中，白须飘然；识分知足，外无求焉。……优哉游哉，吾将终老其间。"[⑨]表达了古代文人陶醉于园林空间之中，追求园林意境的忘我状态。粉墙黛瓦、亭台池水之间，植几株垂柳，种一片莲荷，于素淡之中增加一点明艳。中国文人营造古典园林，注重四时景色，阳春四月紫藤花开，仲夏六月荷叶田田，深秋十月梨树叶红，严冬腊月白雪皑皑。在这样的山水意境中，文人墨客举杯邀月，作诗抚琴，淡泊雅逸，不知今夕何夕。

三、建筑审美主体的情感作用

建筑审美活动是一种以主体的审美需要为根据和动因的情感价值活动

和生命体验活动。在建筑审美活动中，审美主体是自主、自由、能动的，在这些心理特性的作用下，审美主体对建筑形成肯定性的态度及进一步的心理表现，就是建筑审美情感。主体对建筑物形成审美态度从而使之转化为审美对象，主要是通过情感选择实现的；而主体对建筑物的知觉完形从而转化为个性化的审美对象，主要是通过情感加工、情感建构来完成的。情感选择、情感加工和情感建构是建筑审美活动中主体情感作用的主要表现。

1. 情感选择

建筑审美活动的开始，是以主体在审美兴趣和情感的驱使下对特定建筑物产生审美注意为标志的。在建筑审美活动中，审美主体对建筑物的选择实际上是一种情感选择。

在建筑审美活动中，审美需要对人的审美情感有激发、定向选择的功能。审美主体因审美兴趣和审美需要的不同，会选择不同风格或不同特点但又契合自己的审美需要的建筑作为审美对象。拉斯金热爱欧洲乡村宁谧质朴的自然野趣，歌德赞颂哥特式教堂内如树枝般向上蔓延的石刻线角，贡布里希陶醉于罗马万神殿的高贵与典雅。龙庆忠教授在《中国建筑与中华民族》一文中，热情讴歌了中国古代建筑之壮丽和文质彬彬。"观赏中国建筑者，每赞其壮丽宜人，例如构架之呈材，房顶之自然，毫无掩盖，以示其构造之纯正，此乃质之为壮者。至于再于其上作种种形态之变化（如斗栱之衬托，房盖之重檐），或作种种雕饰之点缀（如雕梁画栋，刻桷丹楹），以示其匠心之富丽，此乃文之为丽者也。其中盖说明我国民族文质并重之好尚也。"[10]反映了龙庆忠教授对中国传统建筑的欣赏与热爱。有人喜欢古建筑，也有人欣赏现代建筑。吴良镛教授乐于接受广州友谊剧院那简洁、清晰、灵活的现代造型以及庭园的意境，称赞其室内外空间相结合，富有现代感的新建筑创作道路。

情感选择的过程实质上是审美主体对建筑表现形式的情感肯定和感知的过程，是建筑审美活动中主体经由建筑审美态度的形成走向建筑审美感知的获得的心理节点。

2. 情感加工

审美主体在情感的驱使下，通过审美想象和审美联想的作用来丰富、深化审美体验和审美理解，对建筑物中某些形式、环境因素进行情感关注、忽略，或进行情感想象去比附别的形式因素，使建筑物对主体更具有感官的吸引力和更强烈的情感表现性，即情感加工。这是建筑审美心理活动的主要阶段。同一建筑物经过审美主体的情感加工而表现为丰富多样的个性化的审美对象。

在建筑审美活动中，情感加工作用是继情感选择之后凭借审美理解、审美联想和审美想象而发挥的，表现为建筑审美体验的持续和深化。主体的审美体验不仅是沿着主体对建筑物的想象而展开的，更是遵

图3-3　东莞可园（引自陆琦. 岭南园林艺术 [M]. 北京：中国建筑工业出版社，2004.）

循主体的情感路线而深入。在情感加工中，审美主体用全部的精神感觉去"占有"建筑物，具有高度的自主性和自由性。主体凭借审美想象力，可以打破法则的限制和时空的限制，创造出新的意象。岭南著名画家居巢在东莞可园（图3-3）的"博溪渔隐"游廊中流连忘返："沙堤花砌路，高柳一行疏；红窗钩车响，真似钓人居。"由眼前的游廊，联想起沙堤、高柳和钓鱼翁，充满了乡郊野趣。吴焕加教授观看北京故宫、颐和园等皇家建筑时，谈到它们有亮丽的琉璃瓦屋顶和丰富的琉璃饰物，"在阳光照耀之下，从高处望去，它们似是波光粼粼的'屋顶海洋'，令人惊叹。"[11]吴焕加教授由阳光照耀的琉璃瓦想象到波光粼粼的屋顶海洋，是他通过对审美客体进行情感加工，进行审美想象以后形成的审美意象。

需要指出的是，建筑审美活动中的情感加工并不排斥主体的理性认知，甚至是以主体的理性认知为基础的。上海东方艺术中心是建筑师运用隐喻主义手法勾画的动感建筑形象。从高空看，这座音乐殿堂犹如一只美丽的蝴蝶，正在百花丛中采蜜飞翔；从稍高处俯瞰，这座殿堂的屋面又像五片绽放的花瓣，联系着一朵硕大的"蝴蝶兰"。审美主体在这一具体的建筑审美活动中，忽略了庞大的建筑体量，模糊了建筑的物质材料外壳，使建筑以一只蝴蝶、一朵花的形象呈现于面前，更加的美轮美奂，赏心悦目，使审美主体的心都激荡起来。而意大利比萨斜塔以其耸立时的"斜而不倾、歪而不倒"造就了一番摄人心魄的力量。远远望去，它的不正之体让人感到一种缺失和不安全。审美主体容易忽略它简洁质朴的罗马建筑风格，从其不平衡的外形进行想象和体验，形成类似于充满压迫感、危机感等的客

体形象。再如面对2010年上海世博会中国馆，"中国特色、时代精神"的设计理念给人深刻印象。何镜堂院士定位准确，突出三点。一是要体现城市发展中的中华智慧，二是要体现中华文化的包容性和民族特色，三是要体现当今中国的气质与气度。国家馆居中升起，层叠出挑，庄严华美，形成"东方之冠"的主体造型。地区馆水平展开，形成华冠庇护之下层次丰富的立体公共活动空间，并以基座平台的舒展形态映衬国家馆。国家馆以整体大气的建筑造型整合丰富多元的中国元素，传承经纬网格的传统建造文化；地区馆建筑表皮镌刻叠篆文字，传达中华人文历史地理信息。国家馆主体造型雄浑有力，宛如华冠高耸，天下粮仓；地区馆平台基座汇聚人流，寓意福泽神州，富庶四方。在建筑审美活动中，令人惊艳的"东方之冠"的大红色斗栱造型，给人以丰富的联想，经过主体的情感加工，如缶，如冠，又如仓；让人沉浸在赏心悦目、心旷神怡、悦神悦志的审美欣赏和审美体验之中。

类似于"一千个读者就有一千个哈姆雷特"，经过审美主体的情感加工，建筑物形式或整体形象由于审美主体情感的差异而具有了个性化的特点，再经过情感建构的作用，建筑物将形成千差万别的个性化的审美对象。

3. 情感建构

情感建构，指主体在审美感知过程中，按照自身的情感需求对客体（建筑物）的知觉（特别是幻觉创造），或称知觉完形。客体由此而成为审美对象。情感建构是情感加工的必然结果。审美主体在情感加工的基础上，通过想象、理解或联系自身的际遇等形式，从特定的角度把握建筑物的深层文化内涵，建构尽可能传情达意的、更符合主体的审美理想的审美对象。

在情感建构过程中，审美主体积极主动地调动自己的知识和情感记忆，把各种知觉心象和记忆心象重新化合，孕育成一个全新的心象，即审美意象，并激发起更深一层的情感反应。黑格尔在谈论宗教建筑的时候这样说道："建筑借此替神铺平一片场所，安排好外在环境，建立起庙宇，作为心灵凝神关照它的绝对对象的适当场所。它还替他信士群众的集会建筑一堵围墙，可以避风雨，防野兽，并且显示出会众的意志，显示的方式虽是外表的，却是符合艺术的。"[12]宗教建筑为信徒提供一个安宁而肃穆的空间，并通过宗教性的音乐、雕塑、绘画和颂词，强化了宗教建筑的神秘气氛和神圣精神。审美主体置身于宗教建筑之中，常常会感受到建筑所表达的宗教文化内涵，并因各自的文化背景，或感受上帝那天国的光辉，或聆听佛祖对众生的教诲，体验由宗教建筑空间为自己带来的慰藉，并完成对宗教建筑的情感建构，形成审美意象。敦煌盛唐148窟东壁北侧药师经变，描绘药师佛在大殿前讲经说法的场景，大殿雕梁画栋，院落之间以廊庑相连，秩序俨然，功德池上建有勾栏的舞台，伎乐天在当中奏乐和跳舞。佛寺清烟缭绕，满目清凉，勾勒出东方净琉璃世界的无限美好（图3-4）。

图3-4　敦煌盛唐148窟东壁北侧药师经变（引自敦煌莫高窟第148窟药师经变（盛唐）

在情感建构过程中，审美主体积极主动地调动自己的知识和情感记忆，把各种知觉心象和记忆心象重新化合，孕育成一个全新的心象，即审美意象，并激发起更深一层的情感反应。在建筑审美活动中，主体一方面通过情感建构不仅达到对建筑意义的感性把握，而且加深对建筑价值的理性认识，另一方面通过情感和想象、理解等心理机制在对象中看到了自己，实现了主体和客体的沟通和交融，从而得到极大的心理满足和审美愉快。在这种情况下，建筑的存在和意义就在于它外化了主体的生命情感，显现了主体的生命情感。

在情感建构过程中，主体的理性上升，超越了建筑形象，更深地理解了建筑的意蕴。主体沿循情感的路线，沉浸到宇宙感、历史感和人生感的理解和体悟之中，即建筑意境之体悟。用著名美学家叶朗先生的话，"超越具体的、有限的物象、事件、场景，进入无限的时间和空间，即所谓'胸罗宇宙，思接千古'，从而对整个人生、历史、宇宙获得一种哲理性的感受和领悟。"通过情感建构，审美主体达到对建筑文化精神的进一步把握，指向于创造意义的世界。这时，建筑不再作为纯客观的现象表象存在，而是作为某种文化精神的表象对审美主体存在着，如苏州园林如画如梦的鬼斧神工之中蕴含中国历代文化经营所创造出的建筑哲学，山西的晋商大院、平遥古城，体现着中国历史上商人所遵从的建立在儒家哲学基础上的人生哲学，北京四合院的营建中融入了中国古代的建筑环境哲学，广州陈氏书院的装饰装修体现了岭南独有的文化精神等。因此，经过情感建构的审美对象与实存客体相似而又不同，是审美主体心灵中的对象，往往具有象征性。

在建筑审美活动的整个过程中，始终伴随、弥漫着审美情感，这种情感是自由自主、差异丰富、变化发展的。在建筑审美活动中，由情感选择、情感加工至情感建构的这一过程，是审美主体将情感由主观化转变为客观化的过程，即审美主体对内心体验的情感进行选择、提炼之后，通过塑造的建筑意象而外化的过程，表明了情感作用的历时性特征。情感选择、情感加工、情感建构是相互联系，依次递进的。情感选择标志着建筑审美活动的实质性开始，情感加工展示了建筑审美活动的深广内容和主体性特征，情感建构体现了建筑审美活动的情感作用结果。

四、建筑审美主体的审美标准与审美能力

1. 建筑审美主体的审美标准

审美标准通常是指主体在具体的审美活动中形成的，用来评价对象的一种内在的"尺度"。审美标准作为主体的内在尺度，是人类历史发展的产物。在人类长期的审美活动实践中，主体在自己的审美经验基础上，根据自己的审美需要形成了一种理想模式、内在标准。

审美标准一般是指人类群体的审美标准。在具体的建筑审美活动中，由于主体总是单个的人，所以审美标准有着差异性。但这个差异性往往是在与社会群体审美标准保持一致的条件下的差异。建筑审美活动总是在一定的社会条件下和文化背景中进行的，社会作为人类存在的群体形式，对个人的存在、发展、活动和意识都有着极大的规定和制约作用。建筑审美活动的这种历史具体性决定了建筑审美标准的辩证性，即差异性和共同性的同一，或者说，相对性和绝对性的统一。

建筑审美主体的审美标准是在人类长期的实践活动中形成的，有着客观的生理和心理基础，具有客观规律性。同时由于建筑审美标准是历史地形成的，因此它也具有社会基础，并随着社会的发展而处于发展变化中。从主体方面看，人的审美需要是在人的生存和生命活动中形成和发展的，因而对于建筑的同一审美属性，不仅不同的人由于审美趣味的不同会有不同的审美判断甚至美丑相殊，而且就是同一审美主体也会因情感的具体性而出现审美判断的差别，这就表现出审美标准的差异性。从客体方面看，建筑作为人为且为人的居住环境，其审美属性总是在人类实践活动中历史地、社会地、文化地形成的。因此，它必然被打上民族的、社会的、时代的文化烙印，或必将要表现一个民族的文化精神，走向为满足人类需要的对自然、社会和人文的适应，从而成为决定建筑审美及其标准的共同性的

主要依据。概括起来，建筑审美主体的审美标准具有区域性、时代性、民族性和阶级性的特征。

首先，建筑审美标准具有地域性特征。普列汉诺夫曾经指出："任何一个民族的艺术都是由它的心理所决定的；它的心理是由它的境况所造成的，而它的境况归根到底是受它的生产力状况和它的生产关系制约的。"⑬一定社会的审美观念和审美情趣由于是特定社会环境的产物，因此每一种审美标准都有着一定的地域限制。在中国封建社会，黄色代表着尊贵、权威，为帝王专用颜色，是众颜色中最高贵的颜色，下至平民百姓上到达官贵人、皇亲国戚都不可随便使用，因此在中国古代建筑中，黄色琉璃瓦屋顶是皇家建筑或帝王敕建的建筑才能使用。而在欧洲各国基督教普及的地方，黄色却是人们所憎恶的颜色，因为它是背叛基督的门徒犹大所穿衣服的颜色，在基督教徒看来，黄色是最下等的颜色，所以西方教堂建筑不使用黄色作为其建筑用色。

中国北方寒冷干燥，因此北方人喜欢围闭厚重的空间，园林多以四合院来组织，雕梁画栋，庄重大方，造景以亭木花草为主。宁寿宫的乾隆花园由四层院落组成，严格按照南北中轴线布置，亭台楼阁掩映在苍松翠柏之间，壮丽稳重，有皇家富贵之气。而江南地区则水网密布，江南的文人雅士追求曲径通幽的意境，故园林多叠山埋水，婉转雅致，含蓄不尽。比如苏州留园，在入口处设置了狭长的廊道，光线幽昧黯淡，起到抑景的作用。转角处廊道忽然变宽，分西、北两路。西行经回廊曲院进入山池主景区，然而山池为漏窗粉墙所隔，只能隐约窥见，直到进入水榭方能一睹全貌，起到了欲扬先抑的效果，庭院空间显得深邃而别致。岭南四季如春，岭南人喜欢到景色优美的庭园里，品茶听戏，观鸟赏花。因此岭南庭园轻盈通透，淡雅明快，具有世俗享乐的特征。由于岭南庭园一般面积较小，因此少设回廊而多置船厅，有个别庭园呈现出中西合璧的特点。比如余荫山房的布局，就采用了几何形状的平面，是典型西方式的布局手法（图3-5）。而潮州西园内的圆形"水晶宫"镶嵌玻璃，隐没在假

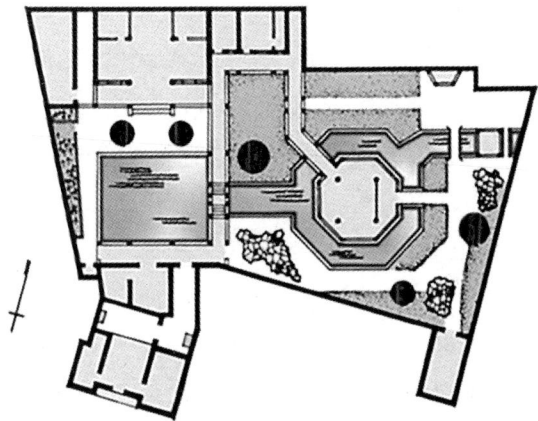

图3-5　余荫山房平面图（引自陆琦. 岭南园林艺术［M］. 北京：中国建筑工业出版社，2004.）

山潭水之中，寻螺旋形的石径可下达水边，题曰"橘隐"，极好地将西方的设计手法与岭南人追求意境的审美趣味结合在一起，是不可多得的佳作。

其次，建筑审美标准具有民族性。特定的民族必有其独特的审美习惯和审美趣味，其审美观念和审美理想也一定呈现出浓郁的民族色彩。可以说，人类的审美活动总是渗透着民族精神，体现出民族特点的。黑格尔就曾谈道：事实上一切民族都要求艺术使他们喜悦的东西能够表现出他们自己，因为他们愿在艺术里感到一切都是亲切的、生动的，属于目前生活的。各民族都在艺术作品中留下了最丰富的见解和思想。我们从古希腊罗马建筑的柱式，从中国古代建筑的斗栱即可感受到建筑审美文化的民族性。就是在中华大地上，合院式、干阑式、窑洞式、碉楼式……等等，无不一一在述说着中华建筑审美文化的民族性格和独特魅力。又比如哥特式风格是欧洲中世纪晚期普遍采取的教堂形式，然而不同民族的天主教堂都有差异。法兰西民族的巴黎圣母院东西朝向，采用拉丁十字平面，主厅较长而袖厅很短，西立面有两座高耸入云的钟楼，立面首层开有三个层层缩进的透视门，正门的上方有绚烂夺目的玫瑰花窗，象征圣母的纯净高洁。而意大利人建造的米兰大教堂则采用巴西利卡式的形制，主立面不是法国式的双塔和三扇透视门，而是屏幕式的山墙构图，尖券和半圆券两种形式并用，显现出罗马古典风格对意大利人民审美标准的影响。到19世纪中后期，法国传教士稽明章在广州建造了圣心大教堂，打破了天主教哥特式教堂东西朝向的惯例，依照中华民族的建筑审美标准，将教堂改为南北朝向，前有珠江水，后有白云山，符合中国古代的堪舆观念。教堂采用抬梁式的大木结构，玻璃彩画上绘有中国明代的天主教徒徐光启像，屋檐的排水石兽不是法国的滴水嘴兽，而是古代中国常见的石狮子形象，这都体现出审美标准的民族性特征。

再者，建筑审美标准还具有时代性。每一个时代都有每一个时代的审美观念和审美理想，不同时代的审美标准是不一样的，甚至大相径庭。在欧洲建筑发展史上，建筑风格随时代变化而变化，就很好地反映了建筑审美标准的时代性。古罗马柱式严谨地模仿人体的度量关系，形象地体现一丝不苟的理性精神，充满了对现世人体的热情讴歌，反映了对人本主义世界观和对理性美的崇拜，表达了欲将理想美和现实美统一于艺术构图法则之中的审美追求和文化理想。而到了以宗教神学为本的中世纪时期，其建筑风格完全脱离古希腊罗马的影响，高耸的尖塔随处可见，垂直线条的广泛运用，成为这一时期建筑的基本形式，故称"高直式"风格。它表现出一种向上飞腾的气势美和威严神秘的宗教意蕴，流露出鲜明浓郁的时代气息。同样可以看到，由古希腊罗马向中世纪过渡的时代变迁，是教会神权和封建王权走向结合的过渡时代，这也直接反映在建筑审美风格上。罗马风建筑即当时社会、思想文化的真实写照。罗马风建筑，即其"建筑风格既像罗马又非罗马"。以意大利的比萨教堂建筑群为例，他们采用了柱式，但不严谨。意大利人既不追求神秘的宗教气氛，也不追求威严的震慑力量，而是把它们看作城市战胜强敌的历史纪念物，气质是端庄的、和谐的、宁静的。中国近代社会的"古今中西之争"文化论争的时代主题也同样影响并铸塑了中国近代建筑的审美风格。20世纪20年代中期以前，中国近代建筑文化特征主要表现为对中国古代建筑文化的继承创新以及西洋古典建筑的输入和演化。20世纪20年代中期以后则主要表现为"中国固有形式"建筑的提倡和"现代国际式"建筑的出现。1934年，勤勤大学建筑工程学系的过元熙教授发表了题为《博览会陈列各馆营造设计之考虑》一文，文中宣称，我国专馆应该用20世纪科学构造方法，代表我国百年文化的进步。他认为皇宫城墙或庙塔无法表达我国的革命精神，倡导以现代思想进行创作，使观众获得良好印象。过元熙教授反对因袭封建社会的旧建筑模式，提倡新时代应有新建筑的进步精神，反映了审美标准具有时代性的特征。

　　审美标准的历史具体性不仅在空间、时间上呈现，也在人类社会的特定阶层中显现。在阶级社会里，各阶级有其不同的审美标准和审美理想，势必产生建筑审美的阶级性差异。例如，在欧洲建筑史上，经过文艺复兴的洗礼，出现了古典主义和巴洛克风格的分野。他们正好表现了文艺复兴以来那种动荡不安、充满矛盾、追求内心情感的奔放和感官刺激的积郁难抒的社会心理的两个侧面。

2. 建筑审美主体的审美能力

　　建筑审美主体的审美能力是指主体在建筑审美活动中形成的能使建筑审美活动得以顺利展开的能力，包括审美感知力、审美想象力与审美理解力。

　　审美感知力是主体的审美感官对对象形式的一种感知的能力。在建筑审美活动中，主体的感觉出于主体的生命欲求，对建筑的形式属性如造型、色彩、布局、环境等做出自发选择，选择的结果即欲望的满足和审美兴趣的产生以及情绪的激动。而在一般的对建筑的科学认识活动中，感觉对建筑这一客体的信息的接受则力求全面以避免主观认识的片面性，并且尽可能不带情绪色彩以保证认识的客观性。建筑审美知觉与一般建筑知觉活动的区别在于前者一般并不与认识和实践的目的相联系，而往往只与情感目的相联系，因而，建筑审美知觉所指向的往往只是与主体情感模式相联系的建筑对象本身的感性形式。吴焕加教授曾经怀着热切的心情去参观柯布西耶设计的瑞士学生楼，感觉它利用高低、曲直、轻重之间的对比效果，使建筑体形更加活泼生动，是十分具有生命力的建筑作品。

审美想象力是建筑审美主体所具有的能使建筑审美活动顺利展开的一项不可缺乏的能力，它是审美感知力的深化，是构成建筑审美意象的重要手段。对于审美主体来说，不仅要能感知建筑艺术的形象构成表象，还要能通过自己的想象，读懂建筑的语言，而想象力，正是读懂建筑语言的能力。在建筑审美活动中，想象作为审美认识的心理机制同样发挥着见者选择和评价的功能，而是较之于审美感知更自由、更富于创造性。由于建筑构图的抽象性，人们不通过想象便无法解读建筑几何形体的意义和艺术韵味。如果没有想象，我们无法读懂悉尼歌剧院那些奇奇怪怪的几何体的意义，不会联想到它们像船帆或贝壳，自然也不能体会到它们的艺术魅力不仅在于造型的奇特，也在于它们面对大海，与大海一起构成了一幅动人的"扬帆远航"立体图。同样的，如果没有想象力，歌德也很难将圣彼得大教堂前广场的廊柱的排列节奏与音乐的旋律联系起来，梁思成先生也不会为天宁寺砖塔的立面谱出无声的乐章。因此，正是借助想象的翅膀，建筑那抽象的几何体，那些无生命力的点、线、面，才成为审美主体的审美对象。当审美主体看到南京大屠杀遇难同胞纪念馆雄强肃穆的外立面时，就会想象到抗日战争中的一把断裂的军刀。断刀的立面与和平广场的纪念碑，共同构成了一组"铸剑为犁"意象，它寓意着战争必将过去，罪恶必得到惩罚，而人类必将走向和平。纪念馆的广场上铺满了无生命迹象的鹅卵石，让人想象到抗日战争中那些累累白骨。中庭里孤零零地立着一棵枯树，渲染出悲怆凄凉的艺术气氛。而当我们鉴赏天津博物馆时，感觉入口就像一扇宽敞明亮的窗户，而层层叠叠的公共大厅仿佛时光隧道，让人不禁联想起天津自近代以来，就在中西文化交流活动中扮演重要角色，寓意"世纪之窗"（图3-6）。

图3-6 天津博物馆（引自何镜堂，吴中平，郭卫宏. 天津博物馆"世纪之窗"的思与筑世界建筑）

审美理解是贯穿整个建筑审美过程的心理因素。建筑审美活动中的理解不是一个独立的理性思维阶段，不同于科学认识活动中的概念、判断、推理的过程，主要表现为对对象形式意味的直觉把握，有似禅宗的"顿悟"，即通过审美主体的独特感受及体验领悟到建筑的某种意义，直至宇宙感、人

图3-7　梅县南口镇潘氏德馨堂（引自blog.mzsky.cc）

生感和历史感。如在对客家聚居建筑的审美活动中，人们透过那点线围合的布局方式，礼乐相济的空间布局、整体有序的建筑组合，便可感悟到客家人慎终追远，耕读传家的文化理想和价值追求，从而也丰富和深化了关于客家聚居建筑的审美感受（图3-7）。当代西方解构主义建筑思潮影响下的建筑，以其断裂、扭曲、残缺、怪诞的形式诉诸鉴赏者的视觉，使人体会到当今社会所面临的不少危机和种种挑战。

　　优秀的现代建筑也能引起审美主体的深切感悟。当我们观赏上海世博会中国馆时，马上会被中国馆"东方之冠"的造型所吸引，联想起中国古代的鼎，或者木构建筑的斗栱，或者古代帝皇的冠冕。建筑架构上篆刻有二十四节气的名称，如"立春"、"惊蛰"、"雨水"等，表示中国古典文明乃是农耕文明，暗含了"天人合一"的哲学观念。世博会中国馆的庭园取名"新九洲清晏"，取材于圆明园的终景"九洲清晏"。在圆明园的设计建造过程中，有耶稣会士郎世宁和王致诚的参与，他们创建"西洋楼"，体现出中西之间的和平交往。然而在第二次鸦片战争中，西方列强火烧圆明园，西洋楼毁于一旦，所以圆明园又见证了中西之间的激烈碰撞。我们通过世博会中国馆，就能体会到它继承了中国民族优秀的文化传统，但又有别于封建王朝的落后和软弱。它蕴含着意气风发的民族自信，表达了中国和平崛起、与国际社会和平交往的诚意。

注释

①　约翰·罗斯金. 建筑的诗意[M]. 王如月译. 济南：山东画报出版社，2014：91.

②　何镜堂. 大地的纪念，何镜堂文集[M]，武汉：华中科技大学出版社，2012：162-171.

③　F. Engels, The Housing Question, London, 1942, Marxist-Leninist Library,

Vol. VII, p.73. 转引自本奈沃洛著，邹德侬、巴竹师、高军译. 西方现代建筑史[M].
天津：天津科学技术出版社，1996：113.

④　席勒. 美育书简[M]. 北京：中国文联出版公司，1984：145.

⑤　[宋]冯子振. 铁塔燃灯[O].

⑥　贡布里希. 艺术的故事[M]. 范景中译. 北京：生活·读书·新知三联书店，1999：188-190.

⑦　楼庆西. 中国古建筑二十讲[M]. 北京：生活·读书·新知三联书店，2001：250.

⑧　周凝粹. 教益和启示[A]. 莫伯治集[C]. 广州：华南理工大学出版社，1994：278-281.

⑨　楼庆西. 中国古建筑二十讲[M]. 北京：生活·读书·新知三联书店，2001：285-286.

⑩　龙庆忠. 龙庆忠文集[M]. 北京：建筑工业出版社，2010：73.

⑪　吴焕加. 建筑学的属性[M]. 上海：同济大学出版社，2013：76.

⑫　黑格尔著. 美学[M]. 朱光潜译. 商务印书馆，1979（1）：106-107.

⑬　普列汉诺夫. 论艺术《没有地址的信》[M]. 北京：三联书店，1963：47.

第4讲

建筑审美客体

　　建筑审美活动是主客体双向互动的活动。建筑审美活动中的主客体两者在建筑审美活动中缺一不可,单有主体或是单有客体都不可能产生建筑审美活动。因此对建筑审美客体的本质规定性理解和研究必须放在建筑审美活动之中,作为与建筑审美主体相对应的一个概念来进行。建筑审美客体是人的一种对象性的存在,是审美价值的物质载体,是具有形象表现性、可以追问意义的客体。建筑审美客体的本质规定性决定了建筑审美客体的总体特征:形象性与感染性。

建筑审美客体丰富多样。广义上说，一切建筑物均有成为建筑审美客体的可能。从聚落的意义上说，可以分为城市、街区、圩镇、村落、建筑及其院落；从传统建筑的类型上看，可以分为宫殿、陵墓、寺庙、园林、民居，国外还有城堡、教堂等类型。建筑审美客体具有形象性和感染力，以建筑造型、建筑意境和建筑环境展现其审美价值和深厚的审美文化内涵。

一、建筑审美客体的基本含义

建筑审美客体的本质规定性包括三个基本层面。

首先，建筑审美客体是建筑审美活动中人的一种对象性存在，这是建筑审美客体的本质规定性的第一个层面，这一规定性使建筑审美客体与客观性存在相区别。

客体是指人在各种活动中所指向的对象。因而，客体是相对于主体而言的，没有人的存在和人的实践活动，也就不可能有客体的存在。客体不同于客观性存在。客体要以人类实践活动为前提，即马克思所说的"人化的自然"或"人类学的自然"。建筑审美客体与任何客体一样，必须是属于这种"人化的自然"。

建筑审美客体是指人在建筑审美活动中所指向的对象，是相对于建筑审美主体而言的。它先成为人的建筑实践活动对象，随着人类建筑实践活动的发展，人类对建筑产生审美需要，这时的建筑客体才成为人的审美客体。所以，建筑审美客体产生于建筑审美活动的过程之中。比如，一谈到建筑的起源，人们很自然地会联想到古代先民的穴居、巢居。人们在从事这些活动的时候是能享受到一定的快乐和满足的，但人从事这些活动是受直接的功利目的支配的，事实上，古代先民掘穴构巢的建筑学本义就在于满足人们"避风雨"、"驱虫害"的基本生活要求，因此快乐也产生于本能欲望的满足。这时，是建筑的实践生产活动不是建筑审美活动。建筑作为一个人类的审美对象，首先是因为它凝聚着人类物质生产的巨大劳动，是人类按照实用的要求，在对自然界加工改造过程中创造出来的，是人类自觉地改造客观世界的直接成果；同时又是在这个加工改造中，人类出于审美需要，"依照美的尺度"，注入其审美理想创造的具有审美价值的审美客体。维特鲁威在《建筑十书》里谈到了古希腊人加粗柱子中部以形成卷杀（希腊人称为"entasis"）的情况，"要对柱子的粗细进行调节，这是因为在一定距离范围内，我们的视线是从下向上看的。我们的眼睛总是在捕捉美的东西，如果不增加模数的比例以弥补眼睛失去的东西，并以此满足视觉的愉悦，那么呈现在观者面前的建筑物便会显得粗俗难看。"①从维特鲁威的这一段话中，我们看到古希腊人是有意识地调整神庙柱子的造型，使得参观者赏心悦目。建造神庙已经不仅仅是一种建筑实践活动，也不是单纯的宗教崇拜行为，它已经成为一种审美活动，因此要符合和谐与比例的原则。

　　建筑审美客体作为人的一种对象性存在，是相对于整个人类的实践活动来说的，而不是相对于个体来说的。对于个体的建筑审美主体而言，建筑美的产生取决于主体的建筑审美需要。正如马克思曾经说过的："从主体方面来看，只有音乐才能激起人的音乐感；对于没有音乐的耳朵来说，最美的音乐也毫无意义，不是对象，因为我的对象只能是我的一种本质力量的确证，也就是说，它只能像我的本质力量作为一种主体能力自为地存在着那样对我存在，因为任何一个对象对我的意义（它只是对那个与它相适应的感觉来说才有意义）都以我的感觉所及的程度为限。"马克思这段话，清晰地说明了审美客体相对于作为个体的审美主体而言，只是一种条件。正如建筑在被建造出来以后，就是一种客观存在，具有审美属性的建筑无疑可以是人们的审美客体。但是对应于个体的审美主体来说，具有审美属性的建筑是不是审美对象，要看主体自身的条件，即主体是否有审美能力。当代现象美学家杜福海纳说得更明确："是否说博物馆的最后一位参观者走出之后大门一关，画就不再存在了呢？不是。它的存在并没有被感知。这对任何对象都是如此。我们只能说：那时它再也不作为审美对象而存在，只作为东西而存在。如果人们愿意的话，也可以说它作为作品，就是说仅仅作为可能的审美对象而存在。"②同理可见，建筑审美客体是由建筑审美主体规定的，没有建筑审美主体就没有建筑审美客体。罗伯特·文丘里在论述建筑的复杂性和矛盾性的时候，曾经发出一系列的追问："萨伏伊别墅：是方形平面或不是？范布勒设计的Grimsthorpe城堡的前亭与后亭从远处看是模糊不清的：它们孰远孰近？孰大孰小？贝尔尼尼（Bernini）在罗马布教宫（Palazzo di Propaganda Fide）上的壁柱：它们是凸出的壁柱或凹进的墙面分隔？……"[③]在这里，文丘里是建筑审美主体，而萨伏伊别墅（图4-1）、Grimsthorpe城堡和罗马布教宫都是同人建立对象性关系的建筑，成为审美客体。

其次，建筑审美客体是审美价值的物质载体，这是建筑审美客体的本质规定性的第二个层面，这一层规定性使建筑审美客体与没有审美属性的客体相区别。

一般客体对主体有用，在于主体对客体的价值（即有用性）的肯定，而价值的形成是以客体所具有的客观属性为前提的，物的属性充当着价值的物质载体。建筑审美客体对建筑审美主体有用，在于它满足了主体的情感需要，人对建筑的生命情感活动是作为主体的人与作为客体的建筑的审

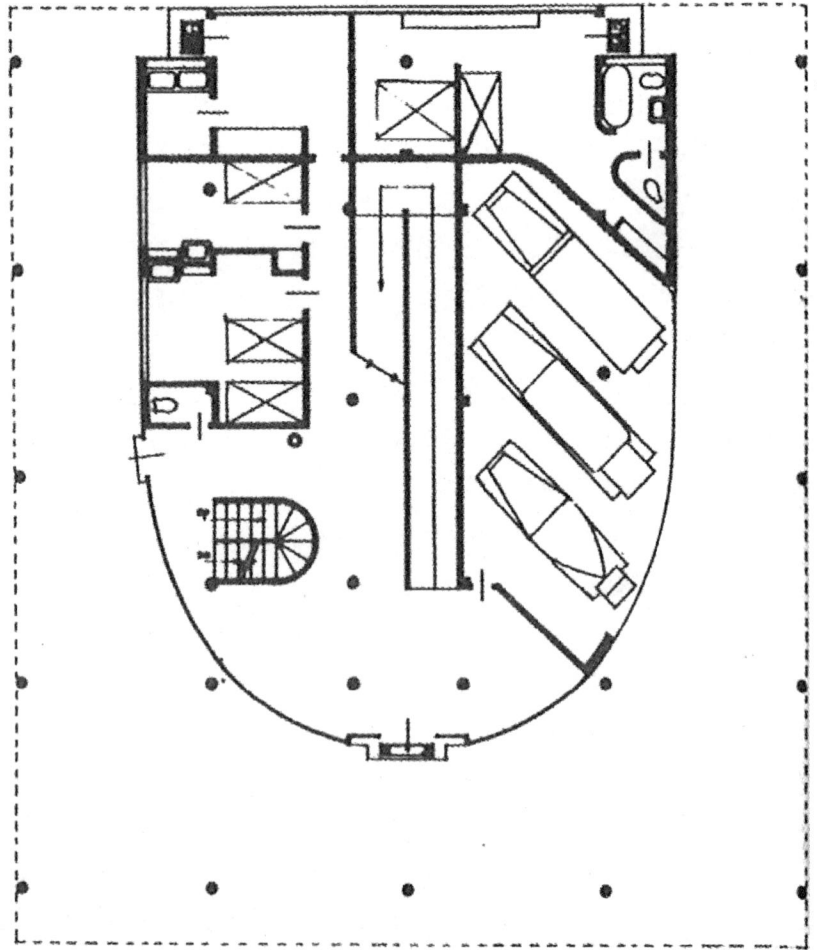

图4-1　萨伏伊别墅平面图（引自罗伯特·文丘里. 建筑的复杂性和矛盾性［M］. 周卜颐译. 北京：知识产权出版社，2006.）

美属性之间的价值关系进入实际存在，所以建筑审美客体要具有审美属性，必须是审美价值的物质载体。

建筑的审美属性需要与人的审美需要、审美标准相符合。从主体方面看，建筑审美属性必须是一种"令人愉快"的、"为人而存在"的属性。建筑的"形式美"法则，就是从客体的审美属性中总结出来的符合主体审美需要的对形式的审美标准。如运用对称、平衡、合适的比例，质感、色彩讲究多样统一，注意整体和局部、个体和群体、内部空间和外部空间及环境的协调等。实际上，这类形式是因为达到与人的生命要求的形式的"同构"与融合，才引起了人愉快的感觉。从石器时代的穴居草棚到近代高楼大厦，都显示了建筑形式美的尺度。建筑中的经典如法国朗香教堂，美国的古根海姆博物馆、澳大利亚的悉尼歌剧院、中国的南京大屠杀遇难同胞纪念馆扩展工程无不以其和谐的形式、奇特的造型、优美的环境等外在形象使人们在建筑审美活动中得到充分的审美享受。吴硕贤院士在观赏2010年世博会中国馆时，被中国馆的宏大气势所感染，写下《世博会中国馆》："冠盖东方红映天，高台巍阁势昂然。纵横斗栱成佳构，丰裕粮仓兆瑞年。万国观瞻襄盛举，千楼荟萃列华轩。登临眺望襟怀阔，世博园区展画缣。"④赞颂了中国馆的现代构成表达了和平崛起的民族自豪感，让人意气风发，兴味盎然。

因此，作为对象性存在的建筑客体不一定都是审美客体。具有审美属性，能充当审美价值的载体，能满足主体审美需要的对象性存在的建筑才是审美客体。

第三，建筑审美客体是具有形象表现性、可以追问意义的客体，这是建筑审美客体本质规定性的第三个层面，这一规定性使建筑审美客体与不具有形象表现性、可以追问意义的客体相区别。

建筑审美客体既然是在人类的实践活动中成为人的审美客体的，那么它的形成所包含、所象征的意义也是主体能够理解的。当建筑审美客体作为一种整体形象出现时，其形象必然会具有一种表现性，这一点是由主体的审美需要决定的。主体的审美需要具有层次性，不仅有感官层次的要求，还有心理与精神层面的审美要求，这决定了建筑审美客体不仅能以形式引起主体的审美注意，表现情感，即具有形象表现性，还要有可以追问意义，能引起主体的思索，由此展开联想和想象。形象表现性、可以追问意义是审美价值的核心。中国美学史上有关于建筑美欣赏的大量记载。《诗·小雅》形容建筑的屋顶："如鸟斯革，如翚斯飞"。计成在《园冶》中赞叹园林"拍起流云，舒飞霞仝"的飞动气势之美。至于《岳阳楼记》、《醉翁亭记》、《滕王阁序》更是久负盛名的、关于建筑审美形象表现的脍炙人口的美文。

形象除了引起主体的审美注意，表现情感，有的还能蕴含一定的意义。这是由主体审美需要的高级层次，即心理意识与精神人格方面的审美需要所必需的。个体的审美主体能从建筑所蕴含的意境意蕴中悟出审美情思与审美理想。梁洽在其《晴望常春宫赋》中用"视河外之离宫兮，信寰中之特美；飞重檐之杳秀兮，撩长垣而层趾"四句佳句直抒自己的审美情思。西方的哥特式教堂以高耸的塔尖、尖拱的门窗为基本形式，表现出一种向上飞升，超脱尘世的气势美和威严神秘的宗教意蕴。置身于反映神的威严和天的高远为主题的西方中世纪教堂建筑中，人们似乎可以体味到在那个宗教世纪神权的至尊地位，以及教会权利的至高无上。中国的寺庙建筑凝重、阴森，窗户小而少，光线暗淡，也显示了佛的神秘与庄严。可见，建筑艺术不仅具有形象表现性，而且其造型都体现了一定的精神内容与审美理想。

南京中山陵在中轴线上依次有牌楼、陵园门、墓道、华表、祭堂、墓室等建筑，以肃穆淳朴的造型，简洁明快的建筑装修，体现了庄重大方的民族特色。墓道两旁遍植苍松翠柏，浓荫蔽日，苍莽深邃。为了纪念孙中山先生在辛亥革命中作出的重大贡献，吕彦直先生以钟的意象绘成了中山陵主祭堂的设计方案，以钥匙的形象作为中山陵平面的布局。[⑤]钟在中国近代史上有着深刻的寓意。在辛亥革命的准备时期，著名的革命党人陈天华曾饱含激情地写下《警世钟》一文，开篇便如泣如诉："长梦千年何日醒，睡乡谁遣警钟鸣？"洋洋洒洒两万字，号召同胞奋起革命，推翻满清政府的封建统治，实现民族振兴。书成以后，对革命推动力极大。吕彦直先生关于中山陵的规划理念和主祭堂的设计立意，目的在于激励后人牢记革命先辈的事迹，牢记孙中山的遗训，探索革命真理。当审美主体置身于中山陵，但见天地苍茫，远山近树，依稀可见，笔直的墓道通向恢宏的祭堂和墓室，势必肃然起敬。

亚利桑那号纪念馆是为了纪念珍珠港海战而建的。1941年，日军法西斯偷袭珍珠港，炸毁美国6艘战舰和三百多架飞机。亚利桑那号被毁，弹药库爆炸，船上1177名美国将士全部罹难。亚利桑那号纪念馆横跨在沉没的、锈迹斑斑的船体上，与船体组成一个十字架形状。[⑥]纪念馆通体雪白，形状既像棺木，又像白骨，它那样纯粹地漂浮在蓝色的海水之上，诉说着第二次世界大战时期的沧桑往事，寄托着人们对阵亡将士的沉痛哀思。

二、建筑审美客体的基本特征

建筑审美客体是人的一种对象性存在，建筑审美客体是审美价值的物质载体，建筑审美客体是具有形象表现性、可以追问意义的客体。建筑审美客体的本质规定性决定了建筑审美客体的总体特征：形象性与感染性。

建筑审美客体的第一个主要特征就是形象性。建筑审美客体既然要以形象来表现和象征意义，就必须要直观的、具体的和能为人的感官所直接感知的感性存在。比例、均衡、尺度、序列、体量、色彩、明暗、材质……以至诸如"黄金分割"等，建筑审美客体的形象性由此体现并以此吸引着主体的审美注意。

吴庆洲教授曾经谈到"乌龟"这一意象在中国古代城市规划史上的重要地位："龟有天、地、人之象，龟长寿，加上龟有坚甲保护，可免受敌人侵害，中国古代城池、村寨及建筑，多有以龟为营造意象的。"龟背隆起，象征"天圆"；龟腹扁平呈"亚"字形，象征"地方"。龟意象的采用，充分体现了建筑审美客体的形象性，体现了中国古代城市规划的哲理性。比如嘉峪关城的内城，两门设置瓮城，四角建有角楼，南北墙中部建有敌楼，是十分典型的龟形城市。明代在重建山西平遥古城时，由于南墙临水，于是随河流蜿蜒而建成曲折的城墙，而东、西、北三面则都取直墙。人们还"建门六座，南北各一，东西各二"[⑦]，构想出龟之头尾和四足等意象。吴大城（今苏州）（图4-2）、成都古城、东莞逆水流龟寨、九江古城，都呈龟形。除此以外，中国古代还有卧龙形、鲤鱼形、牛形、琵琶形、船形、梅花形等多种形象的城市，能使审美主体产生审美联想和审美想象。

代代木国立综合体育馆是日本著名建筑师丹下健三的代表作，是1964年东京奥运会的主会场。代代木体育馆采用了高张力缆索为主体的悬索屋顶结构，整体造型既像贝壳，又像神社，"这座建筑特异的外部形状再加上其装饰性的表现，可以追溯到日本古代的神社形式和竖穴式住居"[⑧]。代代木体育馆体现了现代建筑与日本传统的完美结合，简洁而细腻，浪漫又理性，它体现了建筑审美客体的形象性，它的造型既融合于环境，又超脱于环境，给审美主体带来一种赏心悦目的审美感受。

黑格尔说过，"美就是理念的感性显现。"[⑨]在他看来，美是感觉的对象，因此美必须具有感性形式，是可以呈现于意识的。建筑在满足了实用功能以外，有其装饰因素如屋脊翘曲、墙端绘塑、棂格雕花、栏楯彩饰等，还有更进一步的如山池花木、屏障坊表、灯台牌柱等装潢门面的小品，无不呈现建筑审美客体的感性形式。

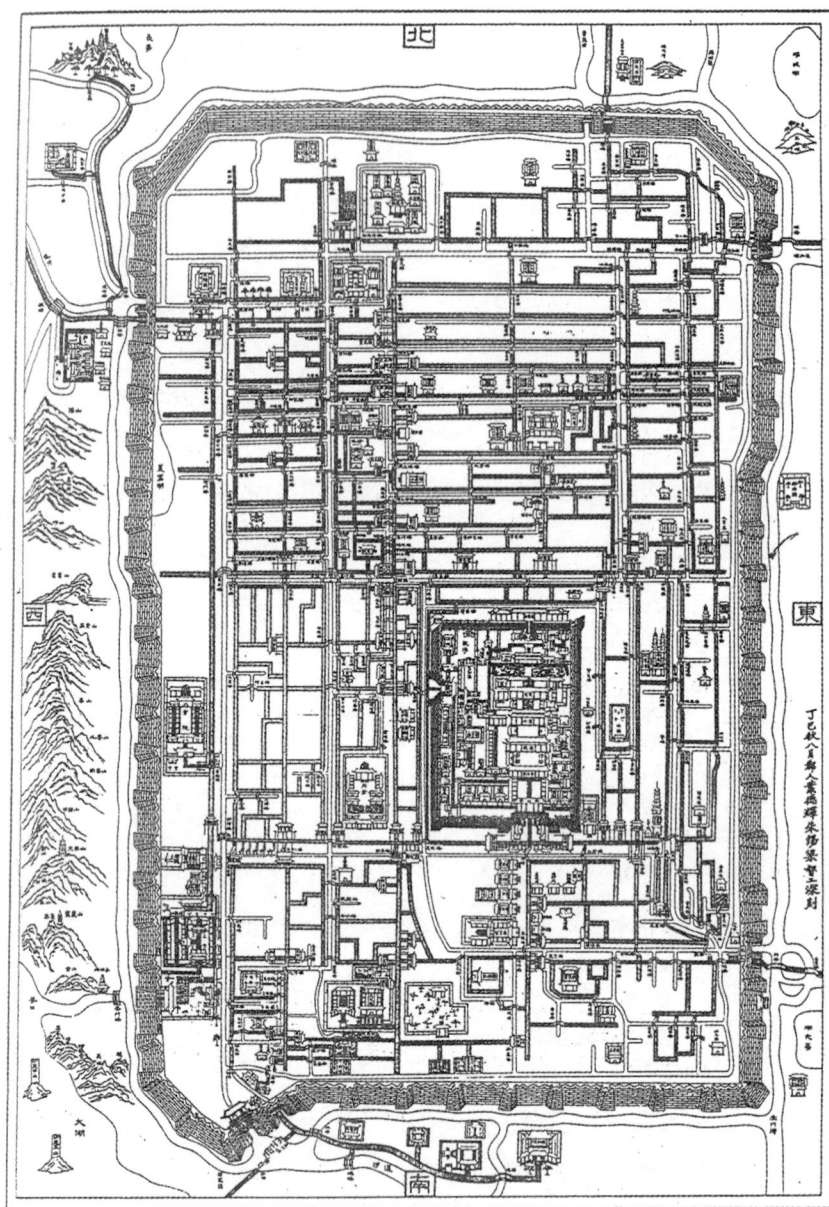

图4-2　阖闾大城（引自吴庆洲. 中国古城防洪研究［M］. 北京：中国建筑工业出版社，2009.）

　　建筑审美客体的第二个主要特征是感染性。建筑审美客体不仅具有色彩、材质、线条等审美属性，而且有着深厚的蕴涵，能打动人的心灵；可以追问意义，能引发主体的思索、联想和想象。建筑的造型可以突破纯实用或纯技术的限制而构成许多富有精神内涵的感人的形象，足以激发人的情感。特殊的纪念性建筑、游赏性建筑是这样，即使是以实用为主的建筑，如住宅、工厂、桥梁等，当它们作为某种特定的环境构成中的一部分，通过艺术手法的处理进行融合建构，同样可以创造出富有内涵的氛围。因此，建筑审美客体的感染性特征是明显的。因为具有感染性，建筑审美客体总是像磁石一样吸引人们的审美注意力，激发人们的情感，引起人们心灵甚至意识层次的愉快的反应。李晓东设计的少林寺禅苑是一座禅宗旅馆建筑。当人们拾级而上，首先映入眼帘的一尊气定神闲的禅定佛像，坐在水池之上，那与世无争的形象仿佛抛弃了尘世间所有的烦恼和无明。水中倒映着竹子构成的界面，营造出淳朴天然的气氛，颇具禅宗的意境。竹子又是中国文人气节的象征，具有虚怀若谷、清新秀逸的文化精神。人们身临此境，被建筑与环境的气氛所感染，不觉联想起中国古代的墨竹，联想起中国文人直抒胸臆的潇洒，顿时感觉轻松自在。⑩

彼得·埃森曼设计的欧洲被害犹太人纪念馆（图4-3）是世界上最能打动人心的纪念性建筑之一。它坐落在德国的国会大厦和勃兰登堡门的旁边，由2751块长2.375米、宽0.95米、高0～4米的水泥方碑构成。方碑造型简洁、纯粹、色调沉稳、肃穆，容易引发审美主体的联想，想起犹太人真实的墓碑。方碑与方碑之间的过道仅容一人通行，审美主体穿行其间，仿佛强烈地感受到每个人都只能孤独地直面生与死，每个人都必须深刻反思第二次世界大战中法西斯曾经犯下的弥天大罪。当审美主体将注意力移向天空时，会发现四周的方碑形成了一个一个十字架形的天际线，又不禁为万千无辜死去的犹太亡灵祈祷，祈求他们安息。

建筑审美客体的感染性特征是与其形象性特征紧密相连并以形象性特征为基础的。相对于审美主体来说，建筑审美客体的感染力就是通过自身的形象表现出来的。比如希腊人用比例粗壮、线条刚健的陶立克柱式象征男性，用比例修长、线条柔和的爱奥尼柱式象征女性，用比例更长、装饰更美丽的科林新柱式象征少女，都很富有表现力。又如莫斯科红场上的列宁墓，体量低矮，轮廓呈阶梯形，类似一个巨大的柱子基础，通体不加装饰，这个形象使人感受到列宁平凡朴实的性格及其奠定了苏联人民革命基业的巨大功绩。这些都是建筑的形象性在与人的审美经验交融中获得的情感共识。

图4-3　欧洲被害犹太人纪念馆（引自 Cynthia Davidson Tracing Eisenman）

三、建筑审美客体的基本类型

建筑特征总是在一定的自然环境与社会条件的影响及支配下形成的。世界上众多的国家，每个国家具有不同的特点，由北到南，从东及西，地质、地貌、气候、水文条件差异很大，各民族的历史背景、文化传统、生活习惯各有不同，因此，建筑风格各具其特色。我们把建筑审美客体分为传统建筑类型和现代建筑类型两大类，传统建筑类型主要包括居住建筑，礼制、政权建筑及其附属设施，宗教建筑，园林与风景建筑等几种基本类型；现代建筑类型主要包括居住建筑、公共建筑、工业及交通建筑三类。

1. 传统建筑类型

居住建筑是指供人们日常居住生活使用的建筑物，与人们的日常生活、休息、娱乐关系至为密切，包括各地区、各民族、各阶层的城市与乡村住宅。民居是居住建筑中最普遍的形式，也是建筑审美重要的关注对象，主要民居在历史实践中反映出本民族地区最具有本质的和代表性的东西，特别反映出与各族人民的生活生产方式、习俗、审美观念密切相关的特征。民族的经验，则主要指民居在当时社会条件下如何满足生活生产需要和向自然环境斗争的经验，譬如民居结合利用地形的经验、适应气候的经验、利用当地的材料的经验以及适应环境的经验等。民居分布在世界各地，由于民族的历史传统、生活习俗、人文条件、审美观念的不同，也由于各地的自然条件和地理环境不同，因而，民居的平面布局、结构方法、造型和细部特征也就不同，呈现出淳朴自然而又有着各自的特色。特别是在民居中，各族人民常把自己的心愿、信仰和审美观念，把自己所最希望、最喜爱的东西，用现实的或象征的手法，反映到民居的装饰、花纹、色彩和样式等结构中去，具有很高的审美价值。与世界上其他国家和地区相比较，中国传统民居建筑分布最广泛，类型最丰富，风格最多样，蕴含了丰富的审美价值和深厚的文化意蕴。

礼制、政权建筑及其附属设施一般作为一个国家或地区最隆重的建筑物。历代统治阶级都会花费大量人力物力，使用当时最成熟的技术和艺术来营建这些建筑。因此，这三者在一定程度上能反映一个时期的建筑成就。同时，又是帝王权威的象征，具有明显的政治性，社会的统治思想和典章制度对它们的布局有着深刻的影响。我国礼制建筑主要为祭祀建筑，包括天坛、地坛、社稷坛、先农坛、太庙、孔庙等；政权建筑主要由宫殿、衙署、驿站、军营、贡院等组成。礼制建筑是中国特有的建筑形式，坛庙的出现起源于祭祀，祭祀是对人们向自然、神灵、鬼魂、祖先、繁殖等表示一种意向的活动仪式的通称。祖先的坛、庙、祠等均属于礼制建筑，礼制建筑反映了古代社会对于礼制和教化的高度重视，造就和影响了中国几千年的礼制文化。概括说来，坛庙主要有三类：第一类祭祀自然神。其建筑包括天、地、日、月、风云雷雨、社稷、先农之坛，五岳、五镇、四海、四渎之庙等。第二类是祭祀祖先。帝王祖庙称太庙，臣下称家庙或祠堂。第三类是先贤祠店。如孔子庙、诸葛武侯祠、关帝庙等。坛庙建筑体现着宗法制度下对祖先的崇拜，以及对民间习俗或世俗亲情的尊重。陵墓是传统建筑的重要组成部分，古人基于人死而灵魂不灭的观念，普遍重视丧葬，因此，无论任何阶层对陵墓皆精心构筑。在漫长的历史进程中，中国陵墓建筑得到了长足的发展，产生了举世罕见的、庞大的古代帝、后墓群；且在历史演变过程中，陵墓建筑逐步与绘画、书法、雕刻等诸艺术门派融为一体，成为反映多种艺术成就的综合体。宫殿是帝王朝会和居住的地方，规模宏大，形象壮丽，格局严谨，给人强烈的精神感染，突现王权的尊严，宫殿是为了巩固自己的统治，突出皇权的威严，满足精神生活和物质生活的享受而建造，反映出国家统治阶级的意识形态。中国的北京故宫和法国的凡尔赛宫就是典型的代表。北京故宫宫殿（图4-4）是沿着一条南北向中轴线排列，三大殿、后三宫、御化园都位于这条中轴线上。并向两旁展开，南北取直，左右对称。这条中轴线不仅贯穿在紫禁城内，而且南达永定门，北到鼓楼、钟楼，贯穿了整个城市，气魄宏伟，规划严整，极为壮观。我国的政权建筑以礼制为主，西方的政权建筑则以宗教为主，故而西方的宫殿建筑往往突出反映的是其政教合一的内涵。凡尔赛宫建于路易十四（1643～1715）时代。在位期间加强专制统治，强化中央集权。凡尔赛宫建造即为其中一个表现，宫殿建筑气势磅礴，布局严密、协调。正宫东西走向，两端与南宫和北宫相衔接，形成对称的几何图案。宫顶建筑摒弃了巴洛克的圆顶和法国传统的尖顶建筑风格，采用了平顶形式，显得端正而雄浑。宫殿外壁上端，林立了大理石人物雕像，造型优美，栩栩如生。

　　宗教建筑是有灵魂的，其崇高与完美往往使步入其中的人们叹为观止，甚至被一种强大的精神力量所征服。教堂像一个巨大的容器，将望道者置入其特有气氛的控制之中。这种力量，就是宗教空间的感召力。比起别的类型的空间来说，宗教空间是经过了数千年的发展和演变来的，在宗教侵蚀的过程中，其建筑也随同广播世界各地，并与各个国家的民族建筑相结合，形成相对固定的形制。在我国古代曾出现过多种宗教，比较重要的是佛教、道教和伊斯兰教。其他还有摩尼教、祆教、天主教、基督教、本

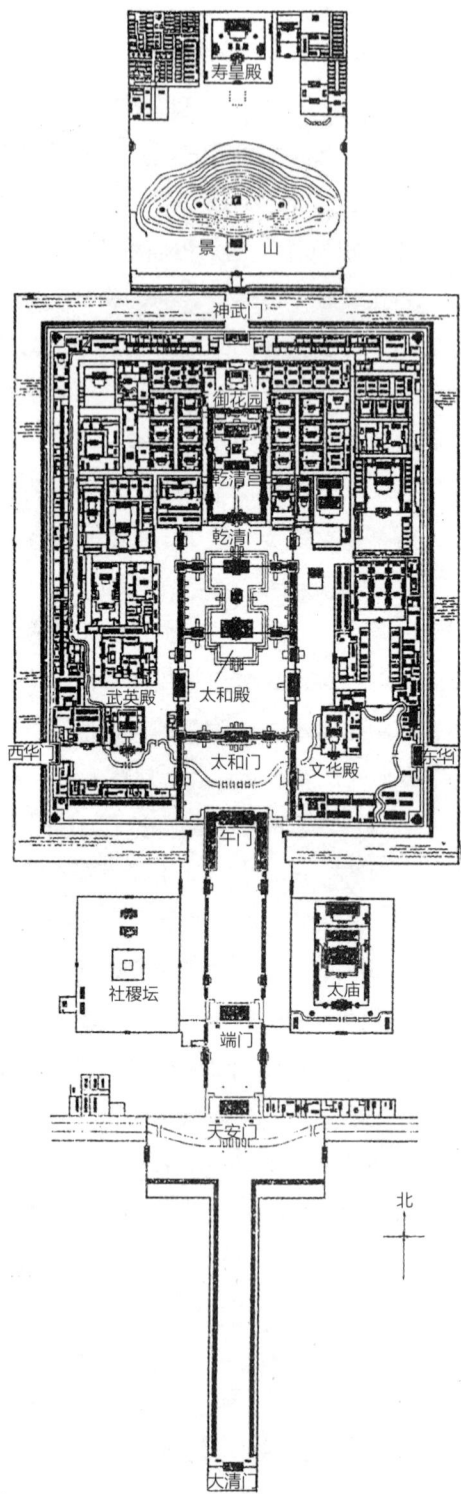

图4-4　清北京故宫平面图（引自潘谷西. 中国建筑史［M］. 北京：中国建筑工业出版社，2009.）

教……其中延续时间较长和传播地域最广的，应属自印度经西域辗转传来的佛教。它不但为我们留下了丰富的建筑和艺术遗产，并且对我国古代社会文化和思想的发展，也带来了深远的影响。中国佛教建筑类型主要为佛塔和佛殿，佛塔为主的佛寺在我国出现最早，是随着西域僧人来华所引进的"天堂"制式。简单地说，这类寺院系以一座高大居中的佛塔为主体，其周围环绕方形广庭和回廊门殿。而以佛殿为主的佛寺，基本采用了我国传统宅邸的多进庭院式布局，更加符合人们日常生活的习惯与观念，得到大量推广。从而形成的寺院建筑样式与宫殿相似，更多地融会了中国宫殿建筑的美学特征，在时间进程和空间的形式上都具有共同的特征：屋顶的形状和装饰占重要地位，屋顶的曲线和微翘的飞檐呈现着向上、向外的张力。配以宽厚的正身、阔大的台基，主次分明，升降有致，加上严谨对称的结构布局使整个建筑群显得庄严浑厚，行观其间，不难体验到强烈的节奏感和韵律感。西方世界以基督教为信仰的典型的宗教则为教堂，教堂常耸立于闹市中心，几乎随处即可望见，教堂建筑细节喻示天国与人间两个世界的对立。梵蒂冈圣彼得大教堂、威尼斯圣马可大教堂、维也纳斯特凡大教堂、巴黎圣母院和科隆大教堂等著名的教堂在世界建筑史上享有崇高的地位，最令人赞叹、无法忘怀的就是它们的建筑造型和建筑意境。它们气度恢宏，身姿伟岸，是欧洲各国历史、文化和艺术的缩影，是各国兴衰变迁的见证。

园林与风景建筑包括皇家园林、寺庙园林、私家园林、风景区等多种类型。中国自古以来有崇尚自然、热爱自然的传统，一方面，不论是儒家还是道家都把人和天地万物紧密地联系在一起，视为不可分割的共同体，这种"天人合一"的思想促使人们去探求自然、亲近自然、开发自然；另一方面，山河壮丽、景象万千，又启发着人们热爱自然、讴歌自然的无限激情。对自然景观的开发以及独树一帜的自然式山水园就在这种观念形态孕育下，得到了源远流长和波澜壮阔的发展，取得了艺术上的光辉成就。中国传统园林艺术有着丰富的美学思想，而其中由"虚实相生"产生的审美意境是关乎整个传统艺术体系中美学思想的核心问题，并且在历代的绘画、书法、诗文和音乐中都有所反映和体现。中国园林走的是自然山水的路子，所追求的是诗画一样的境界。中国的造园，布局千变万化，整体和局部之间却没有严格的从属关系，结构松散，许多景观却有意识的藏而不露，"曲径通幽处，禅房草木生"、"穷水尽疑无路，柳暗花明又一村"、"峰回路转，有亭翼然"，这都是极富诗意的境界。西方理性哲学思想下崇尚"数"的秩序性与比例美一直深深影响到整个西方古典艺术领域，从雕塑、绘画、建筑，乃至戏剧音乐，强调规则、企图用程式化和规范化的模式来衡量一切的艺术作品，包括园林。西方园林追求传达一种秩序与控制的意识，有时与自然界的"杂乱无章"形成对照。西方造园遵循形式美的法则，刻意追求比例和对称的数理关系，必然呈现出一种几何式的关系，诸如轴线对称、均衡以及确定的几何形状。

除上述几种基本类型外，传统建筑类型还包括商业与手工业建筑，教育、文化、娱乐建筑，市政建筑，标志建筑，防御建筑等多种类型。商业与手工业建筑供人们从事各类经营活动的建筑物，包括传统建筑中的商铺、会馆、酒楼、塌坊、作坊等；教育、文化、娱乐建筑包括国子监、天象台、藏书阁、戏台、书舍等；市政建筑包括鼓楼、钟楼、桥梁、望火楼、养济院等；标志建筑包括风水塔、华表、牌坊、门楼等；防御建筑包括城垣、城楼、墩台等。

2. 现代建筑类型

现代的居住建筑早期主要是多层住宅楼，有时为成片的居住小区、居民新村等，偶为高层，住宅标准较低，设备简陋，小厅、小卧室、厨房甚至互相兼并在同一个空间内；之后，住宅标准逐渐提高，通用设计改进，对家用电器的使用纳入设计考虑的范围，并结合防火、日照等质量或安全需求，产生了较大的卧室、厨房、卫生间等空间；随着建筑技术的发展与房地产的开发，逐渐出现别墅、度假村等，大城市里的高层住宅日益增多。

现代的公共建筑主要分为商业建筑、休憩建筑、教育与文化建筑、办公建筑、信息与传媒建筑、医疗卫生建筑等。商业建筑在新中国成立前后，只有工人俱乐部、职工食堂、毛泽东思想展览馆等；至改革开放，出现了普通的百货商店与大型商场，大城市甚至出现了商业街。目前，车站、旅馆、办公楼、地下人行道中都出现了商业建筑的身影。休憩建筑主要包括电影院、音乐厅、剧院、工人文化宫、游乐场、高尔夫球场、博览会等。多数情况下，它的结构并不复杂，充满了艺术性、新奇性、舒适性，目前这类建筑已经不胜枚举。教育类建筑赋予教育的深度，尽显校园文化的魅力，发挥学校的育人功能，展现学校建筑蕴含的丰富教育意蕴与文化价值，包括学校以及培训场所等。文化类建筑是指用于文化活动内容的建筑，以承载文化活动为主要功能，包括呈现文化艺术作品、进行文化传播、提供文化活动及文化消费场所的建筑。根据具体功能可分为：博物馆、图书馆、文化馆、科技馆、活动中心以及与全民公共文化生活相关的建筑。办公建筑包括写字楼、综合办公大楼、会议中心等。信息与传媒建筑是随着信息业及传媒业的发展而发展的，包括电视台、电视塔等。医疗卫生建筑包括综合医院、疗养院等。

工业及交通建筑是现代建筑特有的新型建筑类型。现代的工业建筑常以工业园区的形式存在，包括专用工业建筑和通用工业厂房两类。交通建筑则包括新型的铁路客运站或地下铁路客站、大跨度的现代桥梁、新技术与新结构形式的航站楼等，这些是更为广义的现代建筑了。

四、建筑发展的适应性规律

建筑美是建筑的审美属性与人的审美需要在人的建筑审美活动中契合而生的一种价值。从人的生存和生命情感需要的角度分析，建筑的审美属性就在于建筑的适应性，即对人的生存、生活和生命情感等需要的适应性，包括建筑的自然适应性、建筑的社会适应性、建筑的人文适应性三个层面。纵观建筑的形成和发展的历史，我们不难理解和把握建筑发展的适应性规律。

1. 自然适应性

建筑艺术创作的第一层面是分析和研究建筑物的环境特点，即建筑物对气候、地理的适应性，通过建造建筑物，一方面满足功能需要，另一方面又增加环境的居住价值和景观价值。黑格尔曾强调过建筑的自然适应性，他说："要使建筑结构适应这种环境，要注意到气候、地位和四周的自然风景，再结合目的来考虑这一切因素，创造出一个自由的统一的整体，这就是建筑的普遍课题，建筑师的才智就要在对这个课题的完满解决上显示出。"[11]

气候特点的不同在很大程度上导致了建筑的差异，是形成建筑的地方风格和地域特色的一个十分重要的方面。北方的建筑厚重稳健，南方的建筑开敞通透，正是气候不同在建筑上的反映。陆元鼎教授在《岭南人文·性格·建筑》一书中谈到广府、潮汕、粤北三个地区的气候差异，认为珠三角地区炎热潮湿，"村镇布局和单体民居以解决通风隔热为主"；潮汕地区台风较大，并夹杂着风沙和盐碱，"建筑物既要有良好的通风与隔热，又要防台风的侵袭"；粤北客家山区没有台风，"但冬季冷风大，建筑以防寒保暖为主。"[12]岭南传统民居以天井、冷巷、敞厅来组织建筑群，利用不同的热压和风压来进行气体交换，达到良好的通风效果。

在地理和环境方面表现出来的建筑的自然适应性也是建筑风格特色的

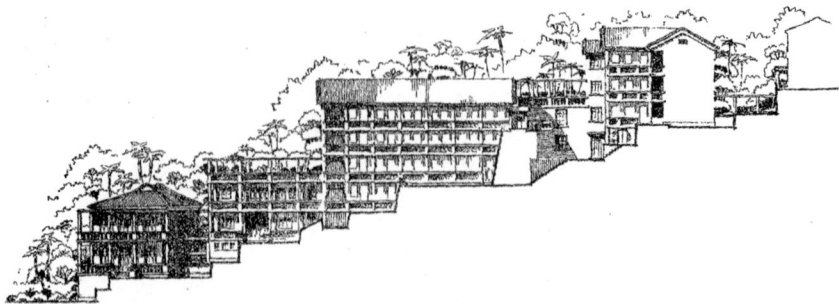

图4-5　鼎湖山教工休养所立面图（引自夏昌世，鼎湖山教工休养所建筑记要［J］. 建筑学校，1956.）

一个标志和表现所在。夏昌世教授在设计鼎湖山教工休养所（图4-5）的时候，充分考虑了鼎湖山的轮廓线和林木丛生的自然环境，又建立教工休养所与基地原有的庆云寺之间的联系，以灵活自由的现代主义设计手法进行平面构图，不仅满足了功能需要，而且使得鼎湖山教工休养所与山脉走向呈现出一致的同构性，营造出清幽宁谧的环境氛围，体现了建筑对地理环境的适应性，是一个优秀的现代建筑作品。

除气候、地理、环境外，建筑的自然适应性还包括建筑用料的适应性。广府传统民居常用蚝壳作为建筑材料，不仅可以就地取材，节省材料运输费用，而且还冬暖夏凉，并起到一定的防盗和防台风的作用。岭南地区湿热多雨，出于防潮的需要，广府传统建筑的檐柱、柱础、栏杆等部位多选用石材，较好地保护了建筑构件的持久耐用。

2. 社会适应性

自然适应性是建筑一切属性的基础，而建筑作为一种文化现象，势必会传达出特定时代的社会理性，记录社会变迁，反映社会思潮，折射出对特定历史时期的政治、经济等生产生活方式的适应性。建筑的社会适应性，如同建筑的自然适应性一样，是构成建筑的审美属性的重要内容，成为建筑美生成的原因和条件。

在中外建筑史上，建筑对政治和经济的适应性得到了充分的展示，也成为人们对传统建筑进行审美观照时十分关注和重视的内容。

公共建筑的发展总是不可避免地受到政治状况的影响和制约。古埃及与古希腊两个民族在政治体制上的差异，深刻而持久地反映在各自的建筑类型和建筑风格上。古埃及的金字塔有着稳重、巨大而雄强的体量，成为沙漠里永恒不朽的标志性建筑物，体现了埃及古王国时期君权神授的思想意识，向人们展示着它行之有效的管理体制。卢克索神庙柱子伟岸粗壮，人行走在其中深感自身的渺小，而臣服于神权的力量。而古希腊虽然在很多方面学习了古埃及，却逐渐摸索出适合自身民主体制和民族特性的建筑风格，反映在建筑类型上呈现出更多的公共性，如剧场、市场、体育场、神庙等，显示出政治的开明。同时在建筑风格上，也有别于古埃及神庙的肃穆、威严和不容置疑，而是更加多元，公共建筑或雄伟、或优雅、或秀气。同时，体量和尺度上也更为亲切宜人，白色大理石的建筑矗立在蓝天大海之间，显得十分简练、轻盈，明晰。

经济状况更是建筑的风向标，古今中外的建筑无一例外都反映出那个时代、那个国家的经济实力。岭南建筑的发展和演变体现了经济发展的步伐。我国在经历了20世纪中后期的动荡局面以后，急需恢复进出口贸易，以促进中西方的对话交流，推动经济的发展。由于毗邻港澳，广州有着得天独厚的优越条件（地理条件和历史条件），有利于吸引华侨投资。岭南建筑师牢牢把握了这一契机，在广州建成了宾馆、交易会展览馆、车站等一批高质量的公共建筑，赢得了国内外建筑师的好评。1968年落成的广州宾馆是广州第一幢高层建筑，它把主体客房与大跨度的宴会大厅按照功能要求和结构要求，进行分体设计，布局合理，经济适用，简洁美观。莫伯治先生设计的矿泉别墅（图4-6），把岭南庭园的概念引入到现代建筑中来，在前后主楼之间布置一个水庭，散置些许景石，配植了水生植物，活跃了空间氛围。后主楼和侧楼首层架空，不仅有利于空气对流，而且给人们创

图4-6　矿泉别墅（引自莫伯治. 莫伯治集 [M]. 广州：华南理工大学出版社，2012.）

造了一个可供休闲娱乐和欣赏庭园美景的公共空间。后楼室外设计了一座敞梯，倒映在水面之上，显得十分轻盈和飘逸。这些现代建筑不仅体现了浓郁的岭南特色，而且使居住在这里的华侨和外商十分惬意舒适，给人宾至如归的感觉。

就中国传统民居建筑而言，建筑的社会适应性不仅可从传统建筑的等级制度得到宏观意义上的说明，而且可以从建筑形制的具体特点得到微观层面的解释。建筑离不开建材等物质技术手段。现今社会的摩天大楼与古时的城堡、庄园是不可同日而语的，它们表达了迥异的时代精神和社会理性。在现今可见的岭南近代建筑中侨乡碉楼和客家围屋可谓奇异而独特的景观。侨乡碉楼也好，客家围屋也罢，屋管它们各自亦有多种多样类型或形式的差异，但有一点是共同的，即对建筑防卫功能的高度重视和强调。也就是说，侨乡碉楼和客家民居所具有的举世惊叹的防卫功能的针对性主要在于防匪防患，防恶人侵扰防闲汉滋扰，防盗防贼防仇家报复等实际需要，从而鲜明而突出地表现了建筑的社会适应性。

比较而言，客家聚居建筑的防御性是最为突出的。赣闽粤三省交界的山区是最典型最集中的客家聚居地。从赣南的沙坝围、燕翼围，到闽西的承启楼、振成楼，再到粤东北的棣华居、仁厚温公祠，虽然形态各异，但无一例外地注重建筑的防御功能，以及对礼乐相济文化精神的追求和表达。而且更需要强调的是，从赣南的方形围屋到闽西的圆形围楼再到粤东北半圆形的围龙屋所体现的建筑形态差异，揭示了客家聚居建筑形态变迁的历时性特征和防御表现的地域性特征，充分显现出客家聚居建筑的社会适应性。

3. 人文适应性

建筑的人文适应性与建筑的自然适应性、建筑的社会适应性是相互联系的一个整体，可以说，建筑的自然适应性是建筑产生和发展的基础和前提，建筑的社会适应性是建筑发展和变化的动力，建筑的人文适应性是建筑发展和追求的目标，也是决定建筑发展的丰富性和差异性的主要原因。建筑的人文适应性，主要反映在通过建筑布局、风格造型、空间组合和细部处理等建筑形象要素所表现出来的艺术哲理、设计思维、文化精神和审美情趣中。它是一个民族、一个时代、一个地域的文化精神的具体表征，故又可称为建筑的人文品格。

在中国，古人常常以隐喻、象征、谐音等艺术手法来表达人们的思想情感。始建于南宋时期的浙江永嘉苍坡村反映了中国古代的规划思想。村落整体布局呈八卦形，并渗入了文房四宝的理念。水池象征墨砚，直街正对村外的笔架峰，犹如毛笔，水池旁边布置的长条石为墨，而全村用地为纸。东西池、仁济庙大宗祠是村民的活动中心，活动中心东南角有"望兄亭"，与南边方岙村的"送弟阁"遥相呼应，流传着李氏七世祖李嘉木、李秋山兄弟的佳话[13]，向村民传达了父慈子孝、兄友弟恭、崇文尚智的儒家伦理。苍坡村运用象征和隐喻的手法，提升了建筑的人文适应性，丰富了建筑的文化品格和审美属性。

建筑的人文适应性也可以表现在装饰装修等建筑细部处理上。中国古代的建筑多以砖雕、石刻做装饰，这些装饰多以喜庆吉祥的动植物和器物为主题，比如鱼的繁殖能力强，寓意多子多孙，在中国古代宗法社会中很受欢迎。"鱼"的谐音为"余"，又代表了年年有余、户户有余，因此鱼的形象多出现在砖雕石刻当中，成为人民喜闻乐见的纹饰。又如松、竹、梅岁寒三友，寄托了中国古代文人对高尚情操的追求和向往，象征着做人要挺立于危难之中而不折腰，为人要虚心、谦逊，所以这三种植物不仅成为文人墨客诗词中的意象，而且是建筑装饰不可或缺的装饰题材。此外，还有龙、狮子、麒麟、蝙蝠、鹿、仙鹤、喜鹊、石榴、莲花、佛教八宝、道教八仙等造型元素，十分丰富多彩。这些蕴含着儒、道、释三家哲学思想的砖雕石刻，反映出人们祈求富裕吉祥、福寿双全、多子多福的美好愿望，成为中国古建筑史上一道亮丽而独特的风景线。

建筑装饰，工艺多样，题材广泛，内容丰富。我们在大量的关于中国传统建筑的考察调研中发现，传统建筑装饰中"图必有意义，意必吉祥"。大量的民居建筑多以福禄喜庆、长寿安康、戏文故事、花草纹样为主要装饰题材，普遍地起到审美陶冶作用和道德教化作用。

建筑服务于人的生命存在，服务于人的社会交往和情感自由，从而具有丰富的多层面的审美意义和审美属性。建筑的自然适应性、社会适应性和人文适应性，正体现了人的生命存在是自然性存在、社会性存在和精神性存在三者的统一。建筑的自然适应性是建筑产生和发展的基础和前提，建筑的社会适应性是建筑变化和发展的动力，建筑的人文适应性是建筑发展和追求的目标。只有三者相结合，才使得人类建筑史的长河出落得异彩纷呈、波澜壮阔。

注释

① 维特鲁威. 建筑十书[M]. 北京：北京大学出版社，2012：94.

② 杜夫海纳. 美学与哲学[M]. 北京：中国社会科学出版社，1985：55.

③ 文丘里. 建筑的复杂性与矛盾性[M]. 北京：知识产权出版社、中国水利水电出版社，2006：20.

④ 吴硕贤. 吴硕贤诗词选集[M]. 北京：中国建筑工业出版社，2014：125.

⑤ 邵松，孙明华. 岭南近现代建筑[M]. 广州：华南理工大学出版社，2013：139-141.

⑥ 张旭. 中美纪念馆设计中表现的民俗文化比较——以中国人民抗日战争纪念馆和美国亚利桑那纪念馆为例[J]. 艺术与设计，2009（5）：120-122.

⑦ [明]雷法. 疏正中都河记. 光绪平遥县志. 卷11，艺文志上。转引自吴庆洲. 建筑哲理、意匠与文化[M]. 北京：中国建筑工业出版社，2005：418.

⑧ 郭鸿. 改变世界建筑史的50位大师[M]. 南京：江苏人民出版社，2012：151.

⑨ 黑格尔著. 美学（第一卷）[M]. 朱光潜译. 北京：商务印书馆，1979：142.

⑩ 黄元炤. 流向：中国当代建筑20年观察与解析（1991~2011）下[M]. 南京：江苏人民出版社，2012：102-103.

⑪ （德）黑格尔. 美学[M]. 朱光潜译. 北京：商务印书馆，1979.

⑫ 陆元鼎. 岭南人文·性格·建筑[M]. 北京：中国建筑工业出版社，2015：6.

⑬ 陆元鼎，陆琦. 中国民居建筑艺术[M]. 北京：中国建筑工业出版社，2010：124.

第 5 讲

建筑美的生成机制

　　建筑美是建筑的审美属性和人的审美需要在建筑审美活动中契合而生的一种价值。建筑美是一种价值存在，而不是物质实存。传统观点立足于认识论或知识论的哲学基础，把美看作预成的，认为美是独立于主体之外的物质实存；简单地把"审美"作为动宾结构。这种观点是难以成立的。实际上，美是不能脱离审美关系而独立存在的，不能把美认定为只是审美关系中客体的系统质。离开具体的审美活动和审美关系，离开特定的审美主体和对应的审美客体，美就无从谈起。建筑美不是预成的，而是生成的。建筑美的生成机制包括三个要点：来源于客体的审美属性，取决于主体的审美需要，产生于建筑审美活动之中。

建筑美是建筑的审美属性和人的审美需要在建筑审美活动中契合而生的一种价值。建筑美不是预成的，而是生成的。建筑美既不是建筑的审美属性，也不是主体的审美心理。建筑美的生成机制包括三个要点：来源于客体的审美属性，取决于主体的审美需要，产生于建筑审美活动之中。

一、生存论哲学的启发

在西方哲学史上，从苏格拉底、柏拉图到黑格尔，知识论哲学（或称认识论哲学）一直主导着西方哲学传统的发展，直到克尔凯郭尔、叔本华、马克思、尼采等哲学家开始反思这一传统，它才陷入窘境之中，20世纪哲学家海德格尔对知识论哲学的批判才真正深化了对知识论哲学倾向的实质性反思和根本性动摇。

美学作为一门独立的学科，是德国启蒙主义哲学家鲍姆嘉通于1750年提出并创建的。他指出：美学的对象就是感性认识的完善（单就它本身来看），这就是美；与此相反的就是感性认识的不完善，这就是丑。他认为美学应该与逻辑学同属哲学分支，美学的对象是"感性认识"，美学是"低级的认识论"。康德虽然不认为作为低级认识论的美学可以成为一门独立的学科，甚至强调了美学中的审美判断和认识论中的逻辑判断的根本区别，但是在他的哲学体系中，美学依然是以认识论或知识论来对待的。受他们的影响，中国的美学研究从王国维、蔡元培开始，就认定了美学的认识论基础。就是在我国20世纪的两次美学大讨论中涌现出来的国内的所谓不同的美学学派，实际上都有着相同的认识论哲学基础。宗白华、朱光潜、蔡仪、李泽厚等都有过相应明确的表述。美学研究的认识论哲学基础和认识论化倾向必然地导致了对认识论研究模式的套搬。如认识论研究关注的根本问题是：世界是什么，世界的本质是什么？因而美学便关注着：美是什么，美的本质是什么？又如，认识论研究中的真理问题引发了美学研究中对

"主观的美"的批判和对"客观的美"的倡导。美学研究的认识论化的严重后果便是美学的独立品格的消逝，从而走向美学研究的沉寂。因此，我们反思美学的哲学基础并做出了新的选择。

我们认为，美学研究的哲学基础是生存论哲学，而非知识论哲学。依据生存论哲学，人作为"在世之在"，首先生存着；在生存中，人相对于周围世界的关系不仅仅是一种抽象的求知关系，而首先是一种意义关系。审美作为人的生存方式之一，其秘密只能从人的生存中加以破解。也就是说，美的存在和意义的获得，是以人的存在为前提的，是与生存着的人不可分离地关联在一起的，是在人的生命活动中显示出来的。因此，只有返回到人的生存状态中去，美的秘密才会被揭示出来。

对美学研究的哲学基础的反思在海德格尔的"差异说"存在理论那里得到了进一步深化。海格尔发现，这些关于世界本体的答案都不是真正的存在。为什么如此？因为提问方式的错误——不应当问"存在是什么"，而应当问"存在何以存在"，因为前者在提问时已于观念中设定了作为存在者的存在，从而忽略了本真的"为什么存在"。因此，他认为他所揭示的存在是一切存在者的本源。

美学研究的哲学基础的改弦更张必然改变原来研究过程的话语方式，必然产生新的问题。从生存论哲学的前提出发，美学研究的第一个问题不再是什么是美，而应该是为什么人类在生存活动中需要审美，也就是说，重要的不是关于美的抽象的知识，而是审美相对于人所具有的意义。以知识论哲学为基础的美学研究不可避免地陷入了美是客观的还是主观的问题的争论以及对美感的普遍的绝对标准的追求和探索，而建立在生存论哲学基础之上的美学研究立足于人的生命活动、人性发展和自由追求，认为美既是客观的，又是相对于作为主体的人才获得意义的。在美感问题上，则从人的生命情感的差异性出发，着眼于审美对象的个性特征，更加注重美感的差异性问题，这与以从经验事物的个别性中寻找普遍的东西为根本任务的知识论是迥然不同的。

上述关于美学研究的哲学基础的反思，揭示出审美是对生命的肯定，对自由的追求和对审美差异性、多样性和丰富性的探索。这无疑有助于美学研究彻底摆脱知识论哲学的束缚，重新回到生命的轨道上来。与此同时，它还引发并加深了我们对美的生成机制的思考与理解，并探索得出：建筑美是建筑的审美属性与人的审美需要在建筑审美活动中契合而生的一种价值。

二、建筑美是生成的，不是预成的

从人类生存论的哲学基点出发，建筑美学研究的逻辑始点当为建筑审美活动。建筑审美活动是人类生存活动的一部分，丰富了人的生命活动。通过建筑审美活动，一方面，作为主体的人的审美需要可以得到满足，从而也确证了人的生存和生命活动；另一方面，作为客体的建筑的一些属性激起人的情感愉悦，从而也确证了自身向人生成的审美意义。换言之，正是人对建筑的审美活动，才使作为主体的人和作为客体的建筑处在审美关系的实际状态，才使建筑的审美属性和人的审美需要发生契合，从而使作为主体的人可产生一种精神上的愉悦感。由此可见，建筑审美活动本质上是一种价值活动，建筑美就是在这种活动中产生或形成的一种价值。

依据价值哲学，价值来源于客体，取决于主体，产生于实践。价值只存在于人类价值关系的运动之中，或存在于人类的价值活动中。价值活动是一种主体性的活动，主体的需要是动力、根据，客体是主体所选择的对象和价值载体。没有主体的需要，就不会有人的实践活动。人的实践不仅因自身的目的性，即满足人的需要而选择了具有特定价值属性的对象或价值载体，而且还推动人的需要的发展并产生新的需要。任何价值都不是一种实体性存在，既不是主体，也不是客体。任何价值都离不开主体，也离不开客体。建筑美亦如此。从本质上讲，建筑美是建筑的审美属性和人的审美需要在建筑审美活动中契合而生的一种价值。建筑美不是预成的，而是生成的。

以价值哲学的眼光看，客体本身无所谓美丑好坏之分。建筑本身亦无所谓美丑好坏之分，建筑美本质上是人对建筑的情感肯定的价值。值得强调与注意的是，建筑美不是一种实体性存在，不等于作为实体性存在的建筑或建筑构件、建筑空间、建筑环境、建筑色彩、建筑装饰，但这丝毫也不能改变建筑美的客观性，因为，建筑美的来源是客观的。建筑美来源于建筑的审美属性，建筑的审美属性是客观的，建筑的审美属性与人的关系也是客观的，而且人对建筑的审美需要同样是客观的，这种需要是在人的生存活动和生命活动中产生和发展的，是客观地、历史地决定了的。需要特别指出的是，建筑美的客观性绝不意味着建筑美不依赖于作为主体的人的审美需要。建筑美，作为一种价值，是在建筑审美活动即人的生命情感活动中产生的，建筑美的意义也只有相对于人的生命情感、相对于人的审美需要才可能获得。从这个意义上说，建筑美既是客观的，又是相对的，建筑美是客观性和相对性的统一。这正是建筑美辩证本性的核心内容。

在讨论建筑美的辩证本性时，我们还必须注意到，建筑美作为客观性与相对性的统一，其统一的基础即人对建筑的生命情感活动。由于人的存在总是具体的、历史的，人的历史具体性也就决定了人的生命情感活动的历史具体性，在人的生命情感活动中生成的建筑美也必然具有历史具体性特点。人对建筑的生命情感活动使作为主体的人与作为客体的建筑的审美属性之间的价值关系进入实际存在状态。从主体方面看，人的审美需要是在人的生存和生命活动中形成和发展的，因而对于建筑的同一审美属性，不仅不同的人由于审美趣味的不同会有不同的审美判断甚至美丑相殊，而且就是同一审美主体也会因情感的具体性而出现审美判断的差别，更何况，人的存在总是历史的存在、社会的存在，这就表现出了审美标准的差异性。从客体方面看，建筑作为人为且为人的居住环境，其审美属性总是在人类实践活动中历史地、社会地、文化地形成的。因此，它必然被打上民族的、社会的、时代的文化烙印，或必将要表现一个民族的文化精神，走向为满足人类需要的对自然、社会和人文的适应，从而成为决定建筑审美及其标准的共同性的主要依据。

可见，建筑美学研究的最为基本的问题在于人对建筑的生命情感活动。立足于人对建筑的生命情感活动，我们不仅可以求证出建筑美实质上是建筑的审美属性与人的审美需要契合而生的一种价值，而且我们可以更清楚地认识到，建筑美学研究的最为重大而艰巨的任务在于探索人对建筑的生命情感活动何以可能，也就是说，在于深入研究人对建筑的生命情感活动的两个关系项，即作为建筑审美活动中的客体的建筑的审美属性和作为建筑审美活动中的主体的人对建筑的审美需要。由此可见，建筑审美属性研究、主体审美需要研究和建筑审美活动研究成为建筑美学理论研究的三个核心领域。

三、建筑美的生成来源于建筑的审美属性

从审美活动的审美客体角度来看，建筑美的生成来源于建筑的审美属性。审美属性包含三个方面的内容，一是建筑客体的色彩、造型、比例、尺度、体量、空间等人的感官可以直接感知的形象属性，二是要与主体的审美需要相合、相近、相关的属性，即表现属性。审美属性归根到底就是客体可以使主体享受情感愉悦的属性。三是某些审美客体具有意蕴启示属性，能够激发审美主体对生命轨迹、宇宙本源等问题的感悟和思索。

以客观形式存在的能够使审美主体在感官层次上产生情感愉悦的属性，

称之为形式属性。在建筑中，它具体地表现为空间肌理、建筑造型、材质、肌理、色彩、尺度、比例、韵律等要素。空间肌理的表现在于硬件方面，如街坊、道路、桥梁、设施、植物等，然后是建筑所展示的色彩、高度、立面、体量等，以及其中蕴含的无形的又可以感受到的方面，如人们的生活习惯、风俗民情、行为道德、礼仪风尚和宗教信仰。苏州道路平均宽度较小，多为里弄式街巷，交叉口较少，表现出它作为中国古典园林城市的特征；上海是国际大都市，需要有良好的交通系统，因此在路网总长度和交叉口数量上都占有较大优势。从建筑层面看，苏州的建筑密度较大，达到40.6%，建筑层数以低层为主；而上海的建筑密度较小，仅26.4%，建筑层数以中高层为主。苏州的建筑形态以回字形为主，而上海的建筑形态则以一字形为主①。苏州的空间肌理弥漫着古典城市的文化底蕴，使人产生温柔、亲切、隽秀之感；而上海则呈现出更强的时代性，令人感受到现代都市繁忙而有序的生活气息。

建筑的造型，由于地域、气候、时代、民族、文化、宗教信仰的不同，造型不同，风格相异。就是同一民族，相同或相近地域，也完全可能出现造型风格的差别。以佛塔为例，从造型上划分，佛塔可分为楼阁式塔、密檐式塔、亭阁式塔、花塔、覆钵式塔、金刚宝座式塔、过街塔及塔门、宝箧印经塔等。楼阁式塔来源于中国传统建筑中的楼阁，气势恢宏，体型高大。如宁夏银川海宝塔、山西太原永祚寺双塔和广州六榕寺塔（图5-1）等。密檐式塔的第一层塔身比例很大，多以佛龛、佛像、门窗、柱子、斗栱等雕塑装饰。第二层塔身以上，塔檐紧密相连，层层重叠，各层之间的距离特别短，没有门窗、柱子等楼阁式的结构，如河南嵩岳寺塔、陕西西安小雁塔、北京通州燃灯塔等。亭阁式塔的塔身为方形、六角形、八角形或圆形亭子状，建筑都是单层的，塔身内设佛龛，安置佛菩萨雕像。覆钵式塔又称为喇嘛塔，起源于印度的窣堵波，它的特征非常鲜明，常在一个高大的须弥座上建半圆形的覆钵，并在覆钵上安置高大的塔刹，如北京妙应寺白塔（图5-2）。不同的建筑造型给人带来直观的印象，是最容易被人感知的形象属性。

色彩是建筑形式属性中最鲜明的要素之一。不同的色彩赋予建筑不同的审美属性，使人产生不同的心理感受。古希腊人以大理石作为建筑材料，大理石精美者近乎纯白色，与地中海的深蓝色、天空的浅蓝色相呼应，使建筑与雕塑都呈现出一种单纯与静穆的优雅气质。中国明清时期的宫殿建筑采用白色的须弥座，朱红色墙体和立柱，瓦面多为黄色和绿色，梁枋以青绿色调为主的风格。青、赤、白、黄等高纯度色彩的运用，使中国古典

图5-1　广州六榕寺塔（自摄）

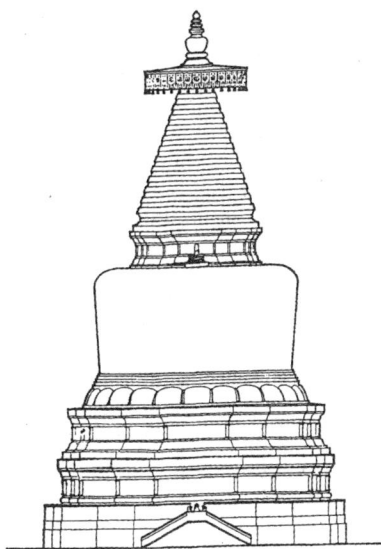

图5-2　北京妙应寺白塔（引自潘谷西. 中国建筑史［M］. 北京：中国建筑工业出版社，2009.）

建筑形成一种较为鲜明的补色对比，既雍容华贵，又庄严肃穆。岭南建筑以色调淡雅明快为特征，多采用高明度、低彩度的色彩，如华南理工大学逸夫人文馆，就采用了水绿色、浅米色、白色三种主色调，赋予建筑以素朴、灵动、轻盈的色彩面貌，倒映在校园的西湖水中，与周边的棕榈树、紫荆树相互映衬，使人顿觉清爽舒适，耳目一新。深圳科学馆由白色纸皮石、茶色玻璃窗、浅灰色花岗岩组成白、灰、褐的主色调，平和安宁，简洁明晰。

　　不同的材质给人以不同的审美感受，混凝土给人以粗犷质朴之感，大理石光滑、典雅而坚硬，木材温和平实，金属则表现出强烈的工业感和时代感。不同的金属表皮给人以不同的视觉感受。韩国库卡画廊（图5-3）的设计师从古代中亚、东亚地区的锁子甲中汲取灵感，别出心裁地给库卡画廊原本棱角分明的立面披上了一张织物般柔韧的建筑表皮，从而削弱了白色立方体过于僵硬的视觉感受，让画廊与周边环境更为协调。西班牙

图5-3　韩国库卡画廊（引自凤凰空间·北京. 建筑时装定制·金属［M］. 南京：江苏人民出版社，2013.）

图5-4　蒙特阿古多博物馆（引自凤凰空间·北京. 建筑时装定制·金属［M］. 南京：江苏人民出版社，2013.）

的蒙特阿古多博物馆（图5-4），打破了金属防锈蚀的思维定式，将锈蚀视为一种"上色"的手法，使建筑表面的考顿钢呈现出一种皮革和牛仔的怀旧感，拉近了蒙特阿古多博物馆与观众的距离。②

　　韵律指艺术表现中有规律的重复、有组织的变化的一种现象。它与节奏紧密联系，而比节奏更富有情感性和表现力。韵律可分为连续的韵律、渐变的韵律、起伏的韵律和交错的韵律几种。古罗马圆形斗兽场，由于柱子形成一种均匀而重复的排列，因而呈现出一种连续的韵律。陕西西安大雁塔的塔身和檐口由下而上依次排列，建筑体量有规律地逐渐变窄，构成的是渐变的韵律。意大利都灵卡里那诺府以一个"U"字形为基础，入口门厅为宏伟壮观的椭圆形大厅，形成波浪形状的砖砌正立面，营造了巴洛克式的弯曲起伏的韵律。交错的韵律指的是在建筑构图中各组成部分作有规律的纵横穿插或交错而形成的一种韵律。中国古建筑的漏窗采用细木作拼贴的技法，创作出井字纹、万字纹、龟锦纹、菱花纹、团花纹、寿字纹、冰裂纹、夔龙纹等数不胜数的图案，这些纹样形成的韵律就是交错的韵律。

　　审美客体的表现属性是与主体的审美需要相合、相近、相关的属性。20世纪初，克罗齐提出了艺术表现论，认为美的本源在直觉，直觉是心灵自主的活动，是心灵创造力的表现。柯林伍德提出，艺术的本质在于情感的表现，艺术的审美价值在于欣赏者在想象中体验到创作者的真情。双溪别墅坐落在广州白云山上，是著名岭南建筑师莫伯治院士的作品。建筑采用现代主义风格，依山形地势而建，是现代建筑与岭南庭园完美融合的精品之作。它秉承了岭南古建筑小体量的传统，通透开敞，室内外空间相互渗透，流露出对自然的复归感，体现了岭南人崇尚自然的审美理想。双溪别墅采用冰纹砌石作为材料，以白色、灰色和浅褐色为主调，与白云山上绿色的植物构成一种和谐的色彩面貌，令人赏心悦目，心旷神怡。戴复东教授在观赏双溪别墅（图5-5）时，为它的朴实无华、空间渗透、山石嶙峋、枝繁叶茂所深深吸引，不禁发出情真意切的感叹："噫！此图画耶？实物耶？室内耶？室外耶？人工耶？天然耶？使人迷离，使人忘机，使人清澈，这确是设计的大手笔！令我叹为观止！"③高度颂扬了双溪别墅天人合一、情景交融的南国建筑空间意境。广州白天鹅宾馆坐落在沙面白鹅潭边，采用腰鼓形平面，外观以白色调为主，突出横向线条和竖向线条，大方美观。主楼中央布置一个庭园，以"故乡水"为主题，布置假山，构筑亭阁，瀑布从亭子下方飞流而出，落入下方的石潭之中，营造出潺潺流水声景，令海外华侨联想起岭南庭园的娴雅舒适，触发了他们爱国思乡的深情。

　　人在审美活动中总是追求无限，希望超越现实的审美客体，超越时间和空间的限制，在瞬间中领悟到永恒的境界。并不是每个建筑都会对我们

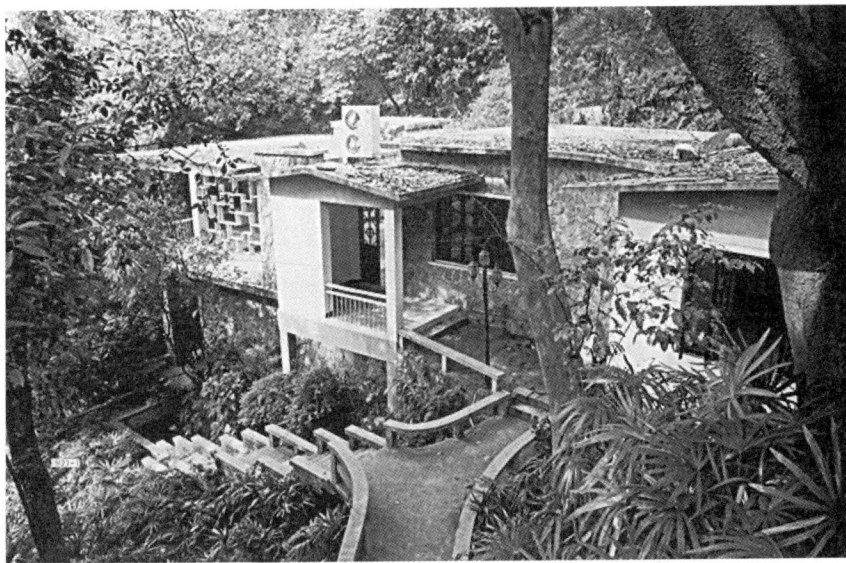

图5-5　双溪别墅（引自石安海. 岭南近现代优秀建筑·1949—1990卷［M］. 北京：中国建筑工业出版社，2010.）

产生启示价值，但能够亘古流传的建筑审美客体，都必然蕴含着一定的深意，让人能够在其中感受到真善美的本质，引发对宇宙精神和生命真谛的思索和感悟。日本广岛的丝带教堂（图5-6）通过两段螺旋楼梯相互支撑，构成自力支撑结构，就像两个生命相互扶持照顾，直至最终联结在一起。举行婚礼时，新娘和新郎分别从两段楼梯登上顶端，然后向上帝祷告，获得在一起的许可并发表结婚誓词，最后两人一同走下楼梯，翻开生命中新的一页。丝带教堂激发了新郎新娘对爱

图5-6　日本长岛丝带教堂（引自中村拓志&NAP建筑设计事务所丝带教堂，尾道，广岛，日本）

情和婚姻的美好祝福和向往，并在行走过程当中体会到两个个体生命之间缠绕扭结的联系，并在此刻的欢欣中憧憬永恒的相爱。④安藤忠雄设计的光之教堂，通过在清水混凝土墙体中嵌入透明玻璃，形成"留白"，营造出一个简洁清爽的十字架负形。阳光从负形的缝隙中透射进礼拜堂，让人联想起圣经里头的话语："上帝说：'要有光'。于是就有了光。"基督教徒在这种蕴含宗教意味的简洁设计中，感受到神圣、庄严、清澈、静谧，从而使基督教徒透过审美想象和审美超越，感悟到生命的意义，感受到宗教的启迪和安慰。混凝土和光影是安藤忠雄最钟爱的艺术表现手法，两者的结合产生了强烈的感染力和震撼力。在圣水教堂（图5-7）的设计中，他利用一面巨大的明镜，将教堂的内部空间与北海道的自然景象完美地融合在一起。冬天白雪皑皑，巨型的十字架安静宁谧地竖立在水里，安藤忠雄用建筑语汇勾画出一幅万籁俱寂、一尘不染的清幽图景，令人联想起日本传统的水墨画卷。置身于圣水教堂之中，仿佛身心都与山川同在，与湖水同在，与宇宙万物同在，在一片白茫茫的深邃空灵中达到无我、忘我的境界。安藤忠雄的光之教堂和圣水教堂，在表达基督教教义的同时，又演绎了东方文化的神韵与禅意，从而达到了东西方文化在精神层面的和谐与共融。⑤

图5-7　圣水教堂（引自何云姝. 神圣空间的创造——对安藤忠雄"水之教堂"的解析[J]. 建筑与文化，2009，1 031.）

四、建筑美的生成取决于主体的审美需要

诚如上文所述，建筑美是作为客体的建筑的审美属性与主体对建筑的审美需要在建筑审美活动中契合而生的一种价值。建筑美是客观地存在着的一种"价值事实"，不等于美的建筑。建筑美作为一个价值事实，是在建筑审美活动中生成的，是主客体之间价值运动的产物，既离不开建筑的审美属性，更取决于主体的审美需要。在价值运动中，主体是根据，是动力；而客体是条件，是对象——任何企图从主体方面或客体方面，抑或从主客体以外的什么地方去寻找美的存在或根源的努力，都是徒劳而不现实的。建筑审美主体即建筑审美活动的承担者，有个体和群体之分。建筑美的生成取决于主体的审美需要。建筑美的生成不能脱离人，不能脱离建筑审美主体和建筑审美活动。建筑审美活动本质上是人的情感价值活动。建筑美，作为一种价值，不是一种实体性存在，既不是客体，也不是主体；既不是客体的审美属性，也不是主体的审美需要。在建筑审美活动中，主体的需要是动力和根据，客体是主体所选择的对象和价值载体。主体的审美需要具有差异性、多样性、层次行、历史性、时代性、地域性等特点。值得注意的是，一方面建筑审美主体审美心理结构的时代性、民族性、地域性必然导致建筑审美的差异性，另一方面，也正是建筑审美主体审美心理结构的时代性、民族性、地域性决定了建筑审美的共同性。同一时代或同一民族或同一地域的审美主体，其审美心理结构不管差异多大，都有某种程度的相似或相同。

　　亚里士多德曾经说过："美的主要形式是'秩序、匀称与明确'"。实验心理学也证明，人类的视觉天生偏向秩序。反映在建筑审美活动中，就是审美主体更容易欣赏均衡对称、虚实相映的作品。雅典卫城均衡的整体布局至今让人叹为观止，过目不忘。帕特农神庙魁伟恢宏，与它相对的则是小巧轻盈的厄瑞克忒翁神庙。厄瑞克忒翁神庙建有南北两个柱廊，平面布局自由活泼。南面柱廊立6根女像柱子，婀娜端庄。神庙前不远，就是高达11米的雅典娜青铜雕像，起到统筹全局的作用。因此在雅典卫城的建筑群布局中，既有大小主次之分，又兼顾了视觉上的均衡；既有柱式和风格上的遥相辉映，又有方正规整与灵活多变的审美差异，形成了对立统一的和谐。古希腊哲人毕达哥拉斯曾经说："美是和谐与比例。"德谟克利特宣扬"美的本质在于整齐、和谐和数字比例。"这些富有哲理性的思考，反映出人类作为审美主体，对秩序、和谐、匀称的永恒追求。

　　人类的审美需要有共通性，也有差异性。主体的情感千差万别，由不同的情感生发出不同的审美体验，从而产生不同的审美需要。审美需要有时代差异、地域差异和个体差异。17世纪的人们倾向于古典主义的典雅高贵，20世纪的人们欣赏密斯·凡·德·罗自由灵活的巴塞罗那德国馆。中国古人偏爱温和质朴的木构建筑，现代中国人则欣赏金属和玻璃给建筑带来的力量感和灵动感。时代的变迁、经济的发展、文化的繁荣使人类的审美需要产生极大的变化，从而彰显了每个时代的审美风尚。在距今7000~5000年前，人们用巨石构筑了体量庞大的建筑，北欧、西欧、北非、印度、日本等地出现了"整石柱"、"列石"、"石环"、"石台"等等，它们或者是崇拜天空和太阳，或用作宗教道场，或用作死者的埋骨之处，这些巨石阵表达了强烈的原始宗教崇拜意识，是古人们的"精神庇所"，是具有宗教崇拜性质的"建筑图腾"。无疑，借由体量巨大的石块，古人向我们表达了他们的审美理想，即追求永恒、崇高、神秘、肃穆、深邃、稳重、沧桑的审美属性，期望赋予石群以某种仪式性和纪念意义。它们的体型是庞大的，因此具有一种压倒一切的气魄。它们雄踞于天地之间，令人望而生畏，由此而生发出崇敬之情。而到了21世纪的今天，审美文化日趋多元，人们的审美理想也随之发生变化。除了纪念性建筑以外，人们还热爱轻盈开敞的景观小品，喜欢简约现代的高技派建筑，颂扬奇特怪异的解构主义作品。建筑揭下了庄严肃穆的面纱，变得轻盈、通透、明亮、开朗、活泼。德国维特拉公司消防站（图5-8）是扎哈·哈迪德的代表作。这位有着传奇色彩的伊拉克裔英国女建筑师几乎完全颠覆了过去关于平衡、稳定、安全的建筑创作观念，以一种语不惊人死不休的态度融入建筑之中，她的作品

图5-8　德国维特拉公司消防站（引自罗小未. 外国近现代建筑史［M］. 北京：中国建筑工业出版社，2004.）

总是以自由、灵动、飘逸的动态感示人，展示了机械的力量，具有强烈的艺术感染力。维特拉公司消防站以倾斜的几何线条和跳动的曲线制造出夸张的造型，对结构的分解势态贯穿了建筑的每一个角落。它像一支从天而降的纸折飞镖，斜斜地插在道路之上，乍看之下不禁令人心惊肉跳。从崇高稳重的巨石群，到动感飘逸的解构主义建筑，反映出主体的审美需要有着历史性、时代性的特征。

　　同样地，建筑审美需要有地域性差异。中国古人营造了山环水绕、意境深邃的古典园林，烟柳画桥，榕堤竹坞，虽由人作，宛自天开。苏州园林的青山绿水、粉墙黛瓦、茂林修竹，不知激发了多少词人墨客的文思泉涌，妙笔生花。颐和园沿着湖面展开了七百二十八米的游廊，红、蓝、绿等色彩绘就了檐廊彩画，琳琅满目，雍容华丽。十字形、月牙形、扇形、圆弧形、瓶形，构成了乐寿堂各式各样的花窗。人行走在乐寿堂的回廊间，不经意间就从花窗中望见那远山、湖水、楼阁，步移景异，目不暇接。英国人喜欢风景式园林，侧重于蜿蜒的河流，自然的草地和灌木，一切以大自然作为创作的源泉。他们崇尚"画意式园林"，抛弃了笔直的林荫道、图案式的植坛和整齐的池塘，取而代之的是一片天然牧场，牧场里生长着自然形态的老树，河道和池塘野趣横生。到了18世纪中后期，浪漫主义兴起，英国人开始追寻更浓郁的诗情画意，自然风致发展为画意式园林，甚至故意制造出断壁残垣，强调了园林的废墟感，引发了人们对时光流逝的兴叹与唏嘘。法国人则热爱规整式的园林，平面布局采用几何图案进行组织，强调人工美，是园林建筑化的典型表现。凡尔赛宫的建造者把道路、别墅、山洞、水池、花圃、雕塑以几何对称式的构图组织起来，周边的花草树木通过人工修剪，塑造出各种造型。在这里，大自然被刻意驯服，园林成了建筑的延伸，宣告法国王权的至高无上，表达了唯理主义的审美理想。园艺师仿佛刺绣一般在法国大地上编织出美丽的图案，形成了优雅华丽的景观，它因而独树一帜，堪称古典主义园林的典范之作。⑥

　　由于生活经历、个人修养、性格特质的差异，建筑审美也呈现出个性化的特征。在审美需求的类型上，由不同的建筑审美客体产生了雄浑、优美、崇高、简洁、荒诞等的审美类型；在审美需要的层次上，有些审美主体满足于感官上的愉悦，而有些审美主体则对审美客体所表达的精神内涵反复玩味；在审美需要的时间上，有些建筑审美主体长年累月地保持着审美的热情，而有些建筑审美主体的需要则时断时续；在审美需要的强度上，有些审美主体有着强烈的情感需要，达到迷狂和忘我的状态，而有些审美主体则只是一般性的需求。⑦范斯沃斯住宅坐落在帕拉诺南部的福克斯河右岸，是密斯·凡·德·罗为美国单身女医师范斯沃斯设计的一栋住宅。住宅以大片的玻璃取代了厚重的墙面，成为名副其实的"看得见风景的房间"，从室内可以毫无阻隔地欣赏丛生的树林和平坦的牧野。范斯沃斯住宅表达了密斯"少即是多"的审美个性，反映出他追求外观极端简洁、空间灵活多变的审美需求。密斯·凡·德·罗是西方现代主义建筑思潮的领导者和先驱者，他对钢结构和玻璃材质的探索，代表了现代主义建筑师坚守功能主义和技术理性的审美理想。而后现代主义建筑师文丘里则谴责以技术美学思想为主导的现代建筑，批判它们"冷漠乏情"、"隔断历史"、"艺术虚无"，他提出了"多元论"、"不定论"、"多元论"的审美见解，与现代派的"功能主义"、"纯净主义"等技术美学观点相抗衡。⑧密斯和文丘里的不同观点，反映出两位建筑师在性格特征、生活经历和建筑理念上的个体差异，因而表明审美需求具有个性化特质。

五、建筑美产生于建筑审美活动

　　建筑美是生成的，而非预成的。建筑审美属性和人的审美需要必须形成具体的现实的审美关系，即建筑审美活动的建立和开始，才能生成建筑美。柳宗元说"美不自美，因人而彰"。苏轼的《琴诗》"若言琴上有琴声，放在匣中何不鸣？若言声在指头上，何不于君指上听？"揭示的就是审美活动的重要性。离开了建筑审美活动，建筑美无从产生。只有建筑审美属性，或只有人的审美需要，不可能生成建筑美。

建筑美的生成机制包括三个要点：来源于客体的审美属性，取决于主体的审美需要，产生于建筑审美活动之中。解构主义建筑师弗兰克·盖里的古根海姆美术馆具有惊世骇俗的外观造型，仿佛是用钛金属堆积而成的一个不规则的雕塑，其形象是支离破碎、错综复杂的，建筑师赋予古根海姆博物馆以一种怪异的、荒谬的、不合常理的审美属性。与此同时，公众的审美趣味也逐渐开始发生变化，由过去喜欢规整、和谐、对称、均衡的古典形式，到当今乐于接受光怪陆离、出其不意的形象属性，从而产生一定的审美需求。然而只有在建筑审美活动之中，才可能产生主体与客体的辩证统一关系，客体的审美属性才可能与主体的审美需求相契合，从而生成建筑美。审美客体与审美主体不可能离开审美活动而单独存在，离开了审美活动，古根海姆博物馆就不成其为审美客体，同样的，公众也不成其为审美主体。

北京故宫太和殿具有白色的汉白玉台基、朱红色的墙柱和黄色的重檐庑殿顶，在蓝天的掩映下呈现出红、黄、蓝、白的色相对比，构成了建筑的审美属性。然而故宫的色彩面貌并不能够单独存在，它必须经过光线的吸收、反射、折射之后再作用于人的眼睛，在视网膜上成像，再由神经系统传输给大脑，大脑视觉中枢经过对信息的综合处理后得出对颜色的判断，由此而产生色觉。这也就意味着，人类产生色觉必须具备四个条件：光、彩色物体、健全的视觉器官和大脑。色彩如此，造型、韵律、比例、尺度等形象属性也同样需要视觉器官和大脑的相互配合才可能被感知。如果大脑形成的视觉印象与人们的审美需要相一致，人就会从中感到欢快喜悦，审美活动就会由此而发生。审美主体会从最初的感官印象中获得生理层面的满足，进而在审美活动中得到逐步的升华，上升为心理层面和社会文化层面的愉悦。在审美活动中，审美主体依次经历审美态度的形成，审美感受的获得，审美体验的展开，以及审美超越的实现几个过程。如果缺少了审美活动，建筑形象便无法在光线的作用下进入人们的眼睛，因而无法在视网膜中成像，大脑便无法做出综合判断。如果人们无法感知建筑的色彩、造型等审美属性，就不可能对建筑产生情感反应，建筑美便无法生成。因此，建筑审美活动是建筑美的生成机制当中不可或缺的重要环节。

建筑美产生于审美活动。只有在审美活动中，建筑从一种客观存在的物质实体转变为具有形象属性、表现属性和启示属性的审美客体。公众也从日常的实践活动、宗教活动和认识活动中抽身出来，进入超功利的、感性的状态，纯粹地体验着建筑审美客体所带来的审美愉悦。在这个过程中，公众转化为审美主体，其内心深处的审美需求得以满足，甚至超越时空的限制，生发出对生命本质的联想与感悟。客体的审美属性与主体的审美需求，在审美活动中相互契合，最终生成了建筑美。

注释

① 温天蓉. 城市空间肌理特征的参数化解析[J]. 建筑与文化, 2015（9）: 103-104.

② 凤凰空间·北京. 建筑"时装"定制·金属[M]. 南京: 江苏凤凰科学技术出版社, 2015: 18-37.

③ 戴复东. 园·筑情浓, 植·水意切. 莫伯治集[M]. 广州: 华南理工大学出版社, 1994: 251.

④ 中村拓志&NAP建筑设计事务所. 丝带教堂, 尾道, 广岛, 日本[J]. 世界建筑, 2015（9）: 74-79.

⑤ 紫图大师图典丛书编辑部. 世界不朽建筑大图典[M]. 西安: 陕西师范大学出版社, 2003: 417.

⑥ 陆琦. 岭南造园艺术研究[D]. 广州: 华南理工大学, 2002: 1.

⑦ 唐孝祥, 陈吟. 论美的生成机制[J]. 华南理工大学学报（社会科学版）, 2009（11）: 68.

⑧ 汪正章. 建筑美学——跨时空的再对话[M]. 南京: 东南大学出版社, 2014: 86.

第6讲

建筑审美的基本维度

　　建筑审美活动是人的生命体验活动和情感价值活动。建筑审美活动总是在具体的社会历史条件下进行的。建筑美的生成、建筑审美愉悦的获得的根本和关键在于建筑审美属性契合人的审美需要。在具体的建筑审美活动中，人们总是通过建筑造型、建筑意境、建筑环境等几个主要方面来选择和关注建筑审美属性。依据建筑审美活动的历时性特征，建筑审美的基本维度依次表现为造型审美、意境审美和环境审美。

建筑审美活动表明，建筑的审美属性是多层面的，它们不可能同时与审美主体的审美需要发生联系并形成具体现实的审美关系，审美主体的个体差异性和情感自由性决定了建筑的审美属性对审美主体的情感刺激和满足的程度也不可能是等同的。而且，由于建筑艺术主要是一门空间艺术，其空间形态和造型特征往往成为人们在审美活动中最先关注的。人们总是在获得对建筑形象的感知之后，才追思和感悟蕴含其中的文化精神，进入到审美体验和审美超越阶段的。依据建筑审美活动的历时性特征，建筑审美的基本维度依次表现为造型审美、意境审美和环境审美。

一、造型审美

回顾中外建筑的发展历史，人们即可清楚地看到，建筑的造型形式、风格在建筑艺术创作中的地位是举足轻重的。在关于中外建筑的传颂中，无论是古代巍峨神秘的埃及金字塔、静穆优雅的古希腊帕提农神庙、气势恢宏的罗马斗兽场、高耸挺拔的哥特式教堂、钩心斗角的阿房宫、雄伟壮观的故宫，还是造型新奇的现当代建筑，如朗香教堂、古根海姆博物馆、悉尼歌剧院、代代木体育馆、2010上海世博会中国馆、南京大屠杀遇难同胞纪念馆等，人们首先投注审美情思的是它们的奇特造型及其组群结构的形式特征。

就建筑造型审美而言，我们可以从建筑单体和建筑组群的形式结构、空间形态以及风格特征等几个方面来分析。无论是建筑单体，还是建筑组群，它们的造型都遵循和表现出一些共同的，如比例与尺度、均衡与稳定、韵律与节奏、重复与再现、渗透与层次、对比与调和等形式美法则。鉴于地理和文化差异，不同国度的建筑体系也会表现出对建筑单体或组群的偏爱，如中国建筑体系和欧洲建筑体系分属于两大异质的文化体系和文化传统，因而，相比而言，前者虽然不忽视建筑单体的形式结构，甚至因为幅员辽阔、民族众多、地域广泛而使建筑单体形式丰富多样、多姿多彩，但更主要的是强调建筑组群的气势、意境、神韵及丰富而深刻的文化内涵；后者虽然也关注建筑组群的规划布局及其所体现的文化精神，但更侧重于建筑单体形态的琢磨推敲，甚至精雕细刻。

1. 单体建筑的造型审美

一般而论，单体建筑的形态结构可以分为平面构成、剖面构成和立面构成三个层面。着眼于单体建筑的平面、剖面、立面的构成关系及其可视性特征，三者既相互区别又相依存，构成了单体建筑造型审美的形式要素层面系统。以中国传统木构架体系单体建筑形态为例，单体建筑平面常以"间"为单元，由一间或若干间组成；剖面的构成受到檩子的数量、出廊的方式、举架和梁架等诸多元素影响；而立面则被称为"三分"或"三停"。我们不难发现，平面构成更直接地反映了建筑的功能性要求，剖面构成更主要地体现了建筑的营建技术和构造特点，立面构成则侧重于表现和强化建筑的视觉冲击力和审美感染力。

北宋匠师喻皓在其著作《木经》中对中国传统单体建筑进行了水平层的划分，"凡屋有三分，自梁以上为上分，地以上为中分，阶为下分"，即现代人所称的屋顶、屋身和台基，清代匠作称之为"三停"，它们构成了单体建筑立面的三大组成部分。单体建筑的"上分"在中国传统建筑中是备受重视的，被誉为中国建筑的"冠冕"。它以奇特的曲线造型，与高台基、木构架共同组成了中国古建筑的三大特色。我国古建筑学家林徽因先生曾说："在外形上，三者之中，最庄严美丽，迥然殊异于他系建筑，为中国建筑博得最大荣誉的，自是屋顶部分。"[①]大屋顶曾被日本建筑学家伊东忠太称为"盖世无比的奇异现象"。他在《中国建筑史》"总论"中这样评价中国建筑的屋顶："中国建筑之屋顶，其斜面皆以成凹曲线为原则。檐不作水平，左右两端，翻而向上，即屋顶之轮廓，由曲线画成者。屋脊在小建筑中，虽为水平，大建筑往往于近两端处高起。在低级民家之建筑物，屋顶固为直线，但高级之邸宅，与庙祠宫殿，殆无不成曲线者。此盖世界无比之奇异现象也。屋顶为中国建筑最重要之部分，故中国人对于屋顶之处理方法非常注意。第一欲使大面积大容积之屋顶不陷于平板单调，宜极力装饰……中国人对于屋顶之装饰，煞费苦心，全世界殆无伦比。"[②]近代时期到中国传教的比利时艺术家格里森更以浪漫的笔调极富热情地形容到："屋顶是中国建筑艺术的最高境界，优美曲线形的屋面就像精心编织的巨大华盖……柔和曲线是中国式屋顶最独特的表现方式之一，许多重要建筑的屋顶构成就如专业音乐家演奏的动听乐章一样……柔和的曲线，宏观的尺度，和谐的比例，都足以使人们领受到那种庄重和高贵的屋顶造型所具有的极强的艺术感染力。"[③]

中国传统建筑屋顶不仅鲜明而突出地表现出中国传统建筑的形式特征和造型个性，而且极大地提升和丰富了中国传统建筑的审美价值，往往是人们进行建筑审美活动的视觉中心。然而，作为一门实用性极强的艺术门类，建筑的审美价值和审美特征往往又是以建筑的实用性为基础的，是技术与艺术的结合，这在中国建筑艺术的屋顶处理上表现得甚为突出。中国建筑屋顶的处理手法既是理性的，又是浪漫的，体现了理性与浪漫交织的创作精神。一方面，深远的出檐、凹曲的屋面、反宇的檐部，起到了排泄雨水、遮蔽烈日、收纳阳光、改善通风等诸多功用；另一方面，通过一系列与功能、技术和谐统一的美化处理，创造了极富表现力的形象，消除了庞大屋顶可能带来的沉重、笨拙而压抑的消极效果，造就了雄浑而挺拔、飞动而飘逸的独特韵味。

首先，从屋顶的形制来看，在中国文化礼制思想的影响下，官式建筑在长期的实践中形成了高度程式化的、严格区分屋顶等级和品位的九种主要形制（图6-1），其高低等级顺序为：①重檐庑殿；②重檐歇山；③单檐庑殿；④单檐尖山式歇山；⑤单檐卷棚式歇山；⑥尖山式悬山；⑦卷棚式悬山；⑧尖山式硬山；⑨卷棚式硬山。这九种屋顶形式是在庑殿、歇山、悬山、硬山四种基本型上，通过重檐的组合方式和卷棚的派生方式而组成

图6-1　中国古建筑的屋顶形制（引自刘敦桢．中国古代建筑史［M］．北京：中国建筑工业出版社，2008．）

的，它们不仅等级不同，品位明确，而且形态相异，性格鲜明。如侯幼彬教授将上述四种屋顶形制的审美特征分别归纳为雄壮之美、壮丽之美、大方平和之美、质朴憨厚之美。④同时，根据需要又可采用多重檐组合而展现屋顶更丰富的组合形态，如南宋山西长治玉皇观五凤楼层层叠叠的五重檐、台湾云林鹿港五路财神庙的宏伟的多重檐组合屋顶，都是一个极好的例子。其次，屋顶的装饰装修也是极富艺术魅力的。等级较高的建筑屋顶的正脊、垂脊、戗脊、出檐等都是装饰的主要部位，相应的脊饰有鸱吻（也称为龙吻、正吻）、脊刹、垂兽、戗兽、套兽等，它们神态各异，栩栩如生，或威严，或安宁，或华丽，或朴实。如故宫太和殿重檐庑殿顶上排列规整、威严的九大脊兽，与仙人引路和戗兽构成的脊饰最高形制，北京天坛祈年殿华丽的藻井天花，河北正定龙兴寺摩尼殿富有节奏感和韵律美的瓦垄和如意斗栱，扬州四望楼"如翼斯飞"的三重檐，山西平遥文庙的层层叠叠的斗栱（图6-2）；又如广州陈家祠题材多样、形态生动的陶瓷脊饰，都具有极高的审美价值和极深厚的文化内涵。

事实上，中国传统建筑屋顶的形制和装饰处处体现了建筑形式与结构逻辑的统一、理性与浪漫创作精神的交织。无论是屋面瓦垄所形成的线形肌理，勾头、滴水所组成的优美檐口，还是屋面交接所构成的丰美屋脊，脊端节点所衍化的吻兽脊饰，无一不是基于功能的或技术的需要而加以美化的。梁思成和林徽因先生对中国屋顶形象所蕴涵的功能、技术与审美的和谐统一，曾经给予很高的评价："历来被视为极特异、极神秘之中国屋顶曲线，其实只是结构上直率自然的结果，并没有什么超出力学原则以外的矫揉造作之地，同时在实用及美观上皆异常得成功。这种屋顶的曲线及轮廓，上部巍然高崇，檐部如翼轻展，使本来极无趣、极笨拙的实际部分，成为整个建筑美丽的冠冕，是别系建筑所没有的特征……至于屋顶上的许多装饰物，在结构上也有它们的功用，或是曾经有过功用的。诚实地来装饰一个结构部分，而不肯勉强地来掩蔽一个结构枢纽或关节，是中国建筑最长之处。"⑤

与官式建筑相比，各地民间建筑（也叫杂式建筑）的平面形式更多样，有

图6-2　山西省平遥县文庙中的宋代斗栱（引自梁思成. 中国建筑艺术二十讲［M］. 北京：线装书局，2006.）

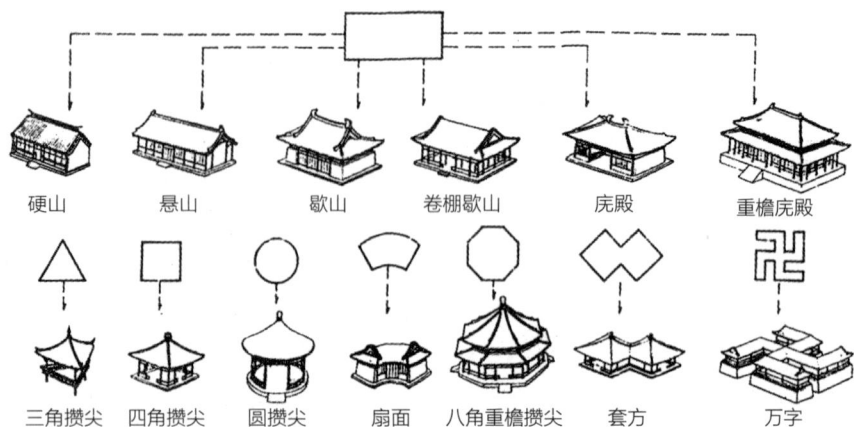

图6-3　正式建筑与杂式建筑的平面形式和屋顶形式（引自侯幼彬. 中国建筑美学［M］. 北京：中国建筑工业出版社，2009.）

正方形、六角形、八角形、圆形、扇面形、万方形等，对应地采用四角、六角、八角、圆攒尖顶等屋顶形制，体形独特，灵活多样，尽显活泼自由，具有审美的全方位性和很强的视觉冲击力（图6-3）。这多体现在民居建筑和园林小品建筑的造型上，如浙东南的温州民居，其最大特色在于出檐深远且种类繁多，从而造就了丰富的山墙和生动的屋角。其屋檐种类就有腰檐、重檐、廊檐、窗檐、门檐、檐箱等多样形式，出檐尺度一般为檐柱高的一半。因此，"深入温州农村，人们会得到一个印象，温州乡土建筑最丰富的地方是檐，最富机巧、最有生气的地方是屋角和山墙，它往往代替了现代观念中的正立面而成为主立面"。⑥

中国传统建筑单体的造型审美很大程度上是通过屋顶形象来显示的，但大屋顶同样离不开"中分"的屋身和"下分"的屋基，并与之结合而构成多样丰富的造型形式，并因时空特点而呈现不同的风格特色。客家聚居建筑造型就是很好的例证。同为客家聚居建筑，因为历史阶段和社会治安的原因，客家民居建筑又有"赣南围屋"、"闽西围楼"和"粤东北围龙屋"之造型区别和风格差异。如此等，不一而足。多样丰富的民居建筑造型极大提升了人们的审美欲望，激发了人们的审美情思。

正如王振复教授所说："中国古代建筑美，又是以台基平面和立柱墙体一般呈现的直线对称与大屋顶一般呈现的弧线反翘形象的完美结合，是由平面的'中轴'、立面的直线所传达的逻辑与形象颇为丰富生动的曲线所蕴含的欢愉情调的'共振和鸣'，是直与曲、静与动、刚与柔、庄严与活泼、壮美与优美的和谐统一。"⑦著名美学李泽厚先生在《美的历程》中亦指出："中国木结构建筑的屋顶形状和装饰占有重要地位，屋顶的曲线，向上微翘的飞檐（汉以后），使这个本应是异常沉重地往下压的大帽反而随着线的曲折显出向上挺举的飞动轻快，配以宽厚的正身和阔大的台基，使整个建筑安定踏实而毫无头重脚轻之感，体现出1种情理协调、舒适实用、有鲜明节奏感的效果，而不同于欧洲或伊斯兰以及印度建筑。"⑧

与中国传统建筑单体有所不同，外国单体建筑的形式美主要表现在建筑体量形态上。立方体、棱柱体、金字塔体、螺旋体、圆柱体、圆锥体、截锥体等，各种几何形态都可成为建筑躯体的原型。这源于西方古代一些美学家的美学观。他们认为像圆形、正方形、正三角形等这样的一些几何形状具有抽象的一致性，象征着统一和完整，因而会引起人们的审美期待和审美关注，如罗马万神庙、圣彼得大教堂、希腊帕特农神庙、意大利圆厅别墅，等等，都是古典建筑中的典范。几何形体的这一形式美法则也得到了现代建筑师勒·柯布西耶的赞成。他将帕特农神庙视为建筑的典范，并从中吸收了以黄金分割为基础的古典比例系统而发展为自己的"模度体系"，并于1926年提出了"新建筑的五个特点"，即底层架空、屋顶花园、自由平面、横向长窗和自由立面。其萨伏伊别墅正是落实他"新建筑五个特征"的代表作品，而其马赛公寓更是集"重复、变化、对比、节奏、韵律"等形式美于一身。需要指出的是，其他现代主义大师，如密斯·凡·德罗的"少就是多"、格罗皮乌斯的"全面建筑观"、赖特的"有机建筑观"等以及文丘里、约翰逊、詹克斯、矶崎新等后现代主义大师们的美学思想都对现当代建筑的造型特征与风格设计产生了巨大的影响，也不乏经典作品。柯布西耶的朗香教堂是一件可以从各个角度欣赏、并给人以多样性想象指引的三维雕塑作品，使人在靠近建筑或进入内部空间时都可以获得一系列造型审美体验；巴西利亚议会大厦（图6-4）那竖直的"板式"双塔，扁平的裙房基座以及会议厅上部那"正"、"反"相比相依的两个半球形穹窿，圆与方、曲与直的强烈对比，无不以其体量形态的奇特而表现出自身的审美价值。墨西哥大学图书馆通过其石墙的厚重质感、建筑立面丰富的彩色图案和色彩对比，给人强烈的视觉冲击力；又如飞鸟展翅般的纽约肯尼迪机场美国环球

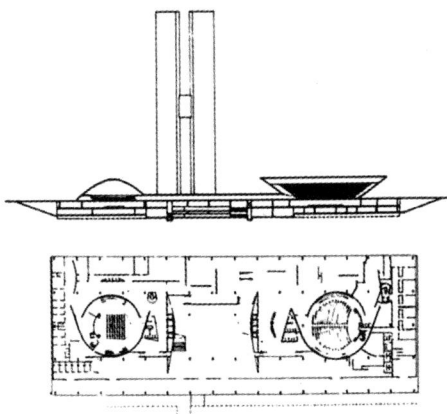

议会大厦平面及剖面

图6-4　巴西利亚议会大厦造型及其剖面图、平面图（引自吴焕加. 外国现代建筑二十讲［M］. 北京：生活·读书·新知三联书店，2007.）

航空公司候机楼给人动态均衡感。还有美国纽约的貌似涡轮的古根海姆美术馆、形似远航船帆的悉尼歌剧院和海螺状的东京代代木体育馆等。

2. 建筑组群的造型审美

建筑组群的造型审美主要体现在对建筑组群的空间围合及整体布局所形成的造型和体态特征的审美体验。一般来说，建筑群体组合的造型和体态特征主要受到建筑群的功能关系和建筑群特定的地形条件两大因素的制约，通过中国传统建筑，我们可以清楚地看到这一点。北京故宫建筑群、拉萨布达拉宫寺院建筑群、福建南靖田螺坑土楼建筑群、福建连城培田民居建筑群、山西的平遥古城、陕西韩城的党家村、广东高要市蚬岗镇的八卦村、云南丽江古城等，由于功能关系或地形条件的不同而呈现出相异的组合造型特征和空间形态特征。虽然组合手法和造型技巧相互区别，但运用这些手法和技巧的结果及通过建筑群体现出来的统一和谐的整体性又无不给人以深厚的印象和强烈的审美感受。

北京故宫建筑群从建筑间的功能关系出发对中国古建布局特色作了极致的发挥，从形式的视觉刺激到情感的心理作用，都给人以极大的震撼。北京故宫建筑群通过轴线对称和院落组合这两大极富中国古建特色的布局手法，一方面形成了既中心突出、主次分明又相互依循、和谐统一的整体；另一方面，又附之以尺度的变化和对比、色彩和装修的运用来营造气氛，渲染空间，突出功能主题，彰显中国传统建筑文化的核心精神。

拉萨布达拉宫建筑群在造型特征上既反映出建筑之间的功能关系，又体现了特定地形条件的影响作用。布达拉宫雄伟壮观、肃穆圣洁，它依山而建，与山岗、陡壁融为一体，和谐、自然。在总体布局上，虽然它没有使用汉族建筑传统的中轴对称的布局手法，但由于采取了在体量上和位置上强调红宫和在色彩上前后形成鲜明对比等手法，同样达到了重点突出、主次分明的效果。

福建南靖田螺坑土楼群真可谓中国民居建筑的奇观，不仅因为其单体形制的别致，而且在于其组合风格的独特。田螺坑土楼群为客家聚居建筑（客家聚居建筑是对分布广泛的以赣、闽、粤三省交界地带为集中地的客家传统民居的学理统称，其针对性是客家传统民居"聚族而居"的人居共性），在空间组合上受土楼群以一方四圆的个体外观依山而建，处于山腰之上，方者居中，四座圆楼围而建之，无论是俯视还是仰视，皆极为壮观。尤其当由山脚仰而观之，使人不禁联想到布达拉宫的层级递进关系，与地形地势结合得十分自然，极为和谐。著名民居建筑专家、日本东京艺术大学的茂木计一郎教授被它独特的造型风格所打动，感叹其为："地上长出的蘑菇，天上掉下的飞碟"。⑨

同为客家民居建筑群的福建连城培田民居建筑群，由于更突出地强调了慎终追远、耕读传家的客家文化精神，其组合特征表现为另一种情形。建筑群由三十幢高堂华屋、二十一座古祠堂、六家书院、两道跨街牌坊和一条千米古街组成。整个村落布局讲究，错落有致。从村口的"恩荣"牌坊到村尾的"圣旨"牌坊，整个村落的空间形态，起、承、转、合，转换组合，自然得体，体现出鲜明的有机统一性。传统民居村落或街巷的建筑造型虽然不及单体民居建筑造型那样灵活、多样、丰富，但其通过独特的布局处理和巧妙的空间围合而创造的组合风格、空间意象和建筑韵律，总给人以强大的视觉冲击力和无限的审美遐想，从而标志着传统民居街村建筑审美的实质性开始。在大量的传统民居调查中不难发现，广东澄海的陈慈黉故居、广东开平的风采堂、福建三明地区的堡寨建筑等之所以令人击掌称奇，赞不绝口，首先是因为它们的奇特绝伦的造型风格和组群形态。

二、意境审美

意境审美是建筑审美的第二个维度。在建筑审美活动中，奇特的建筑造型激活了人们的审美欲望和审美期待，而更深层次的审美演进和情感体验是在对建筑意境的理解和解读中展开的，其重点和中心则在于对建筑的外观造型、建筑平面布局、空间组合、细部装饰、环境景观所传达的价值取向和文化精神的体认和关照，即关于"建筑意"的审美体悟。

1932年梁思成和林徽因先生在《平郊建筑杂录》中提出并论述了"建筑意"的概念。"这些美的存在，在建筑审美者的眼里，都能引起特异的感觉，在'诗意'和'画意'之外，还使他感到一种'建筑意'的愉快。这也许是个狂妄的说法——但是，什么叫作'建筑意'？我们可以找出一个比较近理的含义或解释来……天然的材料经人的聪明建造，再受时间的洗礼，成美术与历史地理之和，使它不能不引起赏鉴者一种特殊的性灵的融会，神志的感触，这话或者可以算是说得通。无论哪一个巍峨的古城楼，或一角倾颓的殿基的灵魂里，无形中都在诉说，乃至于歌唱，时间上漫不可信的变迁；由温雅的儿女佳话，到流血成渠的杀戮。他们所给的"意"的确是'诗'与'画'的。但是建筑师要郑重的声明，那里面还有超出这'诗'、'画'以外的'意'存在。"⑩

从这段论述中我们可以看出，梁、林两位先生是从中国艺术精神的视角提出"建筑意"的，并与"诗意"和"画意"相比较来体悟和阐释。"建筑意"和"诗意"、"画意"的共性在于给人以精神的自由和愉悦，即"性灵的融合，神志的感统"。它们的不同在于"建筑意"是通过建筑的特殊形式，如形式结构、空间轮廓、色彩、雕纹等变换而出、传达意蕴的。

意境，是中国艺术和美学所独有的美学范畴，也是中国艺术和美学追求的最高境界。中国古代艺术家、思想家根据艺术审美活动提炼出这一独特范畴，无疑是与尚"虚"、尚"和"的中国文化传统，尚"神"、尚"韵"的艺术追求，重生的民族心理和重体悟的审美思维方式紧密相关的，可以说，"意境"是标志中国文化艺术精神的美学范畴。

关于意境的阐释和研究，众说纷纭，仁者见智。侯幼彬教授对此进行了梳理并归纳为五说：中介说、象外说、上品说、深层说、哲理说。⑪但从中国艺术家对"象外之象"、"景外之景"的追求以及禅宗在道家的基础上提倡的所谓"青青翠竹，尽是法身，郁郁黄花，无非般若"的"妙悟"、"禅悟"来看，意境主要作用在于使人通过对物象、形象、意象的情感体验进而达到对人生意义、宇宙本体和生命精神的感悟。用叶朗教授的话说则是，"所谓'意境'，实际上就是超越具体的、有限的物象、事件、场景，进入无限的时间和空间，即所谓'胸罗宇宙，思接千古'，从而对整个人生、历史、宇宙获得一种哲理性的感受和领悟。这种带有哲理性的人生感、历史感、宇宙感，就是'意境'的意蕴。"⑫因此，对意境的审美即从有限到无限、由暂时到永恒的超越，从而获得精神自由和情感愉悦。

古往今来，大量的对于建筑意境（尤其是园林意境）的审美感性的记述确证了建筑意境的地位和意义。王羲之在《兰亭集序》中的感怀："仰观宇宙之大，俯察品类之盛。所以游目骋怀，极视听之娱，信可乐也。"王勃在《滕王阁序》中由"落霞与孤鹜齐飞，秋水共长天一色"的意象比兴引发出"天高地迥，觉宇宙之无穷；兴尽悲来，识盈虚之有数"的哲理性感悟。计成在《园冶》中所说的"轩楹高爽，窗户虚邻，纳千顷之汪洋，收四时之烂漫"，就是对园林意境的强调和追求。

建筑意境一般是通过建筑空间组合的环境气氛、规划布局的时空流线、细部处理的象征手法来表现的，并且常常附之以赋诗题对、悬书挂画而加以点化。

先以北京天坛为例，天坛圜丘的主体由三重同心圆的汉白玉台基组成，对建筑作了少而小的处理，数量少，体量小，以渲染和强化庄重肃穆的空间气氛。在总体空间布局上，主轴线上布置两组主体建筑，分别以圜丘和祈年殿为中心，两组主体建筑相距甚远并以宽而长的丹陛桥相连通，突出对天的崇仰敬畏之情和苍茫无限的时空意识。在建筑形象的塑造上，广泛运用了象征手法，图形象征、方位象征、色彩象征和数字象征等，构成了天坛多层面的象征符号图景，点化了天坛的深远意境。

传统民居的建筑意境审美亦是如此。福建永定湖坑村振成楼的空间组合和题联题对，浙江永嘉苍坡村古村落的整体规划，以及广泛运用于民居建筑装饰的比喻和象征手法，是创设民居建筑意境的典范之作，极大地丰富了传统民居的审美文化内涵，拓展了建筑意境审美的情感想象空间。振成楼的圆点布局图式包括两个部分：处于圆心位置的祖堂和环绕祖堂以八卦序列布置的居住空间。祖堂为礼制空间，供奉着列祖列宗，位于主轴线上，与大门呼应，显示出至高无上的至尊地位。居住部分为围合空间，各层有楼廊相连。这种建筑布局和空间围合让人直观地感受到客家聚居建筑的礼乐相济的审美文化精神。[13]行走于振成楼中，诵读楼内的题联题对，使人对振成楼的建筑意境和文化内涵理解得更加深刻、更加宽广。

建筑意境的审美特性还表现在对建筑空间，尤其是园林线性空间系列的体验中。人们对约翰·波特曼设计的旅馆中庭的赞许，对苏州园林空间的称道，对白天鹅宾馆"故乡水"中庭空间处理的推崇，其实质就是对它们的空间意境审美特性的肯定。就苏州园林而言，无论是"径缘池转，廊引人随"的拙政园，还是"曲径通幽，庭深小院"的留园，或是"以小胜大，以少胜多"的网师园，其景观布局动静结合，虚实相依，叠山理水，远近因借，以曲径廊桥加以牵引，以亭台楼阁的诗意名对加以点化，意趣盎然。人入园中，步移景异，仿佛置身于空灵之境，顿悟宇宙和人生的真谛，无不陶醉畅神，怡然自得。英国著名的后现代建筑理论家查尔斯·詹克斯在其《中国园林之意义》一文中曾这样评说中国园林的空间意境："中国园林是作为一种线性序列而被体验的，使人仿佛进入幻境的画卷，趣味无穷……内部的边界做成不确定和模糊，使时间凝固，而空间变成无限。显而易见，它远非是复杂性和矛盾性的美学花招，而是取代仕宦生活，有其独特意义的令人喜爱的天地——它是一个神秘自在、隐匿绝俗的场所。"[14]扬州个园"四季假山"景观空间流线及其意境营造就是很好的例证（图6-5）。扬州个园分别用笋石、湖石、黄石、宣石来叠石为山，营造出"门景为春山、湖石为夏山、黄石为秋山、宣石为冬山"的四个景观空间层次，并通过池水，楼、廊、亭、桥等连接，形成有峰有谷、起伏过渡，富于变化的观景时空流线，这正是计成的"轩楹高爽，窗户虚邻；纳千顷之汪洋，收四时之烂漫"的时空意境表达，又是对"'春山淡冶而如笑，夏山苍翠而如滴，秋山明净而如妆，冬山惨淡而如睡'（见郭熙《林泉高致》）以及

图6-5a　扬州个园四季假山之春景：石笋竹坛（春）（引自梁素馨. 扬州个园"冬山"景窗生景效应仿真研究［J］古建园林技术，2015.）

图6-5b　扬州个园四季假山之夏景：湖石假山（夏）（引自梁素馨. 扬州个园"冬山"景窗生景效应研究［J］古建园林技术，2015.）

图6-5c　扬州个园四季假山之秋景：黄石假山（秋）（引自梁素馨. 扬州个园"冬山"景窗生景效应研究［J］古建园林技术，2015.）

图6-5d　扬州个园四季假山之冬景：宣石假山（冬）（引自梁素馨. 扬州个园"冬山"景窗生景效应研究［J］古建园林技术，2015.）

图6-5e　"冬山"与景窗（风音洞）（引自梁素馨. 扬州个园"冬山"景窗生景效应研究［J］古建园林技术，2015.）

①宜雨轩 ②曲桥 ③鹤亭 ④丛书楼 ⑤住秋阁 ⑥透风漏月轩 ⑦清漪亭 ⑧壶天自春

图6-5f　扬州个园四季园假山平面图（引自梁素馨. 扬州个园"冬山"景窗生景效应研究［J］古建园林技术，2015.）

'春山宜游，夏山宜看，秋山宜登，冬山宜居'（见戴熙《习苦斋题画》）的画理"[15]的巧用与诗情画意的意境表达。

　　此外，建筑意境的生成和强化往往也通过建筑或园林题名、题对点化而出。这在中国传统建筑的意境，尤其是园林意境的创造中运用十分广泛、相当普遍。中国古典园林在建造之初总有人伦的寓意，它的一花一草、一石一树都有特定的人伦内涵，但园林所营造的意境是含蓄的、朦胧的，它所蕴含的象征意味和深层寓意常常令游赏者难以准确地领悟、把握，为了将造园家精巧的艺术构思和风景表达的思想意蕴顺利地传达给游赏者，就需要用某种艺术手法对风景意境给予一定的规定和引导，这种艺术手法最常见的形式就是楹联。[16]除了叙述建筑缘起外，题名、题对的作用主要还在于抒发主人的情怀，寄托美好愿望，提升建筑意境，丰富空间意蕴。

北京故宫前三殿，以太和、中和、保和命名，隐喻邦安民和，天下太平；后三宫命名为乾清、交泰、坤宁，象征天清地宁，帝后和睦。颐和园的三大殿命名为"仁寿殿"、"乐寿殿"、"颐乐殿"和"寿协仁符"、"万寿无疆"的内檐匾额都表征着祝瑞志喜的寓意。承德避暑山庄"乾隆三十六景"中的第三景"松鹤清樾"寓意为"松鹤延年"，因"松鹤斋"是作为乾隆母亲清圣宪太后的寝宫而建（图6-6）。乾隆在《松鹤清樾诗序》中写道："进榛子峪，香草遍地，异花缀崖。夹岭虬松苍蔚，鸣鹤飞翔。登蓬瀛，临昆圃，神怡心旷。洵仙人所都不老之庭也。"而苏州园林中，如"拙政"、"沧浪"、"网师"的题名，则渗透着浓郁的隐逸意识，不仅反映了园主人（分别是王献臣、苏舜钦、宋宗元）的内心情感和审美趣味，而且对全园的意蕴和景观品格也自然有着标示主题、揭示情感基调的作用。拙政园的"与谁同坐轩"，因取意于苏轼的"与谁同坐？明月清风我"而使这一扇面亭平添诗词之境，深化了审美意蕴；网师园"集虚斋"取自《庄子·人间》"唯道集虚，虚者，心斋也"句意，意谓修身养性，排除尘俗，追求虚静空明的境界；曲园"乐知堂"隐喻"乐天而知命"之意，并在庭院中植金桂、玉兰，以与砖刻"金干玉桢"相呼应，以喻子孙兴旺发达、安享颐年之意等。再如岭南园林东莞可园的"草草草堂"、"听秋居"、"双清室"等都让人联想到园主人张敬修对"居幽"、"览远"的审美追求。

至于风景景观的景点题名，也是极为讲究的，常将建筑、山川等食物景象的静景与春晓、秋月、晨霞、晚钟、悬虹、落日等动态景象联系起来，如西湖十景"苏堤春晓、曲院风荷、柳浪闻莺、花港观鱼、平湖秋月、三潭印月、断桥残雪、雷峰夕照、双峰插云、南屏晚钟"就是景观题名的典范，给人绵延不尽的时空

图6-6　承德避暑山庄松鹤清樾匾额（引自曹林娣. 中国园林匾额的文化美学价值［J］艺苑，2010.）

感，生成虚实相生、诗意盎然的境界。又如古典园林中的水景往往与"观鱼"、"知鱼"有非常紧密的联系。从上海豫园的"鱼乐榭"、北京颐和园的"知鱼桥"、香山静明园的"知鱼濠"到避暑山庄的"濠濮间想"、苏州留园的"濠濮亭"，再到杭州玉泉观鱼处的"鱼乐国"，无不表达了"鱼乐人亦乐，泉清心共清"的思想情怀，驻足于其间，不禁让人联想到庄子与惠子游于壕梁之上的著名典故，并与庄子与鱼为乐的自在无为思想产生共鸣，进而进入对自然与人生的更深层次的哲学思考。更为巧妙地是，苏州狮子林"燕誉堂"庭前有一湖石假山，旁植牡丹和玉桂，构成玉桂花开，香气四溢的景观意象。其前廊东面洞门砖额题"听香"二字，与西面的"读画"遥相呼应（图6-7）。俗话说，香气扑鼻，香气是靠发动嗅觉来闻的，而无法用耳朵听的，这里却用"听香"二字点景，其实正是暗指景庭前观的"象外之意"——牡丹代表富贵，玉桂的"桂"又与"贵"谐音，故有"玉堂富贵"之吉祥寓意。"'读画'即提示观者要静心观看，读懂景中之画意。'听香'则要求观者关闭一切耳目感官，返归心灵的观照，以感悟那有形声色背后的生命节奏和韵律。由'读画'到'听香'，实际上代表了中国艺术一个由表及里的认识深化过程，从而增加了这一景观内涵的深刻性，颇具哲理意蕴。"⑰

运用题对（联）的手法来烘托建筑、园林空间的诗情画意，点化其审美意境，在中国传统建筑中也比比皆是。如沧浪亭的亭联："清风明月本无价，近水远山皆有情"，取自欧阳修、苏舜钦两文人之诗句，上联咏景，又暗示园主人不惜花巨资购园的史实，下联运用拟人化的手法，使山水人情化，表达寄情山水的人生理想，深化了沧浪亭的文化积淀和审美意境。个园清漪亭的题词："何处箫声，醉倚春风弄明月；几痕波影，斜撑老树护幽亭"将清漪亭的自然景观环境描绘得细致入微，寄托园主人以自然为乐的审美理想。网师园殿春簃书斋小屋楹联："巢安翡翠春云暖，腮护芭蕉夜雨

图6-7a 苏州狮子林燕誉堂《重修狮子林记》（引自袁晓梅，吴硕贤. 中国古典园林声景观的三重境界［J］古建园林技术，2009.）

（a）"读画"砖额　　（b）"玉堂富贵"景观　　（c）"听香"砖额

图6-7b 狮子林燕誉堂前砖额和"玉堂富贵"景观（引自袁晓梅，吴硕贤. 中国古典园林声景观的三重境界［J］古建园林技术，2009.）

凉"虽同为写景抒情，却以"翠竹、芭蕉、春云、花窗、鸟巢、夜雨"入画，描画了一幅虚实相间、冷暖相应、动静结合的恬静安逸的书斋生活图。再来看拙政园得真亭的隶书楹联："松柏有本性；金石见盟心"借松柏之品性抒发园主人坚贞不屈、挺拔高洁的志趣和情操；"雪香云蔚"亭对联："蝉噪林愈静，鸟鸣山更幽"。又如可园的鹤顶格题联："可有草堂传佳句，园留景色话春晖"，概括了全园丰富景观和感情基调。又如惠州西湖六如亭的题对，上联重复六个如字："如梦、如幻、如泡、如影、如露、如电"，下联六个不字："不增、不减、不生、不灭、不垢、不净"，点出了惠州西湖"真"、"幽"、"幻"的景观特色。

"题额对园林景观的升华，藻绘点染，赋形摘彩之外，寓情寄意，托物言志，一联一对可将人们对园林美学对人生哲学与周围景观融为一体。"[18]题名、题点在建筑、园林意境创造和审美中的重要作用和意义自不用多提。正如《红楼梦》中贾政所言："偌大景致，若干亭榭，无字标题，恁是花柳山水也断不能生色"，[19]毫无疑问，若少了题名、题点，园林景观将会是怎样的枯槁无华、毫无生气，更不用提"意境"二字了。

此外，建筑的文化内涵和审美意境的丰富、深化与建筑的装饰也有着密不可分的关系。木雕、砖雕、石雕、泥塑、灰塑、陶塑、嵌瓷、门画、藻饰、壁画、阴刻，手法多种多样。建筑装饰图案，多以福禄喜庆、长寿安康、戏文故事、花草纹样等为主要题材，通过某种自然现象的比喻关联、寓意双关、谐音取意、传说附会等形式展开，从而寄托求取吉祥、消灾弭患的愿望，表达人们对美好生活的追求和平安吉祥的向往。如，鸳鸯戏水比附夫妻恩爱，莲花浮萍比附高洁淡泊，牡丹芙蓉比附荣华富贵，兰桂齐芳比附仕途昌达；谐音取意，如鹿—禄，蝙蝠—福，花瓶—平安，鱼—余，狮—师，柿—事，猫、蝶—耄耋；民谚传说，如鲤鱼跳龙门隐喻登科及第等，这些都有助于强化和提升传统建筑的文化内涵和审美意境。

三、环境审美

建筑审美活动的历时性特征表明，环境审美是建筑审美的第三个维度。依据广义建筑学，建筑的要义以创造良好的人居环境为核心，其本质内涵是人为且为人的居住环境。中国传统建筑在城乡聚落建设和建筑活动中，表现出了十分强烈的重视自然、顺应自然、与自然亲和与共的价值取向以及因地制宜，力求与自然融合、协调的环境意识。

人与环境、人与自然的关系问题是中国传统建筑环境观的核心，也是中国古代文化讨论的中心，这在根本上是由中国古代社会的类型特质决定的。从生产方式的层面考察，中国古代文化的类型特质在于它是一种既不同于游牧社会，也不同于工业社会的农业社会文化。中国古代社会的物质文化、制度文化和观念文化的创造发展都离不开农耕的社会生活基础。人和环境的关系不仅在于人类社会生于环境，长于环境，要从外界环境中获取赖以生存的物质生活资料，而且在于人们寄情于环境，畅神于环境，要从外界环境中吸取美感，增进生活的情趣，求得情感的愉悦和审美的享受。前者表明了环境对人的物质功利价值，后者揭示了环境对人的精神审美价值。

从空间界面来看，建筑环境又可以分为内部环境和外部环境。建筑的内部环境更多地表现出建筑的人文适应性和社会适应性，即受制于社会制度、文化观念和审美情趣；建筑的外部环境则主要表现了建筑的自然适应性，即受制于建筑所处的气候地理条件。从建筑环境的层次结构看，建筑环境则可分为宏观环境、中观环境和微观环境。无论是传统村落环境，还是现代住区环境，既要结合所处位置特点，融合山水地形特色，使建筑与周围自然环境融为一体，取得和谐统一的宏观景效，又要以建筑功能设计的合理性为基础，注重建筑的墙面、屋顶、色彩等的多样统一和整体一致性以及建筑组合、立面造型的丰富多样，取得宜人的中观环境效果，同时还要针对人们情感的丰富多样和人性的完满发展，从细部处理、室内空间组织及其室外空间连接，门、窗等建筑要素的尺度、比例、韵味、风格等方面的设计处理，求得高文化品位和审美意蕴的微观环境。

悠久而深厚的农耕文化对传统中国社会的长期而深刻的影响，使得中国传统建筑在自身的发展过程中逐渐形成内涵丰富、体系完备的建筑环境观：追求天人合一的环境理想，奉行五位四灵的环境模式，主张体宜因借的环境意向。

1. 追求天人合一的环境理想

"天人合一"是中国传统文化一贯追求的境界和理想。古代中国人的宇宙观、环境观、艺术观、审美观都与此有着或近或远，或深或浅的内在联系。儒道"天人合一"说是中国古代哲学中天人关系理论的典型代表。由于儒家崇"人道"，提出"在天为命，在人为性"，认为天道和人道是一致的，因此，儒家天人合一的落脚点主要体现在主体性和道德性上。正如孔子所说"智者乐水，仁者乐山；智者动，仁者静；智者乐，仁者寿"（《论语·雍也》），秀美壮丽的自然景色在其心目中成为"天地之德"和"仁"的理性精神的象征，对自然山水的观赏之乐与仁智悦心的感受两相契合，构成一种审美的人生境界。后来荀子的"水玉比德"说便直接承续了孔子的这一思想。在建筑环境观上，儒家追求的天人合一的理想追求则表现为强化和突出建筑与环境的整一和合，建筑平面布局和空间组织结构的群体性、集中性、秩序性、教化性，以及注重建筑环境的人伦道德之审美文化内涵的表达。

透过"匠人营国，方九里，旁三门，国中九经、九纬，经涂九轨，左祖右社，面朝后市，市朝一夫（《周礼·考工记·匠人营国》）"，我们可深刻而强烈地感受到儒家"天人合一"观的伦理色彩和礼制思想对中国古代王城营建制度的深远影响和对其规划布局的严格要求。如堪称典范的故宫建筑，对称地向纵深发展，各组建筑串联于同一轴线上，形成统一而有主次的整体，其空间布局层层推进，对比变换，给人以厚重的庄严肃穆之感，其恢宏的建筑气势，整合的建筑组群，丰富多变的空间组织，威严崇高的集中性，井然鲜明的秩序性，分明是封建皇权的隐喻和象征。它不仅抒发了封建统治者象天设都、象天为室，假借天道来固化人治的思想观念和内心希冀，而且在更深层面上是儒家天人合一的环境理想和审美追求的形象表达。

较之儒家，道家崇尚"天道"，其追求的天人合一的环境理想、"道法自然"的环境美学观则表现为崇尚自然、因借环境、随形就势的建筑布局和环境处理。它一方面表现为追求一种模拟自然的淡雅质朴，另一方面表现为注重对自然的直接因借，与山水环境契合无间。古代楚都南郢北依纪山，西接八岭山，东傍雨台山，南濒长江，真可谓水萦山绕，天造地设。又如云南的丽江古城，生于自然，融于环境，它契合了山形水势，布局自由，道路街巷随水渠曲直而赋形，房屋建筑沿地势高低而组合，宛自天成，别具匠心，给人以自然质朴、舒旷幽远的美感。

2. 奉行五位四灵的环境模式

五位四灵的环境模式、建筑选址的堪舆观念，在思想背景和文化渊源上是以天人合一观念为根基的（图6-8）。五位，即东、南、西、北、中五个方位；四灵，即道教信奉的四方神灵：青龙（东）、白虎（西）、朱雀（南）、玄武（北）。它既形象地图解了中国传统文化的天人合一理想和系统综合思维，又直观地体现了传统建筑文化的环境审美追求和环境审美标准，对传统建筑特别是汉民族的聚落选址产生了广泛而深刻的影响。

在现今广东梅州梅县白宫镇棣华居、广东三水大旗头村、安徽的呈坎古村落等地，五运四灵的环境模式清晰可辨。广东梅县棣华居是一座典型的传统式客家围龙屋，属三堂四横一围垅式。棣华居的环境特征突出，环

图6-8a　五位四灵的环境模式（引自侯幼彬. 中国建筑美学［M］. 北京：中国建筑工业出版社，2009.）

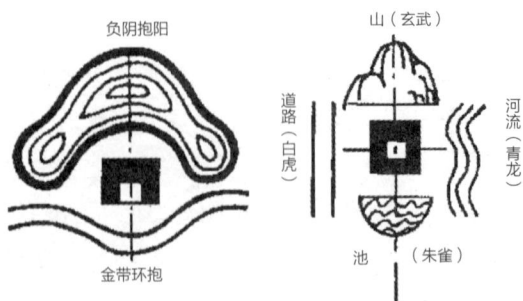

图6-8b　最佳宅址选择（引自侯幼彬. 中国建筑美学［M］. 北京：中国建筑工业出版社，2009.）

1. 祖山
2. 少祖山
3. 主山
4. 青龙
5. 白虎
6. 护山
7. 案山
8. 朝山
9. 水口山
10. 龙脉
11. 龙穴

图6-8c　最佳村址选择（引自侯幼彬. 中国建筑美学［M］. 北京：中国建筑工业出版社，2009.）

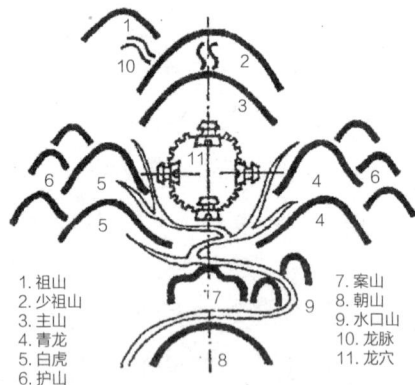

图6-8d　最佳城址选择（引自侯幼彬. 中国建筑美学［M］. 北京：中国建筑工业出版社，2009.）

境意象极富感染力。棣华居的外部环境突出表征"五位四灵"的环境模式，既有讲求秩序性和集中性的"五位"，又有道家"四灵"的神仙观念。棣华居前筑污池，后靠山丘，以实现《阳宅十书》中提出的"前有污池谓之朱雀，后有丘陵谓之玄武"要求。它的建筑平面布局和空间组织是儒家天人合一环境理想的生动显现，中轴线上布置的是威严高贵的前堂、中堂、后堂，直至龙厅。横屋厅、横屋间、围屋间都以此为中心对称布置，整一和合，主次分明，秩序井然。这就是棣华居内部空间环境意象的礼制性、宗法性、秩序性、教化性特征。又如广东三水乐平镇的大旗头村，整个村落呈现为坐南朝北、前塘后村的总体布局，以合"塘之蓄水，足以荫地脉，养真气"的堪舆义理。再如被宋代大儒朱熹誉为"呈坎双贤里，江南第一村"的徽州古村落呈坎，其选址布局不仅符合"绿水村边合，青山廓外斜"的环境意向和"负阴抱阳，背山面水，前有朝山溪水流，后有丘陵龙脉来"的堪舆观念，而且还以其八卦式的特殊布局和左祖右社的典型模式传达出深厚的传统文化意蕴。

3. 主张体宜因借的环境意向

着眼于建筑类型层面来分析，强调人与环境的和谐统一的审美观念肇始于民居建筑。这与古代中国社会的农耕基础有着必然的联系。民居村舍与环境是合为一体的，长期生活于此，无形中会培养起融于环境、归于自然的亲情真趣。从魏晋南北朝开始，追求人与自然相契合的审美情趣促成了山水园林之大兴。唐代以降，寄情于山水、契合于自然更是文人居士、造园匠师的普遍心理欲求。在白居易的《草堂记》、苏舜钦的《沧浪亭记》、欧阳修的《醉翁亭记》、计成的《园冶》、李渔的《闲情偶寄》、文震亨的《长物志》等大量的园记与记游文学中，生动地体现了文人哲匠返璞归真的审美情趣和体宜因借的环境意向以及丰富的人居环境美学思想。

其一，人居环境以崇尚自然和追求真趣为最高目标。白居易曾在《草堂记》中说："庐山以灵胜待我，是天与我时，地与我所。"人居堂内，"可以仰观山，俯听泉，旁睨竹林云石，自辰及西应接不暇。俄而物诱气随。外适内和，一宿休宁，再宿心恬，三宿后颓然、嗒然，不知其然而然。"这种"质有而趣灵"的优美环境让人心旷神怡、如痴如醉。文震亨在《长物志》中讲："居山水间者为上，村居次之，郊居又次之。吾侪纵不能栖岩止谷，追绮园之踪，而混迹廛市，要须门庭雅洁，室内清靓，亭台具旷士之怀，斋阁有幽人之致，又当种佳木怪箨，陈金石图书，令居之者忘老，寓之者忘归，游之者忘倦。"他追求的是人居环境的天然真趣和居者情感的审美愉悦。李渔提出"不能现身岩下，与木石居，故以一卷代山，一勺代水，所谓无聊之极思也"，可谓情深意切。计成主张"虽由人作，宛自天开"，更是言简意赅。其二，人居环境设计以得体合宜为根本原则。环境设计应做到因地制宜，灵活处理，计成所讲的"妙于得体合宜，未可拘率"，以达于宛若天开之境。在现存大量的古代城镇和村落中，其依山循水、随势赋形的环境设计和布局特点具体而形象地表达了"得体合宜"的环境意向。浙江永嘉的芙蓉村、安徽黟县的宏村堪称典范。芙蓉村村落形态模仿荷花，犹如诗云"三岩倒映影，荷花映芙蓉"。"村落布局运用'象'的思想，按'七星八斗'格局，寓意魁星点斗，以期人才辈出，子孙发迹，光宗耀祖。……恬静怡人的村落与山水环境融为一体，构成一幅颇具耕读田园风光与山村野趣的图画"[20]。宏村引滩溪凿圳绕村屋，以蓄"内阳水"，建成"牛形村"。村落背靠的雷岗山象征牛首，村口的一对参天古木象征牛犄角，错落有致的民居群宛如庞大的牛躯，顺势而下的邕溪为牛肠，溪水经九曲十弯，穿流于家庭院落，再汇入牛胃形的月塘和南湖，绕村的虞山溪上架起的四座木桥为牛脚。宏村这种"牛形"村落的布局，一方面形象地强化了"牛"这一符号的象征意义，表达人们对农耕文化在传统社会中主导作用的认知；另一方面也反映了徽州人对于环境的审美选择和合理利用，实现了外部资源与内部资源的合理组织，外部环境与内部环境的充分协调，表现了建筑与环境协调的哲学美学思想。其三，人居环境的景观创造以巧于因借为至法。计成在《园冶》中提出了："巧于因借，精在体宜"的造园技巧。借景实质上是一种审美选择，是环境创造、造园构思必须首先考虑的问题。我国著名的园林美学家陈从周教授在谈到建筑的借景问题时强调说：借景在园林设计中，占着极重要的位置，不但设计园林要留心这一点，就是城市规划、居住建筑、公共建筑等设计，亦与它分不开。

注释

① 梁思成. 清式营造则例·绪论[M]. 北京：中国建筑工业出版社，1981.

② （日）伊东忠太. 中国建筑史[M]. 北京：商务印书馆，1998：48-51.

③ Dom Adelbert Gresnigt O.S.B. Chinese Architecture, Building of Catholic University Peking. 1928.

④ 侯幼彬. 中国建筑美学[M]. 哈尔滨：黑龙江科学技术出版社，1997.

⑤ 梁思成. 清式营造则例·绪论[M]. 北京：中国建筑工业出版社，1981.

⑥ 丁俊清，肖建雄. 温州乡土建筑[M]. 上海：同济大学出版社，2000：07.

⑦ 王振复. 建筑美学[M]. 台北：台湾地景企业股份有限公司，1993：254.

⑧ 李泽厚. 美学三书·美的历程[M]. 合肥：安徽文艺出版社，1999：69.

⑨ 唐孝祥. 论客家聚居建筑的美学特征[J]. 华南理工大学学报. 2001（03）：42-45.

⑩ 梁思成. 梁思成文集[M]. 北京：中国建筑工业出版社，1982.

⑪ 侯幼彬. 中国建筑美学[M]. 哈尔滨：黑龙江科学技术出版社，1997：260.

⑫ 叶朗. 现代美学体系[M]. 北京：北京大学出版社，1999.

⑬ 唐孝祥. 论客家聚居建筑的美学特征[J]. 华南理工大学学报（社会科学版），2001（3）：42-45.

⑭ 查尔斯·詹克斯. 中国园林之意义[J]. 赵冰等译. 建筑师，总第十期，第75页.

⑮ 陈从周. 扬州园林与住宅[J]. 社会科学战线，1978（3）：212.

⑯ 陈秀中. 境是天然赢绘画·趣含理要收精微——试析楹联匾额在风景园林中的审美价值[J]. 中国园林，1992（1）：39-46.

⑰ 袁晓梅，吴硕贤. 中国古典园林声景观的三重境界[J]. 古建园林技术，2009（3）：25-28.

⑱ 王毅等. 园林与中国文化[M]，上海：人民出版社，1990.

⑲ [清] 曹雪芹，高鹗. 红楼梦[M]，上海：人民文学出版社，2008.

⑳ 陆元鼎，杨新平. 乡土建筑遗产的研究与保护[M]. 上海：同济大学出版社，2008：195.

第7讲

建筑审美的文化机制

　　建筑审美活动的完成是动态的、复杂的、多元的、具体的情感心理变化的过程。然而，任何的建筑审美活动都是在一定的社会背景与历史文化中进行的，具有历史具体性特点。建筑审美活动的历史具体性决定了建筑审美标准的历史具体性，体现出建筑审美的辩证法，即差异性与共同性的统一，换言之，就是普遍性与特殊性的统一；相对性与绝对性的统一。从建筑审美文化的发展过程来看，建筑审美的历史具体性体现在建筑审美的冲突、分化、融合、调适四个文化机制中。

建筑审美标准问题是建筑美学研究不可回避的。一般意义上说，建筑审美标准是指主体的建筑审美活动中形成的用以评价对象的一种内在的尺度。由于具体的建筑审美活动总是以单个人作为审美主体来进行，因此，个体审美标准必然因其生理、心理及社会环境等个性特点而存在差异性。但是，个人是社会的产物，个人生活在社会之中，没有社会就没有个人，社会作为人类存在的群体形式，对人的建筑审美活动具有极大的规定和制约作用。这就是建筑审美标准的历史具体性，从审美文化学的角度看，就是建筑审美的文化机制。换言之，建筑审美标准的历史具体性体现在建筑审美的冲突、分化、融合、调适四个文化机制之中。

一、建筑审美的冲突

建筑审美冲突是建筑审美差异性的必然结果和表象特征，建筑审美冲突既反映了品类相异的建筑审美文化之间的关联，也体现出不同群体对建筑审美值、审美品位的差异与个性特征。建筑审美冲突是建筑审美文化发展的动力机制之一。

建筑审美冲突集中表现为群体审美差异性的冲突，这种差异性的冲突审美活动是具有动态性特征，现代社会心理学认为："群体是指通过一定的社会关系结合起来进行共同获得而产生相互作用的集体，它是人们社会生活的具体单位。"[①]一方面，群体内部是会形成对建筑审美的共同性。由于群体是一种实现存在的、聚集在一起的人群，他们有着共同需要或者相近的兴趣，共同融合形成相同或者相近的生产生活方式，从而使得群体内部形成了共通的建筑审美价值观念与建筑审美趣味。另一方面，群体内部中的个体与个体之间，不同群体之间的建筑审美价值与审美趣味是有着差异与冲突的存在，而且，社会的发展与时代的变化，特别是信息时代的来临，各种资讯爆炸式的大量涌现，人们的审美价值与趣味出现多样性与多元化，相似性审美倾向的群体呈小型化趋势，审美趣味个性化与多元化，正如有学者认为："民族作为审美群体，将日益丧失他的一体化结构，而不断地分化组合为越来越小、越来越多的审美群体。世界范围内不断出现跨越国家和民族界限的、审美意识上的个体组合群体，构成了新的审美群体。"②审美群体的分化与重组是一个动态发展的过程，这个过程必将导致建筑审美的新动向，使得建筑审美朝着更大的差异性和更广泛的多样性方向发展，当代建筑美学的发展也呈现出这样的态势，"概括起来，当代西方建筑美学主要是四种美学风格建构起来的，即是历史主义美学、新现代主义美学、技术主要美学和有机主要美学。这四种美学风格，分别体现了四种既有联系又有区别的审美取向。"③虽然关于当代西方建筑美学的流派的划分是一个值得深入研究的学术课题，但西方当代建筑审美的多样性的事实足以证明建筑审美的群体性冲突。而且，就是历史主义建筑美学内部，亦存有新古典主义、新理性主义和新地方主义的审美取向之分野，从而更充分地显示出建筑审美群体性冲突的动态多样性表现。

对建筑审美的群体性冲突细加分析，可以发现，建筑审美的群体性冲突是通过地域性冲突、时代性冲突、民族性冲突和阶层性冲突或明或暗表现出来。

审美文化具有地域性，建筑审美也必然出现地域性冲突。普列汉诺夫指出："任何一个民族的艺术都是由它的心理所决定的，他的心理是由它的境况所造成的，而它的境况归根到底是受它的生产力状况和它的生产关系制约的。"④一定社会的审美观念和审美趣味由于是特定的社会环境的产物，因此在具有一定开放性的同时，也必然会具有一定的封闭性。当外来审美文化进入时，地域审美文化的封闭体系就会产生排他性，必然产生审美的冲突。

回顾中国近代城市建筑的发展，特别是沿海城市（如上海、大连）、沿江城市（如广州、武汉、福州）、沿边城市（如哈尔滨）等地的近代建筑的发展，从建筑选址与类型到建筑平面与装饰，异质的建筑文化与本地域的建筑文化之间的冲突给人们留下了强烈的视觉印象。例如近代广州的十三夷馆（图7-1），夷馆位于广州城郊外，珠江之北岸，东以河沟为界，东西约300米，南北约155米，北面邻接十三行街。⑤广州的十三商馆的选址建设固然有历史、地理、政治、经济等方面的影响，但与建筑审美差异性亦不无关联，是异质建筑文化在审美观念、审美心理、审美趣味和审美理想等方面所表现的地域性冲突的历史见证。

广州的沙面岛的建筑也有着类似的地域性冲突表现。沙面在鸦片战争

图7-1   清十三商馆玻璃画（引自吴庆洲. 广州建筑［M］. 广州：广东省地图出版社，2000.）

后沦为英、法的租界，外来殖民者看中了沙面这面对白鹅潭、进可攻、退可逃的有利地形。后各国都在此地修建了领事馆、教堂、银行、邮局、电报局、商行、医院、酒店和住宅，另外还有俱乐部、酒吧、网球场和游泳场等。沙面岛上有150多座欧洲风格建筑（图7-2），其中有42座建筑特色较为突出的新巴洛克式、仿哥特式、券廊式、新古典式及中西合璧风格建筑，是广州最具异国情调的欧洲建筑群。体现了异质建筑审美文化在广州的地域性冲突。

福州近代的仓山区在鸦片战争后被开辟为通商口岸，因其特殊的地理位置和自然条件，逐渐成为福州的领事区、外贸基地和航运中心，先后有17个国家在该地区设置领事馆和代办处，同时还修建了教堂，开办学校，开设医院，发行报刊、设立洋行等。特别是建筑的大量修建，由于文化的差异与建筑理念的不同，在修建这些建筑时候，必然出现了外来建筑文化与本地域建筑文化的冲突，因此就划出这样一个地域给外来强权的盘踞于此。如今仓山区留下了大量的风格迥异的各类建筑，有英式、哥特式、罗马旋门式、东欧式及中西结合式的建筑，形成仓山区独特的建筑特色和区貌。

厦门鼓浪屿岛也是同一时期开埠的通商口岸，也有着类似的情况，鼓浪屿的地理与气候非常宜居，外国殖民主义者就染指鼓浪屿，先是租用民房，行使管理教堂、学校、医院等权力，后才陆续建造教会学校、教会医院、教堂、圣教书局、领事馆。建造最多的还是公馆、别墅等建筑。也吸

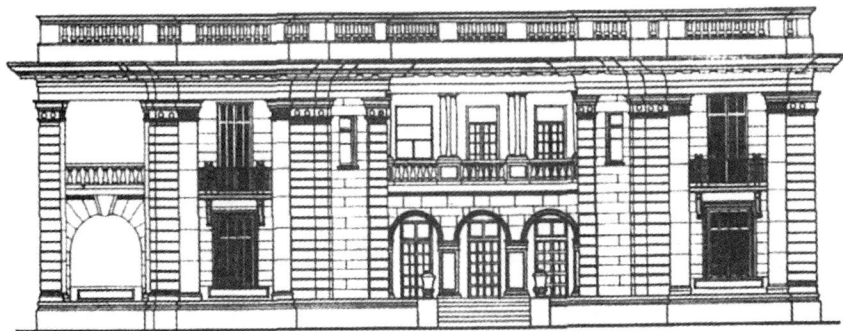

图7-2　沙面英国领事馆东立面（引自吴庆洲. 广州建筑［M］. 广州：广东省地图出版社，2000.）

引大量的归国华侨来此营建离宫别馆，发展到后来本地居民也纷纷加入造屋盖房的队伍中。或请外国的设计师设计图纸；或套用现成的图纸；或模仿周围的房屋形式，鼓浪屿楼房错落有致、造型迥异多样。从一个侧面体现了地域建筑审美文化的冲突。

　　建筑审美的群体性冲突也表现在民族性上，或称民族性冲突，与地域性冲突有着非常紧密的联系。每个民族必定有其独特的审美习惯和审美趣味，无论是审美观念还是审美理想也一定会呈现出其浓郁的民族特色，可以说，人类的审美活动总是渗透着民族精神，体现民族特征。黑格尔就曾谈道：事实上，一切民族都要求艺术使他们喜悦的东西能够表现出他们自己，因为他们愿意在艺术里感到一切都是亲切的、生动的、属于目前的生活的。例如：日本的丹下健三在1964年设计东京奥运会主会场——代代木国立综合体育馆，最能够表达这样的民族性特征的经典建筑，在现代建筑设计上能够充分表达日本民族建筑文化特征，代代木体育馆采用高张力缆索为主体悬索屋顶结构，创造出带有紧张感和灵动感的大型内部空间。其特异的外部形状加之装饰性的表现，可以追溯到日本古代的神社形式和竖穴式住居原型，具有原始的想象力，最大限度地展示出丹下健三将材料、功能、结构、比例，直至历史观和民族性高度统一的杰出才能。

　　丹下健三认为："虽然建筑的形态、空间及外观要符合必要的逻辑性，但建筑还应该蕴涵直指人心的力量。这一时代所谓的创造力就是将科技与人性完美结合，而传统元素在建筑设计中担任的角色应该像化学反应中的催化剂，它能加速反应，却在最终的结果里不见踪影……"这一最基本的理念便是丹下在建筑民族性实践中始终坚持的信条。

　　总之，无论东方还是西方的建筑发展历史来看，都是充满着民族性的冲突。就是在中国大地上分布着众多的民族，他们所创造出各种风格的民族建筑，诸如合院式、干阑式、帐篷式、碉楼式、吊脚楼式等民族建筑样式，这些都在述说着华夏建筑审美文化的民族性格特征与其独特的建筑文化魅力。"在艺术作品中，各民族留下了他们的最丰富的见解和思想。"[6]只有具备鲜明的民族性精神的建筑艺术能够在世界建筑艺术之林耸立。

建筑审美的时代性冲突也是建筑审美差异性的一个重要表现，每一个时代都有这个时代的审美思潮与审美理想，不同时代的审美标准是不一样的，甚至大相径庭。格罗皮乌斯说，所谓美，都是具有时代性的，"谁要是认为自己发现了'永恒的美'，他就一定会陷于模仿和停滞不前"。[7]所以说建筑审美的时代性是具有动态发展的，新旧时代的变迁，对待建筑审美标准的差异性凸显而现，必然带来审美观念的冲突，只有这种冲突，才能让建筑审美文化呈螺旋式的推进。"建筑没有终点，只有不断地变革"[8]建筑审美也是如此。

十九世纪自尼采宣布"上帝死了"之后，整个西方世界发生了巨大的变革，西方社会的生产力，特别是科学技术的爆发式的发展，改变了整个西方世界的社会生产、生活、文化观念，对哲学、建筑美学思想有着深刻的影响，同时也发生了急剧的转变。直接导致了20世纪20年代的现代主义建筑审美文化登上西方建筑的主流，具有鲜明的理性主义和激进主义的色彩，高喊"装饰就是罪恶"、"少就是多"（less is more）。直接把之前的古典建筑文化打碎，古典学院派们发出了一声沉重的叹息"成打的皇冠落地"，一个时代的建筑审美文化成为历史。

时过不到半个世纪，后现代最重要的建筑理论家查尔斯·詹克斯（Charles Jencks）在1972年美国圣路易市的普鲁迪·艾格住宅拆除之后，大声宣布"现代主义死亡"，后现代主义再次替代了现代主义建筑文化，成为西方建筑文化的主流。它代表了全新的建筑文化审美理念，认为"少就是光秃秃"（less is bare），建筑应该推崇并追求"复杂性和矛盾性"，强调历史"文脉"，主张建筑应该而且必须有装饰的建筑审美理想。

中国近代社会的古今中外兼容并蓄的特殊时代，也同样铸塑了中国近代建筑的审美文化的风格。20世纪中期以前，中国近代建筑文化特征主要表现为对中国古代建筑文化的继承和创新以及西洋古典建筑的输入域演化，20世纪20年代中期之后则主要表现为"中国固有形式"建筑的提倡和"现代国际式"建筑出现。

建筑审美理想就是在这样不同时代的冲突中流变，呈动态螺旋式的发展。这样的流变与螺旋式的发展从来就不曾停止过，过去、现在、将来都将如此。

图7-3　太和殿（引自寒冬故宫中英文本）

　　建筑审美是具有阶层性的。在人类社会里，各阶层有其不同的审美标准和审美理想，必然产生建筑审美的阶层性冲突。审美标准是历史具体性不仅在空间、时间上的显现，也在人类社会的特定阶层中显现。历史上的统治阶级总是扮演社会上流的精英阶层（包括教会），对待建筑审美不遗余力，尽善尽美的展示，因此在西方最为精美和最有价值的建筑一定是王室宫殿和教堂建筑，在中国的情况也大体如是，皇宫大殿是最为精美的建筑。这样的状况不仅仅在建筑审美上体现，同样在其他的艺术门类也是如此。

　　例如，中国北方的皇室宫殿的金碧辉煌代表着统治阶层的皇权天授的建筑审美思想（图7-3），而江南水乡民居的白墙灰瓦代表着文人雅士的清逸悠韵的建筑审美理想。两者正好表现了两个阶层对建筑审美标准的不同追求，体现出中国古代社会阶层人们心理的两个侧面，表达出两个阶级对建筑审美文化的理想。

二、建筑审美的分化

　　分化本是一个社会学范畴，它的含义是：就社会体系而言，是在一种既有的社会体系外分化出新的社会系统的过程。[⑨]建筑审美活动一方面包容于既有的某一建筑文化体系之中，另一方面它又是一个充满矛盾和冲突的自我统一体。建筑审美群体性冲突的地域性、民族性、时代性和阶级性的四种表现，其实恰恰构成了建筑审美分化的种种原因。

建筑审美文化的分化的原因是复杂多样的，既有来自建筑审美系统内部的原因，也有来自建筑审美系统外部的原因，更有来自不同的社会系统的原因。这种建筑审美文化的精神构建的分化，既是不同的审美追求的结果，又是其自身发展的阶段性使然。

建筑审美的分化如同建筑审美文化冲突，也表现出建筑审美的历史具体性，也是促进建筑审美文化发展的动力之一。正是建筑审美文化的分化，使得建筑审美文化出现异彩纷呈的复杂局面，从而更加丰富多样，更加充满生机与活力。

这里以广州近代城市的骑楼为例，就建筑审美分化的复杂性原因和作用加以简析。骑楼建筑是广州等岭南城市的一道都市景观。作为一种建筑的样式，骑楼之所以能够分化独立而且在广州勃兴，其原因是多方面的。首先，是来自建筑审美文化系统的内部原因。广州地处亚热带，其气候特征在于湿、热、风，突出表现为炎热多雨。能遮风雨、避骄阳的骑楼具有很好的气候适应性，适合广州的气候特点，而且，从商历史悠久的广州人都希望不断完善自身的商住合一的生活环境，骑楼正好创造了良好的步行购物环境，有助于广州商业的发展。反过来，广州商业繁荣又促使骑楼商业街进一步发展，从而使骑楼在羊城大受欢迎，成为广州近代商业街的一大特色。其次，有来自建筑审美文化系统之外，即不同社会系统的原因，比如：社会的变革、城市的发展为骑楼的建设提供了可能性；政府的强制性法规及其导向，成为推动骑楼商业街发展的有力保障；政府的惠侨政策吸引大量侨资投入广州的房地产，也是推动骑楼商业街等建设和发展的原因之一。

作为有生命力的建筑形式，骑楼建筑具有重要的影响和强大的。建筑审美的分化是建筑文化发展的重要机制。骑楼商业街（图7-4）所凸显出的优势和对地理气候的适应性，产生了重要的示范作用。于

图7-4　广州骑楼商业街（引自吴庆洲. 广州建筑［M］. 广州：广东省地图出版社，2000.）

是，骑楼商业街这种城市商业街的形式从20世纪20~30年开始，覆盖了整个东南沿海地区，特别是广东全境；福建的福州、莆仙、泉州、厦门、漳州等地区；广西的梧州、北海、南宁；海南的海口、文昌，甚至江西、贵州等地。丰富和发展了近代东南沿海区域的建筑审美文化。

事实上，就近代岭南建筑的类型形式而言，骑楼建筑只是建筑审美分化的一种表现形式和发展结果。此外，还有与骑楼建筑一起并称近代岭南特色"四楼"的茶楼、碉楼和庐楼。茶楼、碉楼和庐楼，与骑楼建筑一样，之所以走向建筑审美分化并取得巨大的发展，其原因既有来自建筑审美文化系统内部的，也有来自不同社会文化系统的。

茶楼是岭南建筑的一大特色。广州老字号茶楼更是凭借其深厚的文化积淀和多样的建筑风格而成为广州传统民居的一道独特景观，不仅表征了岭南建筑的文化地域性格，而且透射出岭南文化的价值取向、社会心理、思维方式和审美理想。透过广州老字号茶楼，人们既可追忆昔日广州的市井繁荣和生活百态，又可体验和感悟岭南文化的人文精神和民风民情。

广州人的"叹"茶风俗源远流长，有诗云："万瓦鳞鳞雉堞遮，小东门外一帘斜，永安桥畔行人识，二百年前旧酒家。"这是当年茶楼酒家的真实写照。广州茶楼亦有其流变演化历程。早年的茶肆，低矮简陋，俗称"二厘馆"。真正意义上的茶楼最迟在18世纪中卜叶即已诞生，其标志是历史上久负盛名的成珠楼（清乾隆年间即已开业）。经洋务运动至光绪年间，随着广州商贸的繁荣，广州茶楼大兴。以位于十三行街的"三元楼"的建成为端绪，惠如、多如、太如、东如、南如、瑞如、福如、天如及陶陶居、陆羽居、福来居相继出现，当时并称"九如三居"。由于茶楼能满足人们洽谈生意、交际应酬、休闲娱乐、谈婚论嫁的需要，因此，不仅生意兴隆，深受欢迎，而且陈设讲究，趣味高雅。广东茶楼建筑风格多样，有宫殿式、村舍式、园林式、画舫式。随着商业等社会经济的发展，广州茶楼不断推陈出新。20世纪崛起的文园、谟觞、南园、西园等"四大茶楼"更是富绅文人、小姐阔少的去所。再后崛起的有北园、泮溪、广州和现今的南园酒家。

传统的广州茶楼中，最享盛誉的要数陶陶居、莲香楼、惠如楼。陶陶居位于第十甫路，原名葡萄居，清光绪六年（1880年）转手由一陈姓老板经营时易名为陶陶居，后又转由黄静波掌管。黄老板经营有方，邀康有为题写店名，又以"陶陶"二字作鹤顶格，公开征集对联。这样既提升了茶楼的文化品位，也扩大了茶楼的知名度。其中厅所悬便是头奖对联：陶潜善饮伊尹善烹恰相逢作座中君子，陶侃惜分大禹惜寸最可惜是杯里光阴。

从建筑样式看，近代早期茶楼如陶陶居、莲香楼、惠如楼，多是在传统民居竹筒屋的基础上，采用西洋建筑的局部装饰和立面处理，外观庄重华丽，室内古色古香。

三、建筑审美的融合

建筑审美文化具有冲突性质的特征，但是同时也具有融合性一面，融合具有多元性特征。这就体现出建筑审美的辩证法中的矛盾性与相对性的统一。当一种审美文化与异质的审美文化相遇碰撞，必然会发生冲突，这种冲突在任何一方都没有绝对的优势情况下，它们必然会发生相互吸收、融合与调整，发生内容与形式的嬗变，自觉与不自觉的相互渗透，这个过程就是融合的过程。可能是渐进式的，也有可能是剧变式的；可能是局部的，也有可能是整体的；可能是外部的，也有可能是内部的；可能是表象的，也有可能是隐喻的。

在人类社会历史的发展过程来看，文化发展的主流是交融并蓄的，建筑审美文化也是如此。不同的审美文化相互碰撞时，通过调适与吸收，逐渐融合出一种新的审美文化秩序，这种秩序在发展一定的阶段会以一种整体体系的形态出现。这就是审美文化的规律性，审美也是这样的发展规律。建筑审美文化的融合，既是指不同的建筑审美文化在相互吸收、调整、互补、此消彼长的趋于体系化的过程。

建筑的审美文化的融合，不是相异的建筑审美文化所具有的各自审美特质刚性的机械式的组合，而是优胜劣汰式的扬弃与吸收、批判与继承、借鉴与创新的群面融合，在这样的基础上形成了新的建筑审美文化系统。从建筑的地域技术特征、社会时代精神和人文艺术品格的适应性理论看，建筑审美文化的整合也就也就是建筑的地域技术特征为基础，以社会时代精神为动力，以建筑的人文艺术品格为目标的新的建筑审美文化走向生成的过程。

中国建筑中佛寺建筑和塔的建筑文化就体现出印度佛教建筑文化的"中国化"演变。这是建筑审美文化的融合的很好例证。源于古印度的佛教，在魏晋南北朝时期传入中国，与中国的传统文化相碰撞，不仅仅是诞生了佛寺与塔的新建筑类型，也给了中国传统建筑装饰提供了新的装饰纹样。

印度佛寺建筑是前塔后寺的建筑格局，顺着丝绸之路的北传佛教进入中国，并在洛阳始建佛寺"祖庭"白马寺，初建"悉依天竺旧式"为前塔后寺的建筑整体布局，齐云塔（本称"释迦舍利塔"）于中心，其后为佛殿。佛祖像置于塔身，僧众初于绕塔诵经，因洛阳冬季天寒地冻，僧众诵经无法为续，唐以后佛寺建筑就将佛像塔移入建筑室内，依于中央而立，我们可以在敦煌石窟中看到这样的演变，石窟的中心是佛像塔，而后逐渐将中心佛塔演变为大雄宝殿中靠墙而塑的三世佛像。佛像由原来的梵相逐渐变为汉像，佛寺建筑开始以塔为中心逐渐变成更宜于供养佛像的佛殿为中心的演变，我们可以看到建筑因时空的不同，而派生出来的建筑整体布局的变化，其根本就是建筑审美文化的地域技术特征、社会时代精神、人文艺术品格的文化地域性格特征。

　　塔这一建筑类型，从印度公元前3世纪时流行于孔雀王朝（公元前324—178年），外形是一座覆钵圆冢的样式，传入中国逐步演化为中国式多层宝塔建筑形态，在这个过程中，一方面吸收了印度佛塔建筑文化的优点，另一方面舍弃了其不适应中国传统建筑的审美部分，形成中国佛塔建筑审美文化的新特征，即实现了印度佛塔的"中国化"。之所以会出现佛塔楼阁化的演变，与中国的神仙观念密切相关，从以前就有筑高台（高楼）以迎接天上的神仙，这种神仙的信仰心理，很自然就用神仙说来理解西土印度而来的佛教，与中国的亭台楼阁相互融合改造成为中国佛塔建筑样式，反映出建筑审美文化螺旋式发展的流变与融合。

　　建筑装饰的融合也如建筑的融合如出一辙，它们都属于建筑审美文化的范畴。佛教建筑装饰伴随着建筑一同进入，给中国传统建筑装饰注入了异质纹样图式，莲花、飞天、火焰的佛教圣物以及狮子、卷草等纹样，扩充和丰富了中国传统建筑装饰，异域的装饰纹样与中国传统装饰纹样同样兼补融合，形成至汉而下中国古代传统建筑装饰。

　　除了佛教建筑的审美文化的融合，其他的外来建筑文化也同样影响着中国传统建筑审美文化体系，例如：南北朝时期的云冈石窟第六窟壁画之卷草纹、南京梁萧景墓碑与西善桥南朝墓砖所刻之卷草纹样，其线条造型的流畅、娟丽玉模式化具有丰富的美感与装饰性，[⑩]这些纹样在中国之前的周汉时代各类纹样中不曾有过，是西方的纹样的影响，中国后世通用的之卷草、西番草、西番莲等等，均导源与希腊Acanthus叶者也。（莨苕草，生长在欧洲南部的地中海沿岸的灌木，锯齿形叶子坚挺、多刺，姿态优雅）[⑪]这些都体现出建筑审美文化的吸收与融合的多元性特征。

　　这种外来的异质的佛教建筑审美文化与中国传统的建筑审美文化发生了剧烈的碰撞，当然在融合过程是需要一定的时间来转化完成的，两者相互的吸收与借鉴，逐渐融合与调整，互为因果、互为动力，产生了新的建筑类型样式与新的建筑装饰图案与纹样。并以嵌入式融合而成为中华民族建筑审美文化的一个整体。建筑审美的分化是呈现复杂性的特征，必然导致建筑审美融合的多元综合的特性，既取决于地域技术特征和社会时代的整体表现，又取决于人文艺术的品格特征的差异。

建筑审美的融合与建筑审美文化体系的发展是相互促进的。一个建筑审美文化体系越是"融合"了不同的审美特质，其体系本身便越丰富，生命也越旺盛，而这个体系的层次越是丰富多彩，其生命力越是旺盛，他的融合能力愈见其强。岭南近代建筑审美文化的演变发展就印证了这一点。岭南近代建筑审美文化的发展历经了三个阶段：自我调适、理性选择、融汇创新。在经过艰难而长期的自我调适之后，岭南近代建筑审美文化便面临着矛盾而复杂的理性抉择，其内容和目的非常明确，即调和民族性和科学性的矛盾，以使中国传统建筑审美文化与外来建筑审美文化相互融合。岭南近代建筑审美文化的融合从当时的现实表现来看主要有三个方面：一是传统平面布局与西洋立面样式的结合；二是外来建筑设计与国人建造施工的结合；三是建筑装饰内容和题材上的中外建筑文化符号的创新性借用。正是这种融合有力地推动了岭南近代建筑文化的择善而从的发展，促进了岭南近代建筑的融汇创新，从而实现了岭南近代建筑体系的文化螺旋式的流变。构建起经世致用的岭南近代建筑多元文化体系。

四、建筑审美的调适

从建筑审美的文化机制的历史性关系来看，审美融合是建筑审美文化体系获得新生命的前提，而审美调适则是开始展示建筑文化体系在经历了"新的综合"之后的生命的辉煌，呈现出具体性的文化潜移动向，既是本原建筑文化通过直接接触和相互作用而获得其他异质建筑文化特征的过程。

调适，作为一种文化机制，是指人类群体为求生存发展而与所处环境发生关系的一种方式。就建筑审美调适而言，本原建筑文化在异质的建筑文化冲击作用下所造成的变化，即外因影响；反过来说本原建筑文化在回应异质的建筑文化冲击所发生内在的的变化之间的互动过程，即内因变化。建筑文化的外因与内因的相互作用下，或者显性或者隐形的文化潜移表象。不同的建筑审美文化（主要是形成建筑审美文化冲突的文化主体）经过长期的动态碰撞、复杂分化、多元融合而改变原来的性质和模式走向新质的发展过程，调适之后所呈现出具体的物态化，并能够通过人的审美活动升华至精神层面的审美理想追求。它揭示了建筑审美标准的历史具体性发展变化的丰富内涵，表征着建筑审美标准的历史具体性发展的阶段性。

建筑审美调适不是单向的文化制约或者移植，而是双向或多项互动的潜移过程。建筑审美调适的完成和实现意味着审美互动潜移取得了结果。它一方面失去了一些审美特质，另一方面又获得了另一些的审美特质，审美文化机制就是在交互作用中不断碰撞、不断分化、不断融合、不断调适中螺旋式发展前进。

建筑审美的调适是成就创新的重要途径与过程，它将建筑审美中复杂的分化和多元的融合都化着调适创新落实到具体表象的必要基础。既取决于社会经济基础和时代的整体发展水平，又取决于建筑审美对象的差异性（不同类型的公共建筑设计）。当格罗皮乌斯将"包豪斯"的各种设计理念从欧洲移植到美国之后发生了重要的变化。20世纪30年代~50年代，美国的设计主要是商业性的设计，以追求商业利润为目的。在这里他遇到了难题，要在一个18世纪延续到20世纪的传统环境中，放置一个现代的建筑物。他没有向传统妥协，但是采用了石头和其他材料，使他的现代建筑更加生动并富于变化。[12]特别是他最得意的作品——波士顿巴克湾中心设计（未建造），成就了他在美国创造总体工业、商业或文化中心方面的探索活动中优秀实例，这就是后来的大型多功能商业综合体建筑设计的先驱。在这些的转变过程就是格罗皮乌斯在美国之后进行自我的建筑审美调适，并能够取得再次的辉煌。同样在这个时期（1930年以后）其他的大师对建筑审美也做出了相应的调适，诸如莱特、密斯、勒·柯布西耶也都进行了建筑审美的调适，在原来的功能主义奉行"形式遵循功能"的原则，与式样主义游离于功能之外改变建筑形式处在密不可分的统一中。这样建筑审美的调适中，逐步形成了大师们的新风格，也是创新的表现。

这里必须强调的是，建筑审美调适是一个建立新的审美文化机制的过程。建筑审美文化体系内审美特质的变化必将引发审美规范、审美观念、审美标准等的再解释，必将导致审美价值和审美理想的再取向。因此，建筑审美的调适并不是简单地抛弃一些旧的审美特质，或采用一些新的审美特质，而是一种新的综合过程，是对建筑审美冲突情境加以适应的状态或过程，也是产生新的建筑审美文化体系的过程。

例如广州近代的教会建筑，其审美取向的形式表现的总趋势便是"在新功能、新平面组织以及新的内部空间上冠以变化的中国式屋顶，以适应所处的环境，缓和人们的日益高涨的反帝爱国情绪，能为人们所接受"。[13]也就是说，广州近代教会建筑作为一种新的建筑审美文化，既不同于广州传统建筑文化，又相异于西方现代主义建筑文化，而是中西建筑审美文化的融合，如岭南大学（现中山大学）的哲生堂和陆佐堂。"仅从建筑设计而言，墨菲的设计是在中国人可以接受的意义上带有更多的西方建筑特色，反之，在西方人可以接受的意义上带有更多的中国古代建筑特色。"⑭它们较好地融合了西方建筑因素和中国古典建筑因素。董黎先生曾对哲生堂和陆佐堂所包含的西方建筑因素和中国古代因素各作了四个方面的分析，从而认为："墨菲的设计主要是借用西方古典主义的竖向三段、横向五段的构图原则来组织中国古代建筑构图元素"。⑮

厦门的"嘉庚建筑（图7-5）"也有着同样的建筑文化审美取向，早期照搬南洋的殖民地样式和西方古典主义建筑形式，到了后来欧式建筑样式与闽南建筑的大屋顶的结合，巧妙地融合了中国古建筑、南洋建筑和欧式建筑，将中国传统的燕尾或马鞍屋脊或重檐歇山顶加在欧式建筑之上，闽南传统的歇山顶燕尾屋顶比喻为"斗笠"，西式建筑体比喻为"穿西装"，塑造了强烈的闽南地域特色。这种"穿西装、戴斗笠"的建筑，不土不洋，既土又洋，风格独特，气势灵动，成为厦门独特的建筑审美文化。这种建筑形式有人解释为"用中华民族的传统建筑形式'压制'欧洲建筑或殖民地建筑"，这就是外来建筑审美文化的"中国化"调适。

福建师范大学老校部（原华南女子文理学院校区）1911年开始修建，由美国基督教女布道会出资兴建，美国设计师毕齐（Wilfed Beach）设计，1920年左右完工。整体建筑由一栋主楼彭氏楼（为纪念J·D·Payne，也称马莲彭楼，现在为胜利楼）和两栋副楼谷氏楼（也称谷莲楼，现为民主楼）和程氏楼（也称立雪楼，现为和平楼）组成，平面呈门形，面向东南。该建筑主楼地下层为石构建筑，地面楼为三层红砖拱券式门窗的西洋样式，为了调适与中国文化地域特征相合，屋顶设计成中式木结构歇山顶，四角飞檐，副楼为廊柱式，有突出的石砌门廊，形成中西合璧的建筑审美文化的调适。

一种建筑审美特质只有在适应一定社会审美需要的时候，它才能与原来的建筑审美文化系统相结合、相融合，才能产生新的建筑审美文化并取

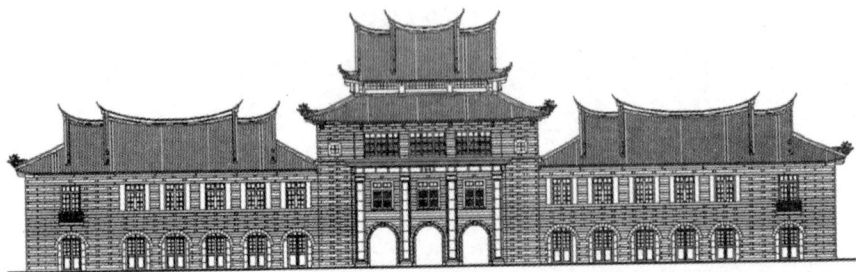

图7-5　群贤楼（引自庄景辉. 厦门大学嘉庚建筑［M］. 厦门大学出版社，2011.）

得发展，否则，它必将遭到原有建筑审美体系的排斥、抗拒而与之相冲突。对此，当时在建筑设计界表现活跃且有较大影响的墨菲（Henry K.Murphy）和小洛克菲勒（John D.Rockfeller）是十分明白的。小洛克菲勒在1921年北京协和医院落成典礼上的讲话就表明了他们在这个问题上的深刻理解。"在绘制医学院诸建筑及医院时，于室内是必须要遵循西方设计和安排以便达到现代科学医学执业之要求。然而在这同时，我们也尽其可能在不增加花费的情况之下，审慎地寻求室内机能与中国建筑外貌之美丽线条及装饰，特别是其高度、屋顶和装饰相结合。我们之所以如此做，是想让使用如此设计建造之建筑的中国老百姓得以以一种宾至如归的感觉并且也是我们对中国建筑之最好部分欣赏之最诚挚表现。"⑯

以上以建筑审美的冲突、分化、融合、调适四个方面论析了建筑审美的文化机制，从审美文化学的视角关注建筑审美的标准问题。一般意义上说，建筑审美标准是指主体的建筑审美活动中形成的用以评价对象的一种内在的尺度。由于具体的建筑审美活动总是以单个人作为审美主体来进行，因此，个体审美标准必然因其生理、心理及社会环境等个性特点而存在差异性。但是，个人是社会的产物，个人生活在社会之中，没有社会就没有个人，社会作为人类存在的群体形式，对人的建筑审美活动具有极大的规定和制约作用。所以，我们既要看到个体审美标准的差异性，又要看到，这种差异性往往淹没在社会群体审美标准的一致性之中，个体审美标准在总体上是与社会群体审美标准相一致的。这就是建筑审美标准的历史具体性，它取决于审美主体生存的时代，取决于审美主体所处的地域、取决于审美主体所属的民族、所属的阶层。总之，它取决于审美主体的社会性本质。

注释

① 周晓虹. 现代社会心理学[M]. 南京：江苏人民出版社，1991：296.

② 曾小逸. 审美方式的个体化与世界结构的一体化[J]. 萌芽，1985.

③ 万书元. 当代西方建筑美学[M]. 南京：东南大学出版社. 2001.

④ ［俄］普列汉诺夫. 论艺术〈没有地址的信〉[M]. 北京：三联书店，1963.

⑤ ［日］田代辉久. 广州十三夷馆研究·（中国近代建筑总览·广州篇）[M]北京：中国建筑工业出版社，1992.

⑥ ［德］黑格尔. 美学[M]. 朱光潜译. 北京：商务印书馆，1979.

⑦ ［德］格罗皮乌斯. 全面建筑观[M]. 81.

⑧　[德]格罗皮乌斯. 全面建筑观[M]. 79.

⑨　司马云杰. 文化社会学[M]. 济南: 山东人民美术出版社，1990: 378.

⑩　王振复. 建筑美学笔记[M]. 天津: 百花文艺出版社，2005: 255.

⑪　梁思成. 梁思成文集·第三卷[M]. 北京: 中国建筑工业出版社，1982: 58.

⑫　[美]H·H·阿纳森著，邹德侬、巴竹师、刘珽译. 西方现代艺术史[M]. 北京: 天津人民美术出版社，1983: 434.

⑬　马秀芝等. 中国近代建筑总览·广州篇[M]. 北京: 中国建筑工业出版社，1992: 5.

⑭　董黎. 中国教会大学建筑研究[M]. 珠海: 珠海出版社，1998: 200.

⑮　董黎. 中国教会大学建筑研究[M]. 珠海: 珠海出版社，1998: 201.

⑯　傅朝卿. 传教主义与中国古典样式新建筑[J]. 建筑师，1992: 14-18.

第 8 讲

建筑审美与艺术审美的共通性

　　建筑审美与艺术审美的共通性是建筑美学的重要研究内容。艺术审美共通性是艺术审美的基本规律。建筑艺术与其他艺术之间的广泛的共通性不仅丰富了建筑艺术的美学内涵和审美属性，而且也为不同审美主体在建筑审美活动中感发审美情思、驰骋审美想象提供了多样化的条件和契机。探究艺术审美共通性可以从客体审美属性的共通性、主体审美心理的共通性和审美活动过程的共通性三个维度展开。本讲主要从客体审美属性的共通性的角度，选取建筑与书法，建筑与音乐，建筑与绘画，建筑与诗词四个方面讨论建筑审美与艺术审美的共通性。

　　建筑审美是一项极具综合性的文化现象和情感价值活动，这可以从构成建筑审美关系的审美主体和审美客体两个方面来说明。从审美主体来看，建筑审美是一个复杂的心理过程，是诸多审美心理因素综合参与的过程，既有如感觉、知觉、想象、理解等审美认识心理因素，又有如审美需要、审美欲望、审美情感等审美价值心理因素。从审美客体来看，建筑艺术是一门综合性艺术，特别是秉承中国传统文化精神的中国传统建筑，其营造与构建始终按照和体现中国传统文化的重整体、重体悟的系统思维方式，注重与其他门类艺术之间的交叉、渗透、相通和综合。

　　事实上，艺术之间的共通性与综合性是中国传统艺术发展的一个重要规律，在中国美学史上对此已有大量的论述。历史上，把画说成"无声诗"、"不语诗"、"有形诗"，把诗说成"有声画"、"无形画"的理论可谓俯拾皆是。苏轼在《书摩诘蓝田烟雨图》所言："味摩诘之诗，诗中有画；观摩诘之画，画中有诗。"指明了诗、画审美与创作的共通性。晚明的董其昌就明确提出了园林与绘画之间创作旨趣互通的认识："盖公之园可画，而余家之画可园"。金学智先生还以系统论的观点研究分析了中国古典艺术的艺术综合性规律，并将中国古典艺术分为四个不同综合形态的子系统。

　　在西方，谢林和霍普特曼就曾有过"建筑是凝固的音乐"、"音乐是流动的建筑"的言论；又如黑格尔将诸种艺术系列排列依次为建筑、雕塑、绘画、音乐、诗歌，建筑与雕塑毗邻排布。艺术评论家尤利斯·Y·阿扎拉在《现代美学论文集》中把建筑定义为可以被自由创作，抽象表现的具有三维内在空间的造型艺术。卡冈在《艺术形态学》中将雕塑视为用雕、刻、塑等操作手段制作三维空间形象的艺术。可见建筑与雕塑在三维空间上的共通特点；更有勒·柯布西耶那句："我的建筑是通过绘画的运河达到的"，诸多建筑师从音乐、绘画、雕塑等艺术中得到启发进行建筑创作，均揭示了建筑艺术与音乐艺术的审美共通性。

　　建筑艺术，可谓一个大型繁复的，以静态为主的综合艺术系统，也是构成和完善人居环境的一部分。吴良镛先生说："美即是生活，中国人自古以来就热爱现世生活，向往并追求生活中的审美品质。中国历史上的人居环境是以人的生活为中心的美的欣赏和艺术创造，因此人居环境的美也是各种艺术的美的综合集成，包括书法、文学、绘画、雕塑、工艺美术等，当然也要包括建筑。"作为语言艺术并诉诸观念的诗、词、联，也有作为空间性静态艺术并诉诸视觉的书法、绘画、雕塑（雕刻）、工艺美术、园林，还有作为时间性动态艺术并诉诸听觉或视觉的音乐、戏曲等。它们互为表里、相互补充、相互渗透、相互生发，给人以情感愉悦和美的享受，共同集成中国人的人居环境美学品质。

正因为如此，探讨和把握好建筑与其他门类艺术之间的审美共通性，不仅有利于建筑审美态度的形成和审美超越的实现，而且也有助于丰富建筑审美感受，深化建筑审美体验，同时对建筑创作与实践具有一定的启发意义。[①]

一、势：建筑艺术与书法艺术的审美共通性

中国传统建筑的木构桁架、飞檐画栋以及审美精神，都与中国汉字书法的结构布局、字体章法以及律动气韵有着内在的审美共通性。正如著名美学家宗白华先生所说："一字就像一座建筑，有栋梁椽柱，有间架结构"[②]，明确指出建筑艺术与书法艺术之间的审美共通性。探究中国传统建筑艺术与书法艺术的审美共通性可以从客体审美属性的共通性、主体审美心理的共通性和审美活动过程的共通性三个维度展开。

1. 客体审美属性的共通性

基于客体审美属性的维度，我们可以从讲究章法与结构、主附关系的处理、时代风格与审美标准三个主要层面着重探讨中国传统建筑与书法艺术的审美共通性。

以"象形"、"指事"为本源的汉字，在甲骨文之后终于形成中国特有的线的艺术：书法。书法"以其净化了的线条美——比彩陶纹饰的抽象几何纹还要更为自由和更为多样的线的曲直运动和空间构造，表现出和表达出种种形体姿态、情感意兴和气势力量"[③]卫夫人《笔阵图》有云："横，如千里阵云，隐隐然其实有形。点，如高峰坠石，磕磕然实如崩也。撇，如陆断犀象。折，如百钧弩发。竖，如万岁枯藤。捺，如崩浪雷奔。横折钩，如劲弩筋节。"[④]她与蔡邕、钟繇都提倡书法用笔"取万类之象"强调笔势

的审美趣味，这些都是因"势"象形的审美意趣写照而获得的感悟。再如建筑，阿房宫赋中对建筑营造因地形产生的"势"就有这样的描述："廊腰缦回，檐牙高啄；各抱地势，钩心斗角"。充分地表现出"势"的审美意趣，建筑中的爬山廊也是因地势叠级而建造蜿蜒而上，远看如龙脊，覆瓦如龙鳞，让人意趣无穷。建筑艺术与书法艺术之间的共通性在于两者之精神相通，即对"势"的审美追求，对中国文化之道的审美追求，对生命活力的崇尚。

首先，书法艺术讲究章法、结构，本质上与建筑艺术有深层次特性的契合。书法艺术中，字体结构中点画、各组合部分以及章法，都讲究匀称、映带、层次、呼应等。虚实相生，"计白当黑"。建筑艺术在整体上讲究对称性、匀称性，显示出了空间艺术的共同法则。传统建筑由院落相互连贯各个有机空间，每一个层次院落组成"进"的空间，这些空间序列都是统一在一条"线"的中轴串联整体的建筑空间序列，建筑物、门与所有的装饰全部沿着这条"线"轴均衡或者对称布置。上至宫殿、庙堂、寺院，下到民居均遵循这样的轴线序列营造出对"势"的追求。都城、皇宫、王陵、孔庙最为典型，往往由一条气度宏伟的中轴线主导对称布局。难怪宗白华先生说："一笔而具八法，形成一字，一字就像一座建筑，有栋梁椽柱，有间架结构。"两者都讲究和遵循如均衡、比例、对称、和谐、层次、节奏等形式法则。

其次，书法艺术与建筑艺术的审美属性的共通性，表现在主附关系的处理上。书法艺术中讲求"一笔主其势"，讲求"附丽"，即在字体结构中处理好主附关系，既有"正势端凝"，又要"旁势有态"。每个单字，必由主笔以端正字态，重心平正，正势端凝而生美，其他撇捺笔画，可以形态自由、活泼生动，附丽旁势而具情态，延展到整幅书法作品。这与建筑的结构形态、单体空间、群体组合要求的主从关系是一致相通的。传统建筑主体往往以受力结构为主，装饰构件为辅，具有明确的结构主从逻辑关系。如兽吻、钉帽、门簪、铺首、垂花柱、抱鼓石等，有机地"附丽"于建筑整体结构体系上，丰富了建筑结构形态视觉审美的层次性。即使是具有丰富层次的装饰性建筑，往往也是为了衬托主体建筑的重要性，如北京故宫建筑群，其角楼对于三大殿来说，虽然是作为辅助的装饰性建筑，但是为了突出故宫主体建筑的威严、壮丽、华美，角楼仍以丰富的层次显示出同样威严、壮丽、华美的风格，从而使故宫主体被映衬得更加端庄和富丽堂皇；再如民居建筑的门、厅、堂、寝的空间结构顺序，堂是最重要建筑，其他空间不得高于主体建筑。院落建筑以中轴为尊，两厢次之。讲究主体建筑与附属厢房、配房构成众星拱月的整体结构，都显现出主体为核心的审美态势。

另外，书法艺术与建筑艺术的共通性，还表现在艺术的时代风格与审美标准上。古人云：晋人尚韵，唐人尚法，宋人尚意，明人尚态，清人尚变。人们还从字形的结构里归纳出书法艺术的不同时代风格。在各种书体中篆书的匀称结构、隶书的古韵八分、楷书的法度庄严、行书的恬静流畅，还是草书的飞云流动，都深深隽刻"势"的审美客体属性。包括篆刻印章以刀笔和结构在方寸的小天地中表现出种种意趣气势。建筑艺术又何尝不是如此。不同时代的建筑反映出不同的时代精神和相异的审美趣味。例如传统建筑的屋顶利用往上升起的屋角，把屋宇尾端拉长而且起翘，如同飞鸟翱翔时张开的翅翼，形成独具东方传统建筑的审美气势，"作庙翼翼"的飞扬屋宇，如同书法艺术中汉隶的"波磔"燕尾。汉隶流动飞扬魅力的一横"波磔"，有无数的变化之美。"波磔"运用毛笔的逆锋转腕，使笔锋聚集成圆，美曰蚕头起笔，行笔到达水平线中段，慢慢拱起，极像建筑屋脊中央的拱起部分，然后笔锋下捺，越来越重，行顿笔再缓缓挑起，仍然用转腕的方式使笔锋向右上挑出锋，形成一个逐渐上扬的"雁尾"形，称之为"蚕头雁尾，一波三折"，与传统建筑屋脊到飞檐尾端檐牙高啄的"出锋"（原指书法上使点画锋芒外露的一种用笔方法）在气势上如出一辙。从现今考古遗址考证，汉代是形成传统建筑屋顶的"凹曲屋面"时代，与隶书出现同属一个时代，因此二者具有相通"势"的生动气韵的意味。

2. 主体审美愉悦的共通性

审美主体在整个审美活动中起到积极主导的作用，审美活动是综合的心理效应，审美愉悦是这个综合心理效应的体现。实际上，人类在长期的社会实践中获得内在审美心理结构是具有层次性的。主体审美的愉悦的层次性为：第一，生理层次，是审美感知阶段获得审美愉悦最基本的因素；第二，心理层次，是审美对象对人的心理作用，审美对象以其形式和整体形象以及所包含的全部内容和意义引起主体心理活动；第三，社会文化层次，是审美结构的最高层次也最为重要。中国传统建筑与书法艺术审美体验历时性心理过程契合了这三个层次。审美主体自身的需要为根据与动因，对待审美客体的具象形态的趣味，产生了"有意味的形式"即为美，进而升华为"意境"的审美理想。从直观具象形态的感情关照中获得"因势象形"的意趣审美，导出映射生命跃动对"气韵生动"意味审美，达到主体审美心理"澄怀观道"的意境审美。这是审美主体中国在传统建筑与书法艺术的整个审美活动过程中的感悟序列，三个层次共同作用、相互渗透地推动审美活动进行，共同构成了完整的审美结构。

3．审美心理过程的共通性

建筑艺术与书法艺术的审美实现是具体的、复杂的、动态的审美心理活动过程。在形成这个审美的过程，必然经历审美的历时性的阶段性特征，在不同的阶段都会出现与之相对应情感状态。中国传统建筑与书法艺术审美的最高境界乃"无意而为之"，它们共同都是历经一个逐渐自觉的过程，建筑初始就是为了人的居住场所，而后才有对空间造型的精神追求，进入审美的意境。书法艺术亦也如此，从初始的案头文字，进入厅堂书法进而追求审美理想。建筑师与书法家也是从最初的人群中的一员，逐步变成掌握熟练技巧的少数人，进而更加高明者即为建筑师和书法家。他们的成长与跨越，都伴随着审美发展过程历时性的特征，最终他们将作品达到"凝神遐想，妙悟自然。物我两忘，离形去智。"的最高精神层面上审美理想追求，实现审美理想的超越，通过从审美态度形成、审美感受获得、展开审美体验，实现审美超越，深入揭示了中国传统建筑与书法艺术审美历时的共通性。

总之，书法艺术所驾驭的线条，乃是表现一种势、力和节奏。书法家在艺术形式上的追求，就是审势、取势，而避免失势。对审势、取势的追求从更高层面显示出书法艺术与建筑艺术在审美追求的相通性。

二、韵：建筑与音乐艺术的审美共通性

注重空间的建筑艺术与流淌在时间中的音乐艺术，尽管呈现方式不同，但其审美特性却有着紧密关联。建筑艺术与音乐艺术能够引发共通的审美感受，历来为人们所重视和称道。一般看来，建筑主要属于空间艺术，音乐则属于时间艺术，两者之间区别明显。这在西方美学和艺术史上有很多的论述。比如德国古典美学家黑格尔，他肯定了音乐与建筑的类似，但更强调两者的差别。"建筑以静止的并列关系和占空间的外在形状来掌握或运用有重量、有体积的感性材料，而音乐则运用脱离空间物质的声响及其音质的差异和只占时间的流转运动作材料。所以这两种艺术作品属于两种完全不同的精神领域，建筑用持久的象征形式来建立它的巨大的结构，以供外在器官的观照，而迅速消逝的声音世界却通过耳朵直接渗透到心灵的深处，引起灵魂的同情共鸣。"⑤

　　然而，将建筑与音乐相联作比，完全成为人们对艺术审美的共识。丹纳说："人类的五大基本艺术——诗歌(文学)、雕塑、绘画、建筑和音乐，可分成两大类，前三种属一类，而建筑和音乐则属另一类。"可见，他

图8-1　北京天坛祈年殿的藻井天花（引自潘谷西. 中国建筑史［M］. 北京：中国建筑工业出版社，2009.）

已经注意到了建筑艺术与音乐艺术的审美共通性。而谢林和霍普特曼就曾有过"建筑是凝固的音乐"、"音乐是流动的建筑"的言论，揭示了建筑艺术与音乐艺术的审美共通性。中国建筑又何尝不是具有浓郁的音乐美感！北京天坛祈年殿的藻井天花（图8-1）、西安大雁塔的层层叠叠、北京故宫建筑群的三重空间组合，就分别呈现出了连续、渐变、起伏的节奏与韵律。中国建筑无论宫殿、陵墓、寺庙，还是园林、民居，追求的不是纯粹空间的凝固的音乐，而是在时间中展开、在时间的流动中呈现自我的旨趣和品格。其理性秩序与逻辑或明或暗，却都气韵生动，韵律和谐。

　　建筑与音乐艺术的共通性的根本在于建筑所具有的音乐般的韵律与节奏感，一言以蔽之，"韵"。音乐的微妙在于它的调，不同的调带给人们不同的感受，此即音乐的"韵味"。建筑中，"因为建筑艺术是把人们置于时间的推移序列过程中去领略多变而流动的造型，人们通过空间的时间化来认识建筑的审美特征，似乎可以感受到时间序列的和谐与韵律。"⑥美国的建筑评论家哈姆林曾说："一个建筑物的大部分效果就依靠这些韵律关系的协调性、简法性以及威力感来取得。"⑦建筑艺术是以其独特的语言，如建筑的立面造型、平面布局、内外部空间结构的处理、门窗柱子的式样与安排等，来表现节奏和韵律的。

　　首先，建筑与音乐艺术共通之"韵"表现在"数理"上。建筑、庭院、墙体的高低、大小、长短、粗细、厚薄、收分、斜度、坡度等，无一不需要对其进行数学测量。同样，音乐中的节奏、节拍、速度、力度、旋律、和声等要素也需要通过比例的协调才能最终达到和谐的音质效果。对和谐比例的追求，使得两者在数理结构上呈现出共通的特性。

　　在西方，两者对于比例的重视，都可追溯到毕达哥拉斯学派有关"数"

的思辨。该学派认为"数是先于自然中的一切事物的东西，是万物形成的元素和范型，也就是说，数是万物的本原。"⑧他们不仅潜心研究数本原的各种关系，还积极在实践中将其理论的应用性增强。与建筑相关的如维特鲁威在《建筑十书》中归纳出古希腊柱式体现和谐与优美的比例原则，阿里斯·多塞诺斯在批判继承"毕达哥拉斯律制"的基础上提出四音音列的理论，分别构建了西方古典建筑与古典音乐的基础体系。黑格尔还曾以古希腊的多立克、爱奥尼和柯林斯三种柱式为例说明，由于台基、柱身和檐部的体积、长短以及间距的比例不同，便会形成庄重、秀美和富丽等性格区别。在实际的建筑设计和音乐创作中，数及其引导的比例关系不仅占据了相当地位，并且在结构和形式上搭建了建筑与音乐对话的桥梁。比如现代建筑大师勒·柯布西耶曾说过："最高的艺术，它达到了柏拉图式的崇高、数学的规律、哲学的思想、由动情的协调产生的和谐之感。"⑨他认为，同音乐相比，建筑一直缺乏一个像乐谱一样的度量工具，而随着科技和社会的发展，世界范围内的协同生产和商品供求呼唤着统一尺度的产生。基于这样的体会，他运用文艺复兴时期达·芬奇的人文主义思想，演变出一套模数理论，在设计马赛公寓的过程中，套用"模数"确定了建筑物的所有尺寸，使建筑设计与数学建立了紧密联系。

在中国，汉书里说，数的重要在于从历法，音律，制器，规矩方圆，准绳度量，探索隐秘的事物，钩沉致远，莫不用焉。数是一种普遍需要的学科。有趣的是，古人所有的数字度量，包括建筑尺度的确定，都与音乐有关，本于黄钟。这提醒了我们建筑与音乐似乎一开始就确定了的渊源关系。我国著名建筑学家梁思成曾说过，差不多所有的建筑物，无论在水平方向或者垂直方向上，都有它的节奏和韵律。梁思成先生曾形象生动地比喻说，一柱一窗的连续重复，好像四分之二拍子的乐曲，而一柱二窗的连续重复排列，就好像四分之三拍子的"蓬恰恰，蓬恰恰"的华尔兹圆舞曲了。据说这位建筑大师还就北京天宁寺辽代砖塔的立面谱出过乐章。另外，与西方建筑与音乐追求理性的崇高与审美的愉悦不同，比例在中国传统建筑与音乐中的重要作用，更在于其等差变化所体现的和谐秩序以及人与人之间的伦理关系。《考工记·匠人营国》中就写道："王宫门阿之制五雉，宫隅之制七雉，城隅之制九雉。经涂九轨，环涂七轨，野涂五轨。门阿之制，以为都城之制；宫隅之制，以为诸侯之城制；环涂以为诸侯经涂，野涂以为都经涂。"城郭大小是要被作为是否失礼的原则问题来对待的，不止方圆大小、房屋的间数、门数、高度等，也都有所规定。关于音乐，《礼记·乐礼》说："乐者，天地之和也；礼者，天地之序也。…乐由天作，礼以地制，…明于天地，然后能兴礼乐。"中国传统文化赋予数以"礼"的规范，追求人伦和谐的境界，在建筑和音乐上一一呈现。

另外，建筑与音乐艺术共通之"韵"还体现在"序列"之中。王振复先生曾论述道："优秀的建筑，由于成功地处理了建筑个体的各部分之间，个体与个体，个体与群体，群体与群体以及个体、群体同周围环境之间的比例尺度，像一部成熟的乐曲，既千变万化、波澜起伏，又浑然一体、主体鲜明。这里有主旋律与副旋律、高潮与铺垫、独奏与合奏、领唱与和声，既有气势磅礴的交响乐、进行曲，又有缠绵悱恻、情切切的恋歌和清新愉快的田园小唱。"⑩一座建筑里面都被组合为许多空间，空间的形状、大小、明暗、开合等变化万千又整体和谐。人们在建筑审美时，从一个空间到另一个空间，步移景异，一方面保留着对前一个空间的记忆，另一方面又怀着对下一空间的期待，从而充分显露出建筑艺术的空间理性的时间化特征。建筑的节奏与韵律就在时间的流动中呈现自我的旨趣和品格。也就是说，人们只有置身于空间序列的时间流变中，才能真正感受和体悟建筑艺术之神、之韵。如《桃花源记》所描述的迷途般的空间序列："林尽水源，便得一山，山有小口，仿佛若有光。便舍船，从口入。初极狭，才通人。复行数十步，豁然开朗。"其先狭后旷的空间序列在苏州留园被充分演绎：其入口部分狭长曲折，视野极度收缩，尔后转入绿荫处，豁然开朗。过曲溪楼，空间再度收束，到了五峰仙馆前院，顿觉明朗。之后穿越石林小院，再到冠云楼前院等，最后经园的西、北回到中央部分，从而形成一个循环；又如中国古代的院落式民居，其空间序列清晰有致，有前序，有发展，有高潮，有结尾，真所谓"庭院深深深几许"，意蕴丰富，韵味无穷。建筑空间的韵律与节奏如同音乐般跌宕起伏，在人的行进体验中被层层拉开序幕。而音乐，更是让主体充分发挥心灵的能动作用，在时空中展开深情的活生生的精神游弋。人们在欣赏建筑与音乐的过程中，均可以获得某种情感与精神上的满足，从而引发认同与共鸣。由此，我们再次发现了建筑艺术与音乐艺术具有的共通性特征。

通过上述对建筑艺术与音乐艺术审美共通性的分析，或将有助于建筑设计与音乐创作拓展出一片新的天地，提升各自的创新性与艺术性。同时，关于两者审美共通性的研究还能够提升主体的审美体验，使人们在对这两门艺术进行审美活动的过程中，通过想象的发挥、情感的释放、意境的体悟获得共通共融的审美体验。

三、境：建筑与绘画艺术的共通性

建筑和绘画是紧密联系在一起的，它们常常被视为姊妹艺术。一方面绘画是建筑室内不可或缺的一部分，另一方面建筑也常常被作为绘画的对象和题材出现在绘画之中。欧洲的巴洛克和洛可可时期，建筑与绘画风格的联系便十分凸显，建筑几乎就是绘画的三维立体图。勒·柯布西耶说："我的建筑是通过绘画的运河达到的。"在其建筑生涯的32年间，柯布每天上午在画室画画和雕刻，下午才到事务所做设计。我们从柯布西耶各个时期的建筑作品中，都可以看到雕刻和绘画的影子；20世纪另一伟大的建筑师密斯·凡·德罗用建筑语言诠释了蒙德里安的画作。蒙德里安画作中所表现出的横向与竖向的理性和逻辑，同样迎合了当时的建筑技术以及审美观；美国建筑师、理论家、教育家和诗人约翰·海达克由于受到绘画的影响，而在建筑设计和美学上有了革新。在中国，中国古代建筑与乐理相联，也与画理相通，尤其传统园林，更是如此。中国传统建筑与绘画两者之间的紧密关系，无论是空间结构、线性变化及曲面构成等，都有着许多相似之处。传统绘画讲究皴法、线描及墨色使用，以线条的粗细与曲直构成形状，以墨色浓淡与色彩塑造质感；传统建筑则以线条与空间拟塑风格，以材质和规模形成量感。梁思成将中国园林(包括园林建筑)视为一幅幅立体的中国山水画，黑格尔则认为园林是介乎古典型建筑和浪漫型绘画之间的一种特殊艺术；王振复在《建筑美学笔记》中也曾探讨建筑与绘画的关系，认为中国建筑的"园理"与画理相通；王世仁在《理性与浪漫的交织》中探析了中国园林如画的美学思想。

同属于视觉艺术的感知属性使得建筑与绘画有了相互交叉和融合的可能性。欧洲的"画境"便是在这样的意义上产生的。"画境"作为17世纪欧洲大陆一种重要的建筑风格，是建筑和绘画的交叉和融合。它的出现和发展源于人们对自然的热爱，当时中国园林审美意识在西方的出现及风景画的兴起引起了人们的审美转变，具体如下：17世纪，西方的公众对于中国式园林的自由布局和不规则带来的新颖、惊奇倍感兴趣；法国艺术家克劳德·洛兰的绘画唤起17世纪人们对自然景观的审美意识。他描绘了人类居住的田园式的乡村景致，建筑成为其绘画的母题之一。克劳德的绘画在某种程度上反映了建筑的理想，它实实在在地提供了一个建筑的范式，即画境。17世纪的意大利风景画中建筑的共同特点就是具有画意。

在中国，传统绘画以线造型，以形写神，注重白描、散点透视、虚实相映，以有限之景寓无限之情，追求"象外之象"，以拟造气韵生动之

"境"。中国古代园林的造园手法讲究虚实、透漏、因借和景移，其建筑布局、植物花卉栽植与庭院的安排均疏密有致，虚虚实实，颇有章法，以有限的空间表现无限的人生情趣，寄托中国文化的宇宙意识和生命精神，颇近于画理。古代艺术理论中的境或者境界所具有的内涵在园林艺术中的显现，较之在其他艺术门类中的显现要更为清晰，也更易把握。"杭州西湖文化景观"最核心的价值乃在于它是中国历代文化精英秉承"天人合一"、"寄情山水"中国山水美学理论下所创造的景观设计杰出典范——它创始了"两堤三岛"的景观格局，拥有现代东方题名景观中最经典、最完整、最具影响力的杰出范例"西湖十景"，展现了东方风景园林设计自13世纪以来讲求"诗情画意"的艺术风格，体现了中国农耕文明鼎盛时期文人士大夫在景观设计上的创造精神[①]；又如台湾彰化鹿港龙山寺（图8-2）饶富韵律的龙柱造型，充满文人风格的覆盆式石雕柱珠，以及纯朴素雅的飞檐翘起，在香烟袅绕与斜阳西照的光影映照下，与其雅致的山门便拟塑出相同于董其昌"高逸图"那种烟岚飘渺、宁静致远的幽雅意境。因此，相比于建筑与其他门类艺术的共通性，就客体审美属性的共通性而言，中国传统建筑艺术，特别是中国传统园林，与绘画艺术的审美共通性可以概括为"境"。

首先，中国园林与绘画艺术的共通性表现在"境界"追求的审美理想上。中国造园艺术始终坚持的审美理想便是人与自然的契合，主张师法自然，以人为本，以自然为高。中国传统画论追求"外师造化"、"中得心源"。从历史上看，从唐代开始，园林美学思想的发展与绘画艺术等就紧密相联。宋、元时期是我国园林艺术发展的重要时期，宋、元园林创造所追求的是寄情山水、返璞归真的审美和人生理想，并在艺术创造上向"写意"方向发展，这与当时绘画艺术的高度繁荣和"写意"思潮是一致的。

其次，中国传统园林艺术与绘画艺术的共通性还表现在艺术创造和处理手法上。造园艺术的空间意蕴，山石、花木的艺术处理，使内外相分相连、相隔相通，于小中见大、大中观小，使虚实相生、明暗相因、开合互承、藏露互资，突破有限，创造意境。其主要方法有分景、隔景和借景。其中分景即以山水、植物、建筑及小品

图8-2 台湾彰化鹿港龙山寺（引自www.easytravel.com.tw）

等在某种程度上隔断视线或通道，造成园中有园，景中有景，岛中有岛的境界；隔景，是为增加园景构图变化，隔断部分视线及游览路线，使空间"小中见大"而将园林绿地分隔为不同空间、不同景区的手法；借景，是有意识地把园外的景物"借"到园内视景范围中来。分近借、远借、邻借、互借、仰借、俯借等。有收无限于有限之中的妙用。然而，由于空间面积的限制，园林中的山水之景，往往采用绘画艺术的"写意"手法，以简胜繁，以少总多，以神驭形，开拓出"虽由人作，宛若天开"之境。中国园林美学的发展历史表明，造园家往往具有很好的绘画修养，从而能使园林创作臻于"如画"的妙境。上海豫园现存的大假山，颇具画意，堪称精品，它便是出自画技超群的自号"臣石生"的明代画家张南阳之手笔。不仅如此，还有很多园主既精通绘画又亲自参加园林的设计建造，从而必然将画意融进园林的造型中去。这也是产生"如画"园林的一个重要原因。

此外，建筑与绘画艺术的共通性还体现在人们进行建筑审美欣赏时应借鉴绘画艺术审美规律和审美经验来丰富自己的审美想象，深化自己的审美体验，从而扩充审美感受，实现审美超越。如借鉴中国山水画论的"三远"法体会和领悟中国园林营造的艺术魅力：中国山水画往往在一幅画中有"高远"让你体会山峰的雄健，感到山势逼人，如身临其境；有"深远"让你感到山重水复，深邃莫测；有"平远"视野开阔，心旷神怡。要达到这样的效果，就要打破焦点透视观察景物的局限，而要用仰视、俯视和平视等散点透视来描绘画中的景物。而中国园林的营造亦未被科学的一点透视所规训。我们在园林观赏游览中，便会处于不断的片段转换之中，或是曲径通幽，或是豁然开朗，或是深邃莫测，或是心旷神怡。远近、高下、仰俯，举手投足之间，身体与感官随着情境的变换而变化着。深处其中，有如"入画"，悠然体味其中无穷之妙境。

总之，中国传统的艺术精神是精神与生命的写照，是以"外师造化，中得心源"为追求，所有艺术犹如万流同归一宗，具有相隔却相通、神似而形异的审美共通性，尤其是集技艺与艺术于一体的建筑艺术，与传统绘画具有共通的审美特性。

四、意：建筑与诗词艺术的共通性

意境是中国美学的独特范畴，是中国各类艺术一致的美学追求，虽然各类艺术意境构成方式和表现手段不同。近代美学家王国维曾明确提出了诗词优劣的判别标准在于意境的有无与高低。诗词如此，建筑亦然。无论诗词意境还是建筑意境，它们都蕴涵着苍茫的宇宙感、厚重的历史感和深情的人生感。用叶朗先生的话来说，意境"就是超越具体的、有限的物象、事件、场景，进入无限的时间和空间，即所谓'胸罗宇宙，思接千古'，从而对整个人生、历史、宇宙获得一种哲理性的感受和领悟"。⑫

　　王夫之说"诗无达志"，指出了艺术作品意蕴带有某种的宽泛性、不确定性和无限性。以有限的篇幅、空间创设无限的意境。以求意境的表达、寄情于物这是中国诗词与古典园林艺术的最高境界。中国诗词往往"言有尽而意无穷"。唐代诗人常建的《题破山寺后禅院》便是一首禅味浓重的诗："清晨入古寺，初日照高林。竹径通幽处，禅房花木深。山光悦鸟性，潭影空人心。万籁此都寂，但余钟磬音。"山中小径蜿蜒曲折，林木葱郁，晨露滴滴。行走于晨光隐映下的花木中，寺庙的钟声让人顿感清静世界与茫茫尘世的分隔。诗人在此时空感知中，陷入了对人生的感悟。好的诗词总会让人生发无限遐想，建筑亦是如此。在建筑审美活动中，审美主体面对建筑之"象"，由审美感受的获得而进入对"建筑意"的领悟和体会，即建筑审美体验阶段。在这个阶段，审美主体凭借目睹的建筑符号、建筑语汇及其身心感受，发挥自己的想象和联想，以体悟"建筑意"——那隽永如诗的"象外之象"，不免发出"此中有真意，欲辩已忘言"的感慨。我们知道，中国园林的亭、台、楼、阁、榭这些建筑，它们的审美价值并不仅在于建筑物本身，而是通过这些建筑物引发到对外界无限时空的感悟以及为身处于建筑之外的观赏者带来的"象外之象"的联想；园林造景也不单单是花草树木石的摆设，而是追求"春日万紫千红，夏日翠环绿盖，秋日万山红遍，冬日红装素裹"的一年四季皆有景的营造。拙政园的梧竹幽居亭（图8-3）便是十分典型的例子。此亭在四壁方墙上开四个圆形洞门，四个圆形洞门，洞环洞，洞套洞，在不同的角度可看到重叠交错的分圈、套圈、连圈的奇特景观。四个圆洞门既通透、采光、雅致，又形成四幅花窗掩映、小桥流水、湖光山色、梧竹清韵的美丽框景画面，意味隽永"梧竹幽居"匾

图8-3　拙政园的梧竹幽居亭（引自刘敦桢. 苏州古典园林[M]. 北京：中国建筑工业出版社，2010.）

额为文徵明体"爽借清风明借月，动观流水静观山"对联为清末名书家赵之谦撰书，上联连用二个借字，点出了人类与风月、与自然和谐相处的亲密之情；下联则用一动一静，一虚一实相互衬托、对比，相映成趣。我们若是坐在亭中的石凳向外望去，景色面面不同：南面可品春日百花齐放之盛景，西面可赏夏日十里荷花之壮景，北面可观秋日落叶缤纷之佳景，东面则可看冬日落雪纷飞之美景。现当代亦有许多建筑师借"意"进行建筑创作，如安藤忠雄的真言宗本福寺水御堂、丹尼尔·里伯斯金设计的柏林犹太人博物馆等。身处其间的人们对于"建筑意"的领会往往会带来愉悦的审美体验甚至是审美情感的超越。

由此，我们发现，建筑与诗词艺术对意境的共同追求是形成两者共通性的根本，古往今来诗词的名篇佳作对于扩大建筑知名度、传递建筑背景信息，揭示建筑意境内涵，提升建筑审美价值都有不可否认和低估的作用。王勃写的《滕王阁序》中"落霞与孤鹜齐飞，秋水共长天一色"描绘的绝佳意境令无数游人驻足低吟，滕王阁就此闻名遐迩；唐朝诗人张继的一首《枫桥夜泊》："月落乌啼霜满天，江枫渔火对愁眠。姑苏城外寒山寺，夜半钟声到客船。"使得苏州的寒山寺驰名中外；范仲淹的"先天下之忧而忧，后天下之乐而乐"响彻古今，岳阳楼更是驰名中外；王羲之的一首《兰亭集序》，绍兴的兰亭成了历朝书法家的必经之地，等等例子，不胜枚举。我们都可以感受到，诗词艺术被引入建筑，点染、生发、颂扬和美化了建筑之"意"。

诗词点化和深化建筑意境的作用首先表现在以诗词美文来拓宽和烘托建筑意境。如杭州西湖西泠印社的四照阁（图8-4）。阁内柱上的诗文对联云："面面有情，环水抱山山抱水；心心相印，因人传地地传人。"诗情画意，平添此处景观之审美内涵，使四照阁的旷远之景融入柔美之情。静态之景与动态之情相结合，即景即情，亦动亦静，生成景观"意境"，进一步丰富了四照阁的审美属性，提升了四照阁的审美价值。

用诗词等文学艺术来丰富、点化、拓展建筑之"意"，最常见的表现是以诗词赋文中的字句为建筑空间题名、题对、题联。建筑命名如"临池别馆"、"深柳堂"、"南熏亭"、"月到风来亭"、"待月楼"这样的建筑物加之诗词点缀

图8-4　四照阁（引自李白云，李黎，夏宜平. 杭州西泠印社园林点景的人文渊源探究［J］. 华中建筑，2013（10）151-154.）

的做法，都极具诗意。不仅引发了人的联想与想象，延伸了时空感知，还使人们常常寓情于景，达到物我相融的境界。具体比如说拙政园的听雨轩，轩前有一泓清水，植有荷花；池边则种有芭蕉、翠竹；轩后也植有一丛芭蕉，前后相映，无论春夏秋冬，都能听到各具情趣的声音，别有一番风味。如遇落雨，在此下棋品茗，边听雨打芭蕉、翠竹、荷叶之声，正是应了南唐诗人李中"听雨入秋竹，留僧覆旧棋"之意境。再如题对，题联，颐和园后山谐趣园的涵远堂的一副对联："西岭烟霞生袖底，东洲云海落樽前。"从题名到题对，诗情浓、画意深，缥缥缈缈，无垠无边，拓展了广阔的审美时空。又如苏州沧浪亭的著名亭联："清风明月本无价，近水远山皆有情。""这副对联，上联写清风明月的虚物景象，下联写近水远山的实物景象，把沧浪亭的建筑意象与环境的山水、风月意象融合在一起，既浓郁了沧浪亭的诗的境界，也深化了沧浪亭的文化积淀。"⑬再如番禺余荫山房之主题对联："馀地三弓红雨足，荫生一角绿云深"，道出了构园者即使在"三弓"之地，也力图构思出深远无穷的意境。

园林建筑较之于其他建筑类型，与诗词等其他门类艺术之间的共通性最为突出，一个重要的原因是：园林建筑更主要的是一个重"虚"的精神空间，是愉悦性情、抒发情怀之所；而民居建筑、宫殿建筑等其他类建筑更主要的是一个重"实"的行为空间，具有更为明确的功能实用性。"在园林里，特别是在名园里，可说处处蕴蓄着诗意，时时荡漾着诗情，事事体现着诗心，是地道的'诗世界'。"⑭比较而言，园林建筑的审美属性更为广泛，更为丰富。因此，它也成为建筑美学研究的主要建筑类型。

诗词对建筑、园林意境的点化和深化作用充分反映了两者对意境的共同追求。中国诗词艺术对建筑的发展有着至关重要的作用。对古代诗词进行有意识的审美理解，准确把握建筑与诗词艺术在"意"上的共通性，对设计者在心境上有着潜移默化的影响。诗词甚至可以成为建筑师创作的思想源泉，启发建筑师进行实践创作。

建筑艺术是一门综合性艺术，它具有书法之"势"，音乐之"韵"，绘画之"境"，诗词之"意"……建筑艺术与其他艺术门类之间的广泛的共通性不仅丰富了建筑艺术的美学内涵和审美属性，而且也为不同审美主体在建筑审美活动中感发审美情思，驰骋审美想象提供多样化的条件和契机。建筑学家吴良镛先生在2012年中国建筑学会年会主旨报告《人居环境与审美文化》中指出：人居环境的审美文化是"艺文"的综合集成，涵盖书法、文学、雕塑、绘画等多个艺术门类。在中国人居史上，有无数精彩的例子。"艺文"的综合集成在当代有广阔的创新空间，大有可为。

注释

① 唐孝祥. 岭南近代建筑文化与美学[M]. 北京：中国建筑工业出版社，2010.

② 宗白华. 美学散步[M]. 上海：上海人民出版社，1981.

③ 李泽厚. 美的历程[M]. 北京：三联书店，2014.

④ 北京大学哲学系美学教研室. 中国美学史资料选编[M]. 北京：中华书局，1980.

⑤ （德）黑格尔. 美学[M]. 北京：商务印书馆，1984.

⑥ 欧阳友权. 艺术美学[M]. 长沙：中南工业大学出版社，1999.

⑦ （美）托伯特·哈姆林. 建筑形式美的原则[M]. 北京：中国建筑工业出版社，1982.

⑧ 冒从虎，王勤田，张庆荣. 欧洲哲学通史[M]. 天津：南开大学出版社，1985.

⑨ 勒·柯布西耶，走向新建筑[M]. 陈志华译. 西安：陕西师范大学出版社，2004.

⑩ 王振复. 建筑美学[M]. 台北：台湾地景企业股份有限公司，1993.

⑪ 陈同滨，傅晶，刘剑. 世界遗产杭州西湖文化景观突出普遍价值研究[J]. 风景园林，2012（02）.

⑫ 叶朗. 胸中之竹——走向现代之中国美学[M]. 合肥：安徽教育出版社，1998.

⑬ 侯幼彬. 中国建筑美学[M]. 哈尔滨：黑龙江科学技术出版社，1997.

⑭ 金学智. 中国园林美学[M]. 北京：中国建筑工业出版社，2000.

第9讲

中外建筑中的对称与均衡

对称与均衡是人类建筑活动的普遍法则和审美经验。对称与均衡见之于宫殿、寺庙、园林的布局中，见之于桥、亭，塔的平面构图中，见之于传统村镇的规划中，见之于各类建筑的装饰中。对称与均衡体现了欧洲古典主义建筑的审美属性，反映了外国宗教建筑的设计手法，更是中国传统美学"中和之美"审美理想的传达和显现。因此，把握中外建筑中的对称与均衡，必将有助于领悟中外建筑文化，提升建筑审美能力，阐释建筑审美现象。

对称与均衡是艺术和美学的基本法则。古希腊时期的毕达哥拉斯学派就认为圆是所有几何图形中最为对称的，因而也是最完美的图形。在建筑艺术领域，对称，与比例、构图，均衡、秩序、统一、和谐、韵律等其他美学原则之间也有着千丝万缕的关系。正如古罗马建筑师维特鲁威所言，建筑美依赖于秩序、对称、韵律、适宜性、构图和经济等元素。文艺复兴时期的建筑师和思想家阿尔伯特也试图把美定义为根据具体的数目、比例和秩序而形成的各部分之间的统一与整合，而这种对称和比例正是源于对人体完美比例关系的模仿。[①]这些关于对称性的美学言论一直以来被视为"美学圣经"，指导着建筑设计实践和影响着建筑艺术的发展。

一、聚落及建筑群的对称与均衡

对称与均衡是中西方传统建筑空间形态的一个重要特征，不论是古代城市规划、传统聚落空间布局，还是建筑群的规划布局，都体现了这一美学法则。对称与均衡之所以成为传统建筑艺术的重要特征之一，这与先民的价值取向、思维方式、社会心理和审美理想密切相关。

建筑文化是中国传统文化的一个重要组成部分，必然会受到中国传统宇宙观、等级观、中和思想、天人合一等思想和观念的影响。正如美国学者克里斯蒂·乔基姆所言，"作为中国建筑基础的有关神圣空间的观念就被同心、南北轴心、东西对称这三条原则所统制，这些反映了中国人对宇宙秩序的理解。"[②]中国古代城市、聚落或建筑空间布局呈现出多样化的对称图式。受到中国儒家礼制思想、天圆地方宇宙图式和吉祥文化等的影响，中国古城规划常呈现棋盘形对称、圆形对称、龟形对称、船形对称等多样化的布局方式，中轴对称是最为普遍的。

根据《周礼·考工记》记载的匠人营国制度，古代都城应遵循"方九里，旁三门，国中九经九纬，经涂九轨。左祖右社，面朝后市，市朝一夫"的规划原则，即城市平面见方九里，城墙各面开三座城门，城内街道划分成九纵九横，纵向街道应能同时行驶九辆马车；宫殿位于都城的中心，左边是祖庙，右边是社稷坛，宫殿前面是朝政地点，后面是市场。在这种规制的影响下，古代都城的街道格局就如同棋盘般分布，以宫殿为中心，呈规整的左右对称形式。我们可从遗留下来的古代王城图和隋唐都城长安城的平面图来窥视这一礼制营造原则规范下的都城概貌。梁思成先生指出，这一规划原则"反映了封建社会初期的社会关系及政治体系。封建领主有着至高无上的权力，因此其宫殿必须位于正前方正中央的位置"[③]。

　　中轴对称是中国传统建筑组群极富特色的布局手法之一。正如王振复先生所言，"对称安排、秩序井然、有条不紊，强烈的政治伦理色彩，浓郁的理性精神，是中国古代建筑文化的一大民族特色"[④]。重要的建筑总是位于中轴线上，两侧再对称安排其他建筑，使整座建筑群形成中心突出、主次分明而又和谐统一的整体。我们从西周陕西岐山凤雏遗址就可领会先民在建筑营造中渗透的中轴线意识。这一建筑的总平面为严整的四合院宫殿形制，二进院落，由影壁、大门、前堂、后室构成南北向的纵向中轴序列。又如明清时代北京城，整座城市的规划体现了以皇城紫禁城为中心的建筑设计思想，紫禁城的三大殿（太和殿、中和殿、保和殿）和后三宫(乾清宫、交泰殿、坤宁宫)作为南北中轴线上的主要建筑群（图9-1），轴线南北延伸，

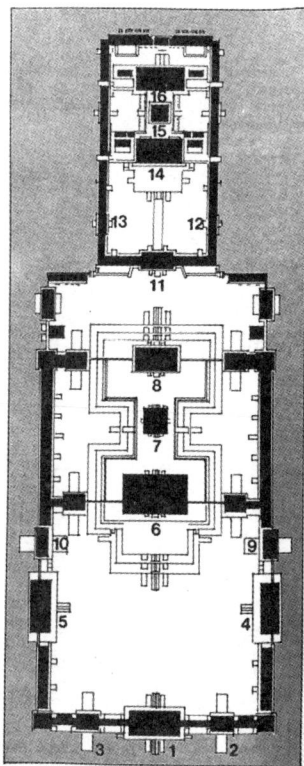

故宫中轴线上主要建筑平面图
1. 太和门
2. 昭德门
3. 贞度门
4. 体仁阁
5. 弘义阁
6. 太和殿
7. 中和殿
8. 保和殿
9. 左翼门
10. 右翼门
11. 乾清门
12. 景远门
13. 隆宗门
14. 乾清宫
15. 交泰殿
16. 坤宁宫

图9-1　北京紫禁城中轴线上的主要建筑平面图（引自李允鉌. 华夏意匠［M］. 天津：天津大学出版社，2014.）

最南端以永定门为起点，以紫禁城以北的景山、地安门到钟鼓楼为终点，形成一条总长度7.8千米的明清北京城中轴线。这一中轴对称的空间序列，既突出了北京城壮美的秩序感，又隐喻了紫禁城宫殿建筑群的重要地位和深厚的文化象征内涵。

除宫殿建筑群外，这种中轴对称的建筑美学意识也体现在以合院为空间布局特色的其他建筑组群中，如陵墓、寺庙、民居建筑群等。陵墓建筑群常常采用以神道为对称轴以贯穿整个建筑群的轴线布局方式。如唐高宗乾陵，以山峰为陵山主体，前面布置阙门、石象生、碑刻、华表等组成神道，串联主建筑群，衬托出陵墓建筑的宏达肃穆。又如曲阜孔庙（图9-2）的建筑群同样以南北中轴线贯穿，形成左右对称的严谨布局。建筑分成三路，中路从最南端金声玉振坊起，由南向北依次穿越棂星门、太和元气坊、圣时门、璧水桥；进入大中门后，再经过奎文阁、十三碑亭、大成门、杏

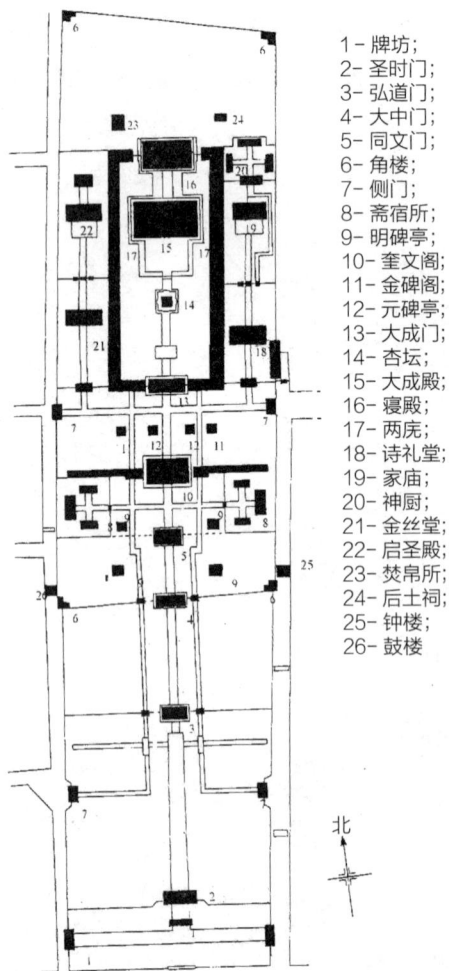

1- 牌坊；
2- 圣时门；
3- 弘道门；
4- 大中门；
5- 同文门；
6- 角楼；
7- 侧门；
8- 斋宿所；
9- 明碑亭；
10- 奎文阁；
11- 金碑阁；
12- 元碑亭；
13- 大成门；
14- 杏坛；
15- 大成殿；
16- 寝殿；
17- 两庑；
18- 诗礼堂；
19- 家庙；
20- 神厨；
21- 金丝堂；
22- 启圣殿；
23- 焚帛所；
24- 后土祠；
25- 钟楼；
26- 鼓楼

北

图9-2　曲阜孔庙的南北中轴线（引自潘谷西．中国建筑史［M］．北京：中国建筑工业出版社，2009.）

坛、大成殿、寝殿、最后到圣迹殿，这为孔庙的主体建筑，是祭祀孔子以及先儒、先贤的场所。而东路则从大成门向东，经圣承门，到达诗礼堂、鲁壁、孔宅故井及崇圣祠、家庙；西路则由大成门向西，经启圣门，到达金丝堂、启圣殿及启圣寝殿等建筑。此外，合院式民居建筑的平面布局也大多为矩形平面，呈现轴对称的特征。

轴线对称的平面布局和空间序列在现当代建筑设计中也是极为常见的，如西汉南越王墓博物馆的规划设计把传统庭院体系融入现代建筑当中，采用了轴线对称的平面布局和空间序列，这突出反映了纪念性建筑的伦理和礼制秩序。又如虎门鸦片战争海战博物馆的总体布局也是沿着一条垂直于滨海大道的中轴线而展开，中轴线上以主展馆为中心，陈列大楼，宣誓广场，观海长堤等组成建筑纪念群体，从海滩到观海长廊、宣誓广场，再从金锁铜关桥到主展馆形成严谨的中轴对称布局，整个空间秩序井然有序。

轴线布局也是中国皇家园林常采用的主要造园手法，规整的轴线有助于突出建筑群对称严整的秩序，产生庄重肃穆之感。以北京紫禁城内的宫苑建筑为例，紫禁城御花园基本呈矩形平面，坤宁门、天一门、钦安殿、承光门、顺贞门依次排列，形成一条南北中轴线，全园的主体建筑钦安殿则居于中轴线上的中心，并围绕此中心组成了内廷花园。中轴线的两端的建筑也两两相对，遥相呼应，如分别位于园东南和西南二角的琼苑东门和琼苑西门，以居中的坤宁门为对称点，相互对应；东、西门内的绛雪轩和养心斋相向而建，而位于花园东部和西部的万春亭和千秋亭也耸然对峙，东北和西北的浮碧亭和澄瑞亭相对呼应，北面的承光门两翼的延和门和集福门对称置列。

北海的琼华岛和颐和园的万寿山是用中轴对称来统帅全园的典型例子。琼华岛的轴线是从永安寺山门入口，到法轮殿、正觉殿、普安殿、善因殿、白塔至后面的漪澜堂，通过白塔来达到全园中心控制作用。颐和园的南北中轴线随山势延伸，将万寿山分成东西两坡。中轴线始自临湖长廊、经过大报恩延寿寺，排云殿、佛香阁和智慧海，最后到须弥灵境。在主轴线的两侧，东侧的慈福楼、转轮藏和西侧的宝云阁、罗汉堂两两对应，对称排列。更有趣的是，颐和园除主轴线外，其他建筑群组也具有各自相应的轴线，如颐和园东宫门轴线、德和园轴线、乐寿堂轴线和听鹂馆轴线等，这为园林空间增添了多样化和趣味性。不同于北方园林的规整对称，江南园林和岭南庭园更善于顺应自然天趣，除一些主体建筑平面轴对称外，常采用不规则的空间形式，在对称与不对称的均衡中表现空间的多变性和丰富性。如番禺余荫山房的平面布局，虽然主体建筑中轴对称，南北轴线汇交方形水池之中心，但由于庭园围合界面的不规则性和采用曲廊相连，加上入口进园轴线的转折弯曲，人在园中不同的位置感到空间形态的不同，庭园面积虽小但景致丰富，从而达到小中见大之效果。⑤

天圆地方的宇宙模式是中国传统聚落和建筑营造中常采用的对称性布局方式。我们可在礼制性建筑，特别如宗庙、明堂、辟雍、郊丘、社稷等祭祀性建筑平面上发现这一形式。西汉的明堂就是典型例子，根据《明堂阴阳录》中的记载"明堂之制，周圜行水，左旋以象天。内有太室象紫宫，南出明堂象太微，西出总章象玉潢，北出玄堂象营室，东出青阳象天市"，我们可知，明堂的基本形式是内方外圆，正中央是一正方形平面的厅堂式建筑群，而外四周环绕一圆形水渠。《大戴礼》："明堂者，上圆下方。"《三辅黄图》："明堂，方象地，圆象天。"这种规天矩地的形制一方面寓意象天法地，是天圆地方宇宙模式的写照，另一方面又隐喻"礼"的教化功能，规矩成方圆。西汉明堂虽已无实物，但这一象天法地的形制一直影响到了明清的天坛。《广雅》记载："圆丘大坛，祭天也；方泽大折，祭地也。"天坛由圆丘、祈年殿和皇穹宇三组建筑物组成，正是对天圆地方宇宙图式的隐喻与象征。古城规划中的龟形对称源于中国古代的龟图腾崇拜。龟有天、地、人合一的宇宙模型的象征，龟背隆起象征天，"亚"字形腹甲象征地，而龟头与男性生殖器相似，象征人。同时，龟长寿、喜水，且身上有坚硬的龟甲保护，以免受外敌侵害。龟在中国古代的崇高地位和丰富的象征内涵，使众多古城池、聚落或建筑在营造过程有意模仿龟形平面。经吴庆洲教授考证，已知的龟形城就有二十多座，如赣州、成都、苏州等古城都是依照龟的形状而营造（图9-3）。以赣州古城为例，其坐落于山环水抱的选址当中，三面环水，贯通南北两条龙脉，整座城"为上水龟形，龟头筑南门，龟尾在章贡两江合流处，至今仍名龟尾角。东门、西门为龟的两足，均临水"⑥。此外，龟形对称的案例在传统聚落和建筑营造中也有所体现。如建于明崇祯年间（1628～1643年）位于虎门镇白沙的逆水流龟寨，寨内的建筑布局有龟头，龟甲、龟足，龟尾，就像一只龟在溪流中迎头逆流而上。又如东莞中堂镇黎氏大宗祠不管从平面布局看，还是从空间立面上看都像一只龟的形状。

对称、均衡、规整的城市形态，也是西方城市建设史中的一个重要命题。这不仅与早期人类对于对称的感知密切相关。自然界中无数对称形象的事物、人体左右对称的机体形态、宇宙天体规律的运行，激发了早期人类思考具体形态与对称均衡规律的内在联系。这也反映了一定的宗教文化意义，早期太阳崇拜、神灵崇拜使人们依据太阳运行轨迹进行建筑和城市

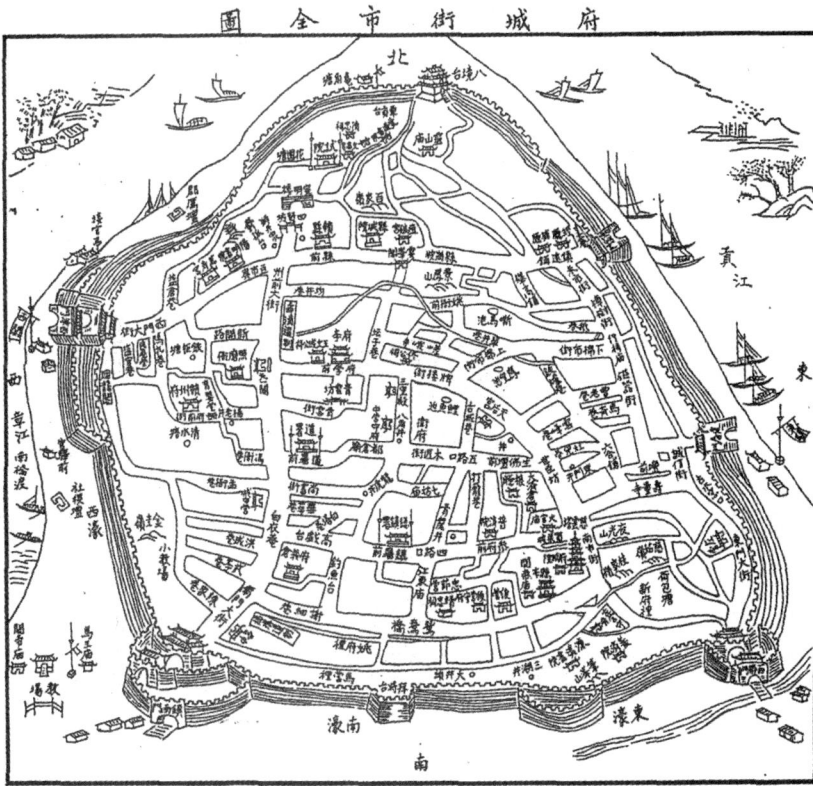

图9-3a　古城中的龟形对称赣州府城（引自吴庆洲. 龟文化与中国传统建筑［J］. 中国建筑史论汇刊，2009.）

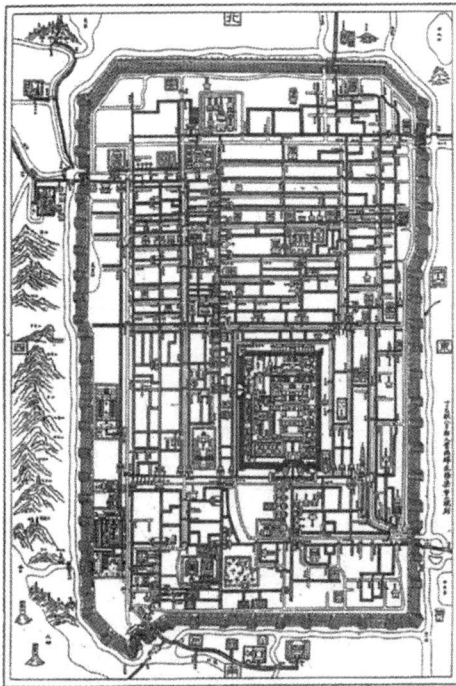

图9-3b　古城中的龟形对称苏州城（引自吴庆洲. 龟文化与中国传统建筑［J］. 中国建筑史论汇刊，2009.）

图9-3c　古城中的龟形对称成都城（引自吴庆洲. 龟文化与中国传统建筑［J］. 中国建筑史论汇刊，2009.）

的建设，这使基于轴线对称的形式也往往被赋予了均衡、和谐乃至崇高的心理意义。同时，这也是君主中央集权和崇高权力彰显的象征，体现了君主的等级观念和高高在上的权威。

我们可从古埃及底比斯城和阿玛纳城、两河流域的新巴比伦城的城市形态中窥见早期均衡对称美学思想的萌芽，其特征为轴线对称仅表现为从宫殿、神庙等建筑的轴线延伸出的局部片段，而到了文艺复兴时期城市形态才表现出严格、理性的轴线对称美学法则。底比斯城横跨尼罗河两岸，东岸为当时的宗教和政治中心，西岸为法老们的安葬场所。城市沿着尼罗河伸展，一条中轴线由西南向东北贯穿全城。新巴比伦王国首都新巴比伦城则在原巴比伦城基础上扩建而成，横跨幼发拉底河两岸，有着近似方形的平面布局，城内道路相互垂直。大致平行于河流的南北中央大道连接了庙宇、宫殿、城门等主要建筑物。雅典卫城（图9-4）建于陡峭的山岗上，包括雅典娜·帕提农铜像、帕提农神庙、伊瑞克先神庙、胜利神庙和卫城山门，其中帕提农神庙位置最高、体量最大，整个建筑群布局自由，看似没有对称的关系。事实上，旧址雅典卫城被毁于第二次希波战争。在萨拉米湾海战争胜利之后，为了纪念对抗波斯侵略军的胜利，雅典人并没有选择在毁坏的神庙旧址上进行重建，而是就近选址，使新建的帕提农神庙的中轴线恰好延伸至战争转折点普西塔利亚岛。这条隐含的轴线强化了神庙的战争胜利纪念意义，展现了雅典人不畏侵略的果敢和勇气，从而产生更

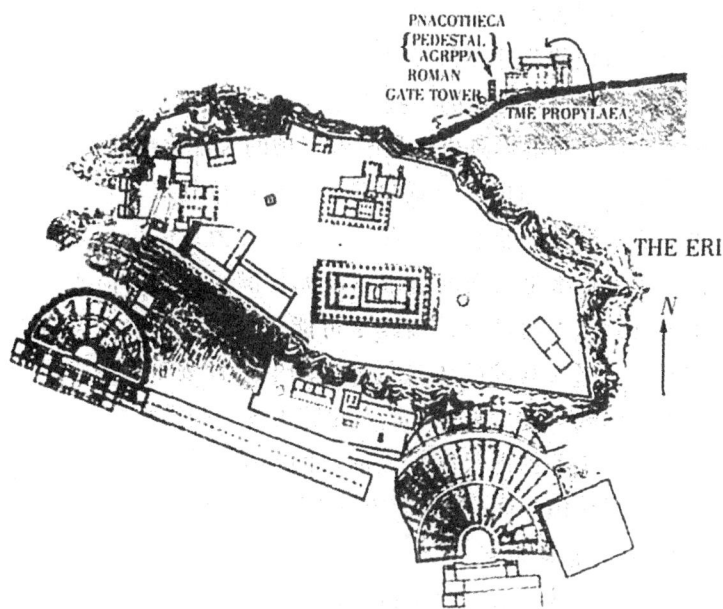

图9-4　雅典卫城（引自刘亮. 城市设计中的视觉设计［J］. 四川建材，2007.）

深刻的文化意蕴。

　　正交网格式的路网体系在古埃及卡洪城、古印度的摩亨佐·达罗城和美索不达米亚等的古城规划中得以出现。卡洪城是为建造依拉汗金字塔而形成的城市。长380米，宽260米，内有笔直的互相垂直的街道。摩亨佐·达罗城面积7.77平方公里，内有民居、宫殿、庙宇、主次分明的方格形道路网和完整的上下水道。主要街道的走向同主要风向一致，是南北向的，宽约10米，由东西向的次要街道连接起来⑦。而古希腊哲学家们对理想社会和理想城市的探索也对当时的城市规划产生了重要影响。他们希望通过劳动分工和社会角色的分类来重整城市秩序，以规范的几何形式的城市实现绝对的理性。古希腊规划师希波丹姆的米利都城市规划，就是当时将城市空间与几何的秩序结合起来的范例之一。米利都城城市路网呈正交网格的棋盘式布置，遵循以广场为中心，以正交的道路网为骨架，同时广场周边汇集了竞技场、神庙等公共场所，形成城市生活区。从城市分区、道路网格、街坊住区的划分都是按照几何和数的规律进行规划建设，体现了理性的法则。米利都城的对称、规整的几何网格形式不仅体现了古希腊的理想社会思潮，而且反映了当时的社会结构和社会秩序对于城市空间的渗透和影响。

　　均衡对称的美学思想还体现在古罗马军事营寨城这种特殊的城市形态中。这种城市形态在继承罗马传统的城市格局的同时，并结合了军营布置的形式。城市平面多为正方形或者矩形，城墙方整，城市朝向罗盘的基本方位，中央十字交叉道路通向东西南北四门，在道路交叉口建神庙，广场位于正交的中心轴线的交点附近。轴线将城市划分为几个区域，内部的道路和建筑呈现正交分布。严明、规整的城市格局体现了典型的军事管理的特点。提姆加德就是罗马帝国时期设置在北非的一个军事营寨城，平面正方形，城市广场位于两条垂直干道的相交处。道路网对称整齐，城市中建有浴场、巴西利卡等公共建筑。

罗马凯撒大帝时期的著名建筑师维特鲁威在《建筑十书》中提出了理想城市的构想，他认为，理想城市平面应呈规则的八边形，便于防守，放射性路网汇聚到城市中心，城市成为均质的八个部分；广场、神庙居于城市中心，八个部分又再次划分出小广场用地，与城墙平行的环状路径将各个部分有机的联系在一起。维特鲁威理想城市平面中的各个要素严格按照比例进行划分，八角形的向心平面实际上是对宇宙模型的对应和模拟。这种对称的形式对于后来的文艺复兴时期的向心性、集中式的城市格局产生了一定的影响。《建筑十书》的价值被文艺复新时期的建筑师们重新发掘，并产生了许多新的理想城市方案。阿尔伯蒂《论建筑》继承了维特鲁威的思想，提出了利于防守的多边星形平面。在他的城市模型中，城市的主要街道从城市外围向中心集聚，形成有利于防御的多边形星形平面。教堂、宫殿或城堡设立在城市的中心。这种布局结合军事防卫要求，同时城市形态较为美观，使得整个城市呈现规整的几何秩序。

巴洛克时期的城市设计则主要强调城市空间的动感和序列，采取环形放射状的城市道路网。这种集中式的平面规划思想对后来的欧洲各国的规划产生很大影响，并在巴黎得到了充分的展现。自1853年起，由法国塞纳区行政长官奥斯曼主导的巴黎市中心改建工程是巴黎规划中里程碑式的事件，决定了巴黎向心对称的城市格局。规划主要完成了贯穿全城的大十字干道和两条环路的整改，确立了大尺度的直线放射型道路系统，使得城市有了基本骨架。东西向主轴线以卢浮宫为中心，西连星形广场，东接巴士底广场和民族广场；南北向轴线连接了斯特拉斯堡大街、赛巴斯托波尔大街和圣米歇尔大街。内外环干道分别连接了重要的街区和交通枢纽，共同形成系统的城市道路网络。市中心矗立着卢浮宫和雄狮凯旋门，与分布于街道或广场上的众多的建筑遥相呼应，形成主次有序、层次清晰的城市景观，组成了完整均衡的城市统一体。

在西方城市建设史中，广场往往伴随城市一同"生长"，是城市政治、经济、文化生活的重心，也是城市形象的重要表征。从古希腊直到文艺复兴时期，城市广场在空间形态和担任职能方面不断变迁。古希腊广场有着重要的宗教意义，大多建筑物围绕着神庙形成广场；古罗马时期广场则以表达纪念性和君主权威为主题；中世纪的广场与城市空间紧密结合，互为依存；巴洛克时期的广场设在主要道路的节点处，道路网络与城市公共空间连为一体。虽然历史发展过程中，城市广场表现出自由多元的面貌，但是对称、均衡的美学法则在大多数广场的形态生成过程中起到了关键的作用。而这种对称、均衡的广场形态不仅仅表现为城市空间的造型手段，而且满足了当时的社会需求，反映了深层次的社会历史与文化内涵。

　　在古希腊时期，民主体制得到极大的发展……这种公共性极强的生活方式促生了城市公共空间的繁荣。于是，被希腊人称之为 Agora 的城市集市广场出现了……从很大程度上来说，古希腊时期的广场是其民主制度的象征，体现出一种平等、共有和多元的思想，展现出一种有机的秩序。[8]这时的古希腊广场虽然轴线不很明确，但是已经呈现基本对称的态势，两边有长廊，还建造有巴西利卡、神庙等公共场所，供人们集会和思想文化交流。古希腊时期的广场还具有宗教层面的意义，如建造如山岗之上的雅典卫城广场，则是国家的宗教活动中心。雅典卫城广场虽然距离主城区一定距离，但较好地延续了城市原来的发展轴线，整合了新旧城市空间，成为新的集会和朝圣所在。

　　文艺复兴时期，米开朗琪罗对罗马市政广场进行了改建设计。新的罗马市政广场是古罗马时代的元老院旧址上规划建设，平面是一个轴线对称的梯形，广场三面围合，分别是美术馆、音乐学院和元老院，广场比例严谨，体现出文艺复兴的理性精神。此外，西方君主同样热衷于在城市空间规划中体现自己的意志和权力的象征，他们渴望通过完成对于城市的设计与规划来表达自己的雄心壮志，而轴线对称、均衡规整的构图恰恰表现了强烈的理性、秩序和凝聚力，满足了统治阶级的心理愿望。

　　欧洲在17 世纪进入了绝对君权的时期。作为当时欧洲最强大的中央集权国家，法国兴建了很多著名的城市宫殿和广场。凡尔赛宫原为法王的猎庄，后经过扩建形成了宫殿、花园与放射形大道三部分。王宫前面的大花园纵轴长3公里，园内树木、小品、亭台呈几何式构图，有主轴、次轴等。从王宫前广场发出的三条放射形使得王宫俨然成为整个巴黎乃至法国的中心点。这种扩张性的放射空间对城市空间的控制力很强，显示法王恢宏的气魄，成为法国中央集权的象征，为欧洲的很多君主所追捧和效仿。

　　早期人类文明的构筑物诸如巨石阵、巴别塔、金字塔大多采用对称均衡的基本图形构图方式。著名的吉萨金字塔群由胡夫金字塔、哈夫拉金字塔、孟卡拉金字塔等组成，三座金字塔在白云黄沙间展开，它们居于正向方位，互以对角线相接，造成建筑物参差的轮廓。周围还有许多小型金字塔，对主金字塔形成拱卫环抱之势。金字塔对称、均衡、稳定的形象是与当时的审美意识、技术条件和信仰观念密切相关的。金字塔对称、均衡的形象还是古埃及人的生死观念和对宇宙内在逻辑信仰的外化体现。"这样的观念反映在金字塔中，金字塔的平面虽然没有完全的对称，但却都准确地朝向基本的方位，形成金字塔与宇宙间的对应。依照太阳的升落，将活人的事物安排在尼罗河的东边；将纪念亡者之物安排在河之西边，并利用朝向的安排与几何的表现，达到永恒的存在。而金字塔的东西朝向有着强烈的指示含意，由西向东的太阳之道，结合了神殿与金字塔，形成了完整的宗教空间。"[⑨]

二、建筑单体的对称与均衡

以庭院为基本空间布局的中国传统建筑主要以建筑群的轴线对称为显著特征，而建筑单体作为建筑群的重要组成部分，建筑单体既遵循着对称的总体原则，同时其对称的形式也表现出更为自由灵活的多样性特征。中国传统木构建筑单体由屋顶、屋身和台基组成，不管从开间、立面或内部陈设来看，都常常遵循以堂为中心，呈左右对称的形式。建筑单体平面除矩形、方形主要制式之外，还有圆形、十字形、工字形、三角形、六角形、八角形、连环、梅花、扇形等多样化的平面布局方式。不管是以上哪一种平面形状，都常呈现左右、上下或中心对称的形式。

中国现存最早的木构建筑单体为重建于唐德宗建中三年（公元782年）的山西五台山面阔三开间的南禅寺大殿，无论是其方整宽广的基座，单檐歇山顶的屋宇，还是立面墙面的开窗，都呈规整的左右对称的形式，给人稳定、坚固和统一的均衡美感。再看唐代佛光寺的东大殿、辽代善化寺的大雄宝殿、宋代晋祠圣母殿、宋代金佛光寺的文殊殿，元代永乐宫的纯阳殿、元代广胜寺的明应王殿，或是明长陵的祾恩殿，这些唐代以来尚存的主要建筑群中的建筑单体平面都是对称、均衡的方形平面，体现了中国古人追求方正、中和对称的思想。又如曲阜孔庙的大成殿作为孔庙的核心建筑，在历代的重修中，从最初的五开间到明昌五年（1194年）扩展为七开间，再到明成化十六年间扩展为九开间，五、七、九的开间数，拾级而上的台阶和厚重的台基，以及华丽的重檐歇山九脊大屋顶，无一不体现出强烈的轴线对称思想。再来看圆形、十字形、工字形、三角形、六角形、八角形、梅花、扇面等其他单体平面布局形式，这多用于民居、佛塔或园林建筑等，如福建永定县的振成楼即是清代圆形住宅的典型代表；又如根据平面形制，佛塔可分为四方塔、六角塔、八角塔、十二角塔等，西安大雁塔呈方形，广东连州慧光塔呈六角形，应县木塔、正定天宁寺塔平面呈八角形，河南嵩岳寺塔为十二边形平面等；再如园林建筑亭、阁、榭、轩、舫等建筑平面类型丰富，自由灵活。这多样化的对称布局既运用了几何图形的轴对称或中心对称的形式，赋予其特定的文化象征意蕴，同时也表达了建筑创作中力求自由灵巧、追求趣味性和丰富性的审美理想。

此外，中国传统建筑单体的对称与均衡在牌楼、影壁、华表、碑碣、石狮等小品建筑的形式和布置上也得到了较为充分的展现。这里主要以牌楼为例，不管是木牌楼、石牌楼，还是琉璃牌楼，一般都由单排柱子组成，根据立柱和开间，可分为两柱一间、四柱三间、六柱五间形制，而其屋顶也有屋脊，有硬山，歇山、悬山和庑殿等多种形式，如颐和园谐趣园"知鱼桥"、"画中游"都为单开间石牌楼；安徽棠樾村七牌楼、山东曲阜孔庙棂星门、广东佛山祖庙牌楼、五台山龙泉寺石牌楼、辽宁沈阳故宫前木牌楼，以及颐和园牌楼，如东宫门牌楼、北宫门慈福牌楼、宝云阁石牌楼、佛香阁北侧琉璃牌楼等均为四柱三开间牌楼；而六柱五间牌楼则主要有北京原正阳门牌楼和清西陵石牌楼等。首先从开间来看，一、三、五的开间数正好使牌楼在立面上形成左右对称的格局，同时，以中央开间的中轴线分开左右两侧，左右柱子、屋顶的高度、左右开间的宽度或尺度也是一样的，给人稳定、庄重的视觉感受。另外，从其立面装饰装修来看，斗栱的排列、脊饰的布置、梁枋彩画图案和色彩的安排，柱上楹联的选择等，都讲究对称与工整。华表和石狮总是成双左右排列对称布置的，如北京天安门前一对龙柱华表，基座四角的石狮圆雕，柱身的盘龙浮雕，柱头的瑞兽，两两对应，遥相呼应，这对华表与天安门前的石狮群以及两侧的金水桥融为一体，烘托出紫禁城的威严气势；又如明十三陵和清西陵的碑亭在四周角上各立一座华表，两两对称，给人庄重肃穆的场所感，是中国古人追求对称和谐思想的重要体现。

与中国传统建筑注重庭院空间相比，西方建筑则以突出建筑体量的建筑单体为主要特征，对这一特征的认知将有助于我们更好地理解西方建筑单体的对称与均衡。我们将从教堂建筑的对称与均衡、神庙建筑的对称与均衡、府邸与别墅建筑的对称与均衡等几个方面来展开论述。

教堂是宗教活动与传教布道的重要场所，在长达数千年的发展历程中，其平面形制主要有集中式、巴西利卡式、希腊十字式、拉丁十字式等类型，这些形制通常有一条或两条对称轴，通过对称、均衡、向心的平面形制创造出震撼人心的效果。

早期的基督教堂大多采用巴西利卡的形制。建筑平面为长方形，以支撑屋顶的柱子为界，分为中厅和两侧廊道，中厅的一端或两端是半圆形的空间。这种建筑空间形式较好地契合了基督教宗教仪轨，矩形大厅适合大型的人流聚集，便于聚焦和礼赞；而半圆形空间则是整个宗教活动的中心，可放置法官或皇帝的宝座，现用来供奉圣坛。

希腊十字是集中式的教堂形制，其中央穹顶和四面筒形拱成等臂的十字，形成有两条对称轴的向心性构图。如圣索菲亚教堂就是集中式的希腊十字教堂的代表作，教堂中央是直径32.6米的穹顶，阳光从穹顶周围的窗户中透射进来，仿佛飘浮在空中。教堂地面上的镶嵌图案十分绚丽，室内装饰有华丽的壁画，内部空间虚实多变、壮美富丽，给人以无限的向往。法国恩瓦立德新教堂也是采用希腊十字平面，中央穹顶饱满有力，四角是四个祈祷室，整个建筑形象庄重典雅，体现了古典主义的理性精神。希腊十字平面既是宗教观念的产物，也是建筑结构技术发展的结果。以拜占庭为中心的东正教宣扬教徒的亲密无间，而希腊十字向心性的空间正好强调了无差别性，增强了中心集聚之感。集中式的教堂还体现了宏大的纪念性，炫耀帝国的财富与荣耀，这也是拜占庭帝国所追求的。拜占庭时期发明了帆拱，使得穹顶通过帆拱和鼓座支承在方形平面上，解决了教堂穹顶的荷载问题，同时解放了内部空间，使得穹顶之下空间高大开敞。

拉丁十字形制是基督教会崇尚的建筑形制，其平面为不等臂的十字架。随着宗教的发展壮大和信徒增多，在原巴西利卡式教堂的基础上，大厅向两边伸出侧廊，形成拉丁十字式。相比于巴西利卡式的教堂，拉丁十字教堂的横竖两臂主次分明，相交形成教堂的中心空间，突出了举行仪式的圣坛。这种平面形制在哥特式天主教堂中得到广泛应用，如巴黎圣母院就是一个典型例子。巴黎圣母院的立面采用严格对称的双塔式构图，经过柱墩的纵向划分、雕饰的水平联系，立面形成横三段、纵三段的形式。双塔之间的立面设置了象征圣母的巨大圆形玫瑰窗，底层的三座透视门分别对应着中厅和侧廊。整个教堂高大宏伟，成为远近街道的中心性建筑物。

再来看神庙建筑的对称与均衡。神庙是古埃及和古希腊时期重要的建筑物，都倾向于使用轴线、柱式，采取均衡对称的平面布局，这使其具有跨时代的审美关联，蕴含了当时人们的宗教信仰、民族文化和艺术审美等方面的特点，反映了当时的建造工艺和社会发展水平。

太阳神庙是古埃及神庙建筑的典型代表，其宏伟高大，呈严谨的对称均衡布局。可见，古埃及神庙建筑是沿着一条轴线展开空间序列，中轴线上依次排列塔门、露天庭院、列柱大厅和神殿，宛如一部交响乐缓缓展开，神庙的塔门是序曲，柱厅是高潮，神殿是尾声；而古埃及人的宇宙观念、宗教思想和生死观念则直接影响了神庙的布局和方位。

古希腊时期的神庙更多是通过严谨的比例追求人体与宇宙的和谐。由于受毕达哥拉斯学派等的影响，古希腊神庙各个部分的比例关系得到精细推敲，以展示建筑的端庄、均衡和理性。帕提农神庙则是古希腊神庙建筑的典范，作为雅典卫城的主体建筑，其同样呈现中轴对称的空间布局。帕提农神庙正殿向东，内有双层叠柱式的三面回廊，中轴线上依次为回廊、前室、正殿、国库和档案馆。正殿中安放有雅典娜的塑像，强调了轴线感。人们从外部进入内部经过各个空间到达正殿，心灵得到了一次升华的历程，再仰头看见二层高度的雅典娜塑像，心中的崇敬油然而生。帕提农神庙建立在严格的比例关系上，建筑平面与正立面的长宽比都接近黄金比，其细部装饰也采用当时最好的技艺来建设。

府邸与别墅建筑代表了新的建筑类型，其同样追求着对称均衡的艺术美感。如佛罗伦萨的鲁切拉府邸是阿尔伯蒂的作品，其建筑立面处理参考了古罗马斗兽场立面的叠柱式处理手法。整个建筑立面，对称规整，整齐划一，带有较强的理性主义色彩。又如罗马的教皇尤利亚三世别墅虽然外围是环绕建筑一周的对称的封闭立面，但是内部有半圆形的庭院，花园沿着纵轴线错落布置喷泉、植物和小品。弧线形的长廊围绕庭院展开，在柱廊里行走可以将花园的景色一览无余。最著名的圆厅别墅（图9-5）是意

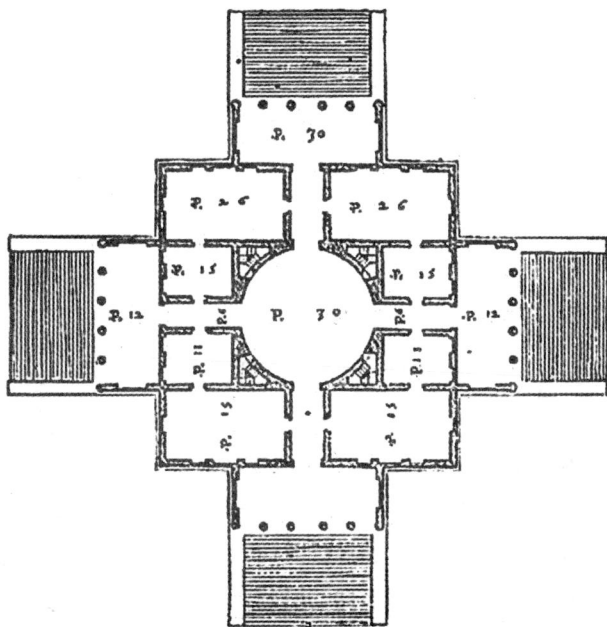

图9-5　圆厅别墅平面图（引自沈禾. 现代建筑设计的典型形式流程解析［J］. 东南大学学报，2005.）

大利文艺复兴大师帕拉第奥的代表作。整个建筑造型洗练简洁，由基本的体块组成：立方的主体，环绕四周的长方体外廊，半球形的穹窿，三角形的山花，各部分相互独立又联系紧密。由于建造于高地之上，四面都有廊，别墅非常适合观景。建筑有两条轴线，形象鲜明，有主宰四方之感。

三、建筑装饰的对称与均衡

从整体上看，中国传统建筑装饰的特征可以体现在以下几个方面：第一，中国传统建筑中使用了大量的装饰，种类、题材丰富，如有动物纹、祥瑞禽兽纹、植物纹、器物纹、几何纹、人物纹、吉语文字纹以及由数种图案组成的组合图案等，而装饰手段也多样化，如圆雕、浮雕、彩画等等。第二，受"周礼"思想观念的影响，中国建筑通常都秉持对称原则。不管是宫殿、陵墓、寺庙、园林，还是民居建筑，其空间布局大都根据中轴对称原则而建。而把对称原则拓展到建筑装修细部上，我们会发现在屋脊、斗栱、屋檐、门楣、廊柱等很多地方都会运用大量的对称性纹饰。这些纹饰利用相同或相近的元素，在其左右、上下或四周进行组合排列，构成对称与均衡的构图。不仅在画面中心轴两侧的布局上，还是在画面的上下结构中，都表现出极强的稳定性和均衡感。楼庆西先生认为，较之西方，中国的装饰更为图案化、程式化、符号化，原因在于中国艺术讲究对"意境"的追求，表现在装饰上是各种形象安排的随意性和象征性。[10]纹饰的对称性使得这种图案化、程式化和符号化更加突出，不仅使人们在视觉上获得简洁明快、完整、稳定、秩序、均衡和庄重之感，彰显了极高的审美价值；它还是一种文化载体，象征或隐喻了中国的"礼制"思想和"美"、"善"、"天人合一"的和谐观等传统文化思想。作为中华民族的文化标志与精神图腾，从古至今，龙纹是被广为应用的吉祥纹样之一。它既象征着封建时代不可触逆的神圣皇权，又蕴含现代的"尊贵吉祥"、"祈福纳吉"之意。这里将以龙纹饰为例，阐释中国传统建筑纹饰的对称性与均衡性，及其所透射出的深厚的文化内涵。

龙纹的形制多种多样，而最典型的对称性龙纹饰莫过于"双龙戏珠"这种表现形式了。双龙戏珠，是指两条龙戏耍（或抢夺)一颗火珠的表现形式。它的起源来自天文学中的星球运行图，火珠是由月球演化来的。从汉代开始，双龙戏珠成为一种常见的装饰纹样，多用于建筑的梁柱浮雕、屋脊装饰、藻井彩画等。双龙的形制以装饰的面积而定，若是长条形的，两条龙便对称状地设在左右两边，呈行龙姿态。若是正方形或是圆形的，两

图9-6a　北京故宫及雍和宫匾额上的木雕双龙戏珠纹饰（引自张道一，郭廉夫. 古代建筑雕刻纹饰—龙凤麒麟［M］. 南京：江苏美术出版社，2007.）

条龙则是上下对角排列，上为降龙，下为升龙。不管是何种排列，火珠均在中间，显示出活泼生动的艺术效果。更为重要的是，龙珠常常处于整个构图的中心，两龙则置于这个中心的上下、左右或四周，龙周围再配以其他装饰纹样，如云纹，卷草纹等，使画面呈现平衡、稳定的对称构图。

　　首先，以北京故宫及雍和宫匾额上的木雕双龙戏珠纹饰为例（图9-6a）。这件浮雕严格遵循对称原则，双龙、云纹、火珠以点、线、面构成的丰富图式使整件作品具有强大的情感表现能力。从造型角度分析，作品风格接近写实，造型非常严谨、规范，一丝不苟。龙身粗壮的线条，衬托出线条的遒劲灵动，线型变化也被刻意减少，以保证画面的秩序感，衬托出双龙跃动而不失威严的气势。这些都显示出了设计者良好的主次关系处理能力和对整体感的从容把控。在色彩上，整件浮雕被赋予朱漆，明显强化了视觉冲击力，气势宏伟，极具张力。画面充分体现了龙纹与皇权之间的关系，暗示出皇权的至高无上。

　　作为皇权的象征，龙纹饰主要出现在宫殿、陵墓、寺庙等官式建筑装饰中。随着社会的发展，龙纹与皇权的联系已不再被视为文化的主流，而是拓展到民间生活的各个角落，被人们赋予了一些新的含义。因此，龙除了象征皇权的威严外，它还是一种瑞兽，能消除灾难、辟邪除祟，给人带来吉祥。在民间建筑装饰中，屋脊、墙体砖雕、斗栱等醒目位置都装饰以龙纹饰。

　　与官式建筑中的双龙戏珠纹饰相比较，在民居建筑中，贵州从江县银良鼓楼的檐柱上的木雕双龙戏珠纹饰（图9-6b）同样运用了对称图式，而在细节上又比较自由随性，不拘谨，细节变化虽多，却不失秩序感；画面

图9-6b　贵州从江县银良寨鼓楼檐柱上的木雕双龙戏珠（引自张道一，郭廉夫. 古代建筑雕刻纹饰—龙凤麒麟［M］. 南京：江苏美术出版社，2007.）

综合采用了对比、变化、调和、统一的审美规则，整体韵律感很强，再加上跳跃的色彩，使得整个龙的造型显得生机盎然，很有生活气息。

龙、凤作为天子和皇后的象征，成为最高等级的装饰题材。除了"双龙戏珠"这一典型图式以外，"龙凤呈祥"也成为中国传统建筑装饰中极为重要和常见的纹饰，这一图式常以对称的形式出现。浙江东阳横店清宫苑龙凤御路龙凤石雕就是典型的对称式龙凤呈祥纹饰。整件石雕作品上下左右各设计了一只凤凰，以顺时针方向围绕着中心飞舞，而画面中心是一个八卦造型，中心盘踞着一条巨龙，龙的造型刚猛，充满力量感，与四周的凤形成强与弱，刚与柔的对比。而另一件来自宫廷的"龙凤呈祥"纹饰则另有一番景象。北京故宫及雍和宫木牌坊上的龙凤浮雕，龙凤形象饱满，围绕着一颗火珠腾云驾雾，有一种翩翩起舞之势，动感十足。整件作品设色艳丽，与民间的"龙凤呈祥"纹饰相比，多了几分雍容华贵的气质。

西方建筑装饰纹样中的对称与均衡则主要体现在不同时代的柱式纹样中。从古埃及到古希腊罗马，再到文艺复兴时期，基于不同的地域性、时代性审美要求、技术条件、材料性能，各种柱式以其富有特色的美学特征和形态规则，融入不朽的建筑杰作中。古埃及的莲花束茎式、纸草束茎式、莲花盛放式三种柱式灵感，源于对尼罗河两岸形式优美、对称性植物形态的模仿，柱子的柱头雕刻纸草花、莲花或棕榈叶形纹样，柱身粗壮、雄浑，给人稳定之感。如卢克索的卡纳克阿蒙神庙的主神殿宽103米，进深52米，偌大的空间就由16列共134根粗大的石柱支撑。大殿内石柱如林，排布紧密，严格对称、厚重压抑的布局烘托出了古埃及法老"王权神化"的神秘色彩。

　　古希腊时期的多立克、爱奥尼克、科林斯三种柱式是对均衡、对称的人体美的模仿和比例的量化。多立克柱式无柱础，柱身简洁有力，柱子比例粗壮，象征那个时代男子刚健的体魄；爱奥尼克与科林斯柱式的柱子比例更加修长，柱头装饰更为丰富，前者是涡卷式的旋涡，后者是花草植物，象征女子的柔婉妩媚。这种以人为主要比例参照、体现人体特征的柱式渗透了尊重人、赞美人的早期人本主义思想，彰显了人体和谐、对称的内在关系以及对于均衡美的孜孜追求。柱子各部分之间和柱距均以柱身底部直径作为模数形成一定的比例关系。这种严谨、系统的抽象又反映了古希腊人追求人与宇宙和谐的心理诉求，并通过柱式表达了他们的和谐、统一的宇宙观念。

　　在继承和发展古希腊三柱式的比例均衡关系的基础上，古代罗马又产生塔斯干、组合柱式，并成为罗马五柱式，形成更加华丽、细密的风格。以富丽华美的罗马科林斯柱式为基础，并与爱奥尼柱式相结合形成的组合柱式，不仅在古罗马时期的建筑中颇为流行，而且成为后来欧洲的教堂、官邸和宫殿等多种类型建筑所用柱式的先河。古罗马斗兽场（图9-7）

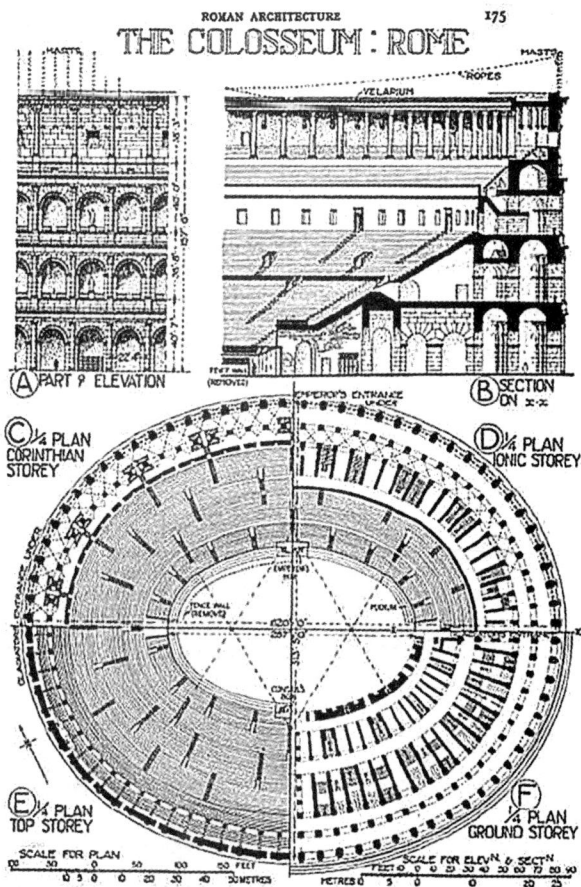

图9-7　古罗马斗兽场平面以及局部立面剖面（引自李兴钢. 第一见证："鸟巢"的诞生、理念、技术和时代决定性［J］. 天津大学学报，2012.）

图9-8 坦比哀多小教堂（引自周进. 上海近代基督教堂研究 [J]. 同济大学学报，2008.）

共四层，立面高48米，地下三层为连续的券柱式拱廊，各层采用不同的柱式构图，由下而上依次是塔斯干式、爱奥尼克式、科林斯式。第四层为实墙，外饰以科林斯壁柱。在逐步的发展中，建筑主体的承重依靠梁柱结构，柱式也主要作为立面的装饰构件。券柱式、叠柱式手法的创造使得柱式的应用更加灵活、广泛，均衡中不乏明朗，对称中更显聚合，这样富于节奏感的建筑立面使得整个建筑显得庄重，又不失活泼生气。

古典柱式经历了中世纪的沉睡之后，在文艺复兴时期再度复苏，宗教和世俗建筑的营造中大量使用古典柱式的构图要素，这反映了向古希腊"美是和谐"的美学思想的回归。如布鲁内莱斯基设计建造的佛罗伦萨育婴院打破了中世纪建筑沉闷厚重之感，建筑的立面采用了科林斯式券柱式长廊，与前面的广场相互呼应，水平向的檐部使得建筑显得安详、典雅。这种以立面所遵循几何学、水平连续、对称均衡的特性已经迥异于中世纪哥特高直耸立的建筑特色，决定性地体现了文艺复兴的风格。又如伯拉孟特设计的坦比哀多小教堂（图9-8）由16根多立克柱子环绕形成回廊，体形端庄，同时也与古典柱式中的多立克柱式象征男性神明的意义契合，展现了柱式的和谐之美和丰富意蕴。

古典主义建筑造型严谨，基于中轴线严格对称，以古典柱式为构图基础，要求遵循明确清晰的规则和规范。法国卢浮宫东立面柱式体现了古典主义的各项原则，其构图采用横三段纵五段的手法。横向底部结实沉重，中层是虚实相映的柱廊，顶部是水平向后檐。纵向实际上分五段，以柱廊为主但两端及中央采用了凯旋门式的构图，中央部分则有山花。柱廊采用双柱以增强其刚强感，突出轴线、两边对称、横三纵五的手法，严格的比例控制与柱式协调象征了君王的崇高权力和集权专制。

古典柱式不仅记录了西方建筑风格的嬗变，而且反映了西方的美学观、世界观、宇宙观的深层寓意。西方人将他们对于人体的均衡、宇宙的圆满的阐释寄托在柱式上，不断锤炼柱式的各种要素，企图接近于完美。对于柱式各个部分的精雕细琢深刻影响了室内设计和装饰风格；而柱间距的不同布置方式催生了新的建筑空间的产生，如希腊神庙出现了前廊端柱式、前廊列柱式等形式的规范布置；对整个柱式比例的控制决定了建筑的基本风格特征和比例关系，同时又发展出各种组合方式，增强了适应性；柱式的对称、均衡的构图和所包含的人文精神深刻影响了建筑的风貌，赋予了它们严谨、理性、不朽的美学价值。

注释

① Patrick Suppes. Rules of Proportion in Architecture [J]. Midwest Studies in Philosophy, XVI (1991), pp.352-358.

② 克里斯蒂·乔基姆. 中国的宗教精神[M]. 上海人民出版社，1990: 99.

③ 梁思成著，林洙编. 为什么研究中国建筑[M]. 北京：外语教学与研究出版社，2011: 43.

④ 王振复. 建筑美学笔记[M]. 天津：百花文艺出版社，2005: 145.

⑤ 陆琦. 中国南北古典园林之美学特征[J]. 华南理工大学学报（社会科学版），2011（8）: 93-100.

⑥ 吴庆洲. 龟文化与中国传统建筑[C]. 建筑历史与理论（2008年学术研讨会论文选辑）第九辑 2008: 95-122.

⑦ 罗小未. 外国建筑历史图说[M]. 上海：同济大学出版社，2014: 13-24.

⑧ 车轩. 浅谈西方城市广场演变中的人文因素[J]. 中外建筑，2013. 9.

⑨ 黄文珊. 新天堂乐园——论城市景观墓园之规划设计[J]. 中国园林，2005. 11.

⑩ 楼庆西，中国传统建筑装饰[M]. 北京：中国建筑工业出版社，1999: 265.

第10讲
中外建筑的隐喻与象征

　　隐喻和象征是中外建筑文化的重要表现手法和规划设计方法，对于深化和丰富建筑的文化内涵，建构建筑文化意象，提升建筑文化意境，驰骋审美想象，实现审美超越，发挥了十分重要的作用。巴西首都巴西利亚的规划布局，运用了飞机象征的手法；哥特式教堂造型特征隐喻了西方神人合一的文化理想；中国的故宫和印度的曼荼罗就隐喻了东方天圆地方的宇宙观。就是乡野的传统村落和留存于城乡的传统建筑，也不无隐喻和象征的典型案例。如牛形布局的安徽黟县宏村，浙江诸葛八卦村，广东肇庆高要的蚬岗村，广东潮汕地区祠堂建筑的乾坤脊檩装饰，如此等等，不一而足。

隐喻（Metaphor）与象征（Symbolism）是人们常用的两种修辞手段，相关研究可以追溯到古希腊时期。在黑格尔的美学体系中，象征性艺术是他认为的三种艺术类型之一。他认为象征无论就它的概念来说，还是就它在历史上出现的时间先后来说，都是艺术的开始。而建筑作为艺术的开始，是最与象征性艺术形式相对应的[①]。建筑隐喻与象征的规划设计与表现手法，对于深化和丰富建筑的文化内涵，建构建筑文化意象，提升建筑文化意境，驰骋审美想象，实现审美超越，发挥了十分重要的作用。从古埃及的金字塔、古希腊的神庙建筑、古罗马的记功柱、凯旋门、中世纪的哥特式教堂等，到印度的泰姬陵、中国的故宫等建筑，无一不体现出丰富、深厚的文化内涵。

一、建筑中数字的隐喻与象征

在中国传统文化观念中，数字被赋予了重要的文化内涵。中国传统建筑中的比例、尺度、体量、规模、空间组合中所体现的数字关系，表面看是一种构图法则，而实际是一种象征手法，反映了建筑所蕴含的阴阳观念、等级伦理思想、趋利避害的美好愿望、和谐均衡的审美内涵。

《易·系辞》说："天一，地二，天三，地四，天五，地六，天七，地八，天九，地十，天数五，地数五，五位相得而各有合。天数二十有五，地数三十。凡天地之数五十有五。"[②]古人把奇数看作为阳，代表了天、男人；而偶数为阴，代表了地、女人。如《周礼》"六宫六寝"制度是对中国宫殿建筑的"前朝后寝"营造制度的进一步细化规定，这既体现了中国传统文化中"家"、"国"同构的思想，又体现了阴阳互补的观念（图10-1）。"前朝"，即前部设"朝"，为帝王治国理政之所，为阳；"后寝"即后部设"寝"，为帝王及后妃们居家之地，为阴。六宫即后宫。《周礼·天官冢宰》有云："以阴礼教六宫"、"掌王之六寝之修"。杨敏芝认为"'六宫六寝'之六这个宫殿之数，源于《周易》。易经称阴交为'六'。'六'为易经策数之偶数，偶数象征'阴'，阴者，在政治伦理观念中指'女'，做'六'在这里，为'阴礼'之象征。"③又如"三朝五门"的宫殿形制，为帝王身份与权威的象征，采用"三"、"五"阳数。

以紫禁城建筑数字为例，紫禁城三大殿，即太和殿、中和殿、保和殿，属外朝，是皇帝施政的场所，在整体布局中位南，为正阳，因此，三大殿包括大清门、天安门、端门、午门、太和门的建筑大都用阳数。如大清门正中开三阙；天安门

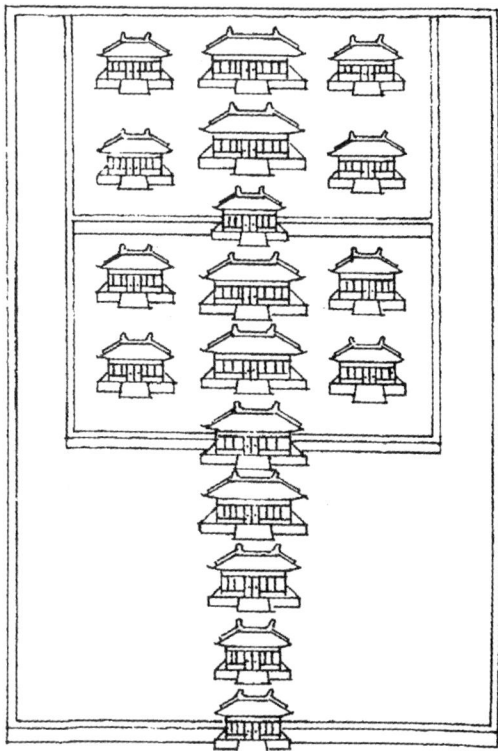

图10-1　聂崇义《三礼图》中的"周代寝宫图"量绘（引自李允鉌. 华夏意匠中国古典建筑设计原理分析［M］. 天津：天津大学出版社，2014.）

五阙，重楼九开间；端门五阙，重楼九开间；午门五阙，正中重楼九开间；太和门三门九开间。与前三殿相比，后三宫和东西两宫则多为阴数开间，"甚至二内廷中的坎墙、台明、山墙、檐墙和宫墙下肩，以至踏跺的层数，多用偶数的布局方法"，又如"坤宁宫后檐坎墙十二层，台基转二十层，另外后宫御路台阶的阶条数也多为偶数。"④

"某种意义上可以说，中国文化是一种'官本位'文化，政治（权力）、伦理内容，是这一文化不竭的'生命'。"⑤中国封建社会所强调的上下尊卑有序的统治秩序和封建礼制思想渗透到了人们社会生活内容的各个方面，而建筑作为其重要文化载体，同样打上了明显的等级印记。因此，中国传统建筑，尤其是作为帝王地位、身份与王权象征的宫殿建筑，尤其重视并运用数的"等级、地位与法度"象征含义来凸显其政治地位。

根据阴阳之说，单数为阳，阳数中九为最高等级，"九"作"天数"，成为封建帝王及其皇权统治的象征和代指，如皇上要穿"九服"，饰"九章"、"九文"（九种图案），戴"九龙冠"，佩"九环带"，饮"九龙壶"，坐"九龙舆"，睡"九龙帐"等，这都标示着皇帝的最高的身份和地位等级。

皇上居住和办公的建筑也是一样的，如北京故宫建筑，就处处与数字九的隐喻与象征内涵相联系。故宫三大殿的高度都是九丈九尺，各殿台阶的级数也都是九阶或其倍数，宫内大门装饰的"九路钉"也设计为横竖各九排，共九九八十一颗镀金饰钉，另外，故宫四个角楼的结构是九梁十八柱的，午门上主建筑正楼的面阔和进深都为九间，共为九九八十一间，等等。可见，数字"九"代表了社会地位的最高等级。而数字"五"居中，因此，古代常以"九五之尊"象征封建帝王。这源于《周易》的乾卦九五爻，乾为阳，为龙，乾是帝王的象征；九五爻为"飞龙在天，利见大人"，为"得正"之爻。如紫禁城前三殿、后两宫的工字形大台基尺寸恰好体现了九五之尊的含义。前三殿的台基（包括月台）南北长二百二十七米七，东西宽一百三十米，两者尺寸为九比五。后两宫长为九十七米，宽为五十六米，也是九比五。

早在周代就已有明确的建筑等级规定。据《周礼·考工记》，周代王城建筑规模为"方九里，旁三门，国中九经九纬，经涂九轨"。对于城池之高度，《考工记》记载"天子城高七雉，隅高九雉；公之城高五雉，隅高七雉；侯伯之城闻二维，隅闻五维。"对于庙堂之制，《礼记》中规定"天子七庙，三昭三穆，与太祖之庙而七。诸侯五庙，二昭二穆，与太祖之庙而五。大夫三庙，一昭以穆，与太祖之庙而三。士一庙，庶人祭于寝。"又如天子九门之制，明代京城就有丽正门、文明门、顺永门、齐化门、东直门、西直门、平则门、安定门、德胜门共九门。清代北京外城又设九门，即正阳门、崇文门、宣武门、安定门、德胜门、东直门、西直门、朝阳门、阜成门。而对于居室的门数和开间也有明确的规定，周代天子居室开五门，士大夫居室开三门；唐朝规定三品以上官吏的居室不得超过五间九架，六品以下不得超过三间九架；明代规定一二品官员厅堂为五间九架，三至五品官员厅堂为五间七架，正门一间二架，庶民百姓堂屋不得超过三间。《大清会典》规定公侯以下，三品以上的房屋占基准高二尺，四品以下到士民的房屋占基准高一尺。王府正门五间，正殿七间，后殿五间，一般百姓的正房不超过三间。

中国传统建筑数字所体现的象征含义往往凸显出建筑物主人的社会地位和权力，体现了中国古代森严的等级制度。这就是历代皇宫为何与数字"九"有不解之缘的原因了，如北京城内皇家建筑群，不仅在建造尺度上恪守"九"或"九的倍数"，而且不少建筑或景观还直接以"九"命名。如"九龙壁"，九龙壁上面的九龙，正中的为正龙，两侧的分别为升龙和降龙。九龙腾飞，神态各异。正龙威严、尊贵，升龙刚猛而充满力量，降龙则温文尔雅。这不仅衬托出皇宫的庄严肃穆之感，象征皇权和天子的威望，同时，由于龙图腾在中国又有消灾弭祸、镇宅、平安、吉祥，财运等含义。这也象征着群贤共济，圆满如意、蒸蒸日上的盛世景象。又如圆明园中的"九洲清晏"（图10-2），在湖面上布置九个岛，正中的岛上正殿题匾"九洲清晏"，寓意九州大地河清海晏，采用了《禹贡》大九洲的传统说法，附会国家统一、中央集政之意。又如颐和园的仁寿殿内有一外形为九只仙桃的熏炉，表面刻有九只蝙蝠，桃象征长寿，蝙蝠谐音"福"，九为极数，帝王专用数，合起来象征"福寿无疆"。

　　中国传统建筑多为木构建筑，易着火，为防止其免受火灾之害，古人善于在建筑命名上下功夫，利用数字隐喻与象征的寓意来达到趋利避害的作用，便是其中的做法。例如，紫禁城北部供奉水神玄武大帝的钦安殿殿门命名"正一门"，就是源自"天一生水，地六成之"之义，水克火，以祈

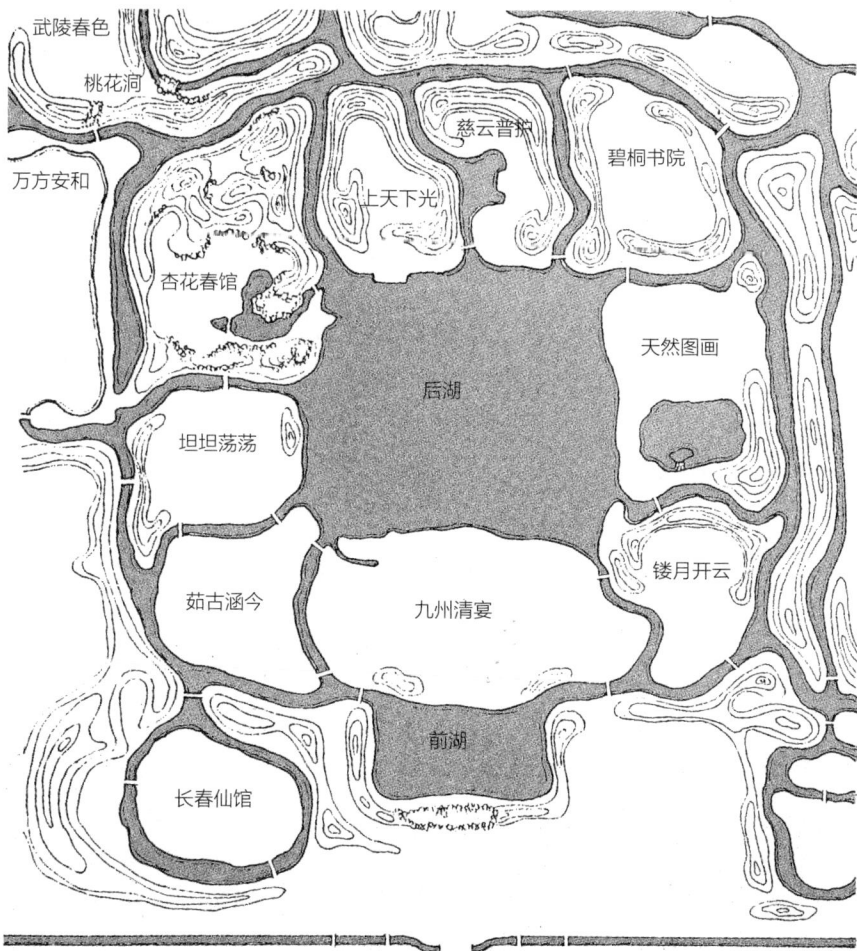

图10-2　九州清晏平面图（引自孟兆祯. 园衍［M］. 北京：中国建筑工业出版社，2012.）

求紫禁城远离火灾。此外，还有浙江宁波的藏书楼"天一阁"，为六开间格局，也是取自"天一生水，地六成之"的说法。藏书最忌火，因此，以命名的方式使之与水发生关联，以达到水克火，以抑制火灾发生的美好愿望。

西方建筑数字较多地反映了对和谐、均衡之美的重视与追求。1∶0.618这一比例被研究出来后，被视为是美的比例，称为黄金分割比，象征着美。弗朗索瓦·勃隆台（Francois Blondel）认为建筑中决定美的是比例，必须用数学方法把它制定为永恒的准则。维特鲁威（Marcus Vitruvius Pollio）在《建筑十书》中写到的，"比例是在一切建筑中细部和整体服从一定的模量从而产生均衡的方法。实际上，没有均衡或比例，就不可能有任何神庙的布置。"[⑥]他认为建筑师需要具备多学科的知识及技艺，技艺可以通过实际练习来提高，然而知识理论则需要用比例理论论证与说明。只有当建筑的整体与细部比例均相匹配时才能达到和谐，才能称得上美，建筑师必须要精心体会。

"爱奥尼式神庙的均衡……柱顶垫板要把它的纵横做成柱子下部的粗细加上十八分之一，厚度加上涡卷做成柱子粗细的一半。在涡卷前面应当从柱头垫板端部向里退十八分之一及其二分之一。然后，把厚度分为九个半部分，在与柱顶垫板相接的涡卷四周与柱顶垫板端部的平凸线相接，向下方引出称作中轴线的线。于是九个半部分中以一个半留作柱顶垫板厚度，所余八个部分则定为涡卷……水不会从柱子中间留下，也不致淋湿通过其间的行人……"[⑦]从上面的这段文字我们可以看出，古希腊人对于比例的追求是近于偏执的，但是这些严谨的数字比例关系是在前人的经验中总结得来的，它们有的象征男性，有的象征女性。美观的同时方便在建筑中的人们使用，符合维特鲁威总结出建筑三要素"坚固"、"适用"、"美观"。

二、建筑中文字符号的隐喻与象征

文字作为一种符号，从诞生那一刻起便意味着文明的出现。中国文字素有集"形美"、"声美"、"意美"于一体的美誉，在建筑、园林艺术的装饰图案中，自然离不开文字符号的点化。人们常常通过文字符号的隐喻与象征内涵来表达对美好愿望、幸福生活的向往与憧憬。文字的隐喻与象征主要通过以下三种方式来表现：一是以字形作造型，传递其特殊意义；二是通过文字符号的谐音来寓意吉祥；三是通过以文字符号为建筑命名，通过题名题联的方式来隐喻其象征意义。

用字形作造型的例子在中国传统建筑和现代建筑中均有体现。常见字纹主要有"卐"字纹、"回"字纹、盘长纹、方胜纹等,以及"福、禄、寿、喜、财"、"商"字形等文字符号。

"卐"字纹(读音"万"),源于梵文,被认为是太阳和火的象征。古代作为一种符咒或宗教标志,《华严经六十五·八法界》载"胸标卐字,七处平满"。后用于佛教中则有着佛赐吉祥的寓意,象征永生、永恒、长存与功德圆满;在道教中则代表着无限循环的宇宙观,武则天于唐长寿二年引用为文字,定音为"万",寓意"吉祥万福之所集"[8]。万字符常被应用于建筑的平面布局和装饰装修中。如圆明园中的"万方安和"殿平面呈"卐"形,以象征国泰民安。在窗格和铺地装饰中,万字符也是极为常见的,如沧浪亭"翠玲珑"万字纹窗格,拙政园"小沧浪"万字纹窗格、"三十六鸳鸯馆"万字纹窗格、"香洲"万字纹窗格和"志清意远"万字纹窗格等,既与周围的环境融为一体,又反映了园主人的情趣与追求吉祥如意的美好愿望(图10-3)。又如寄畅园卧云堂前的万字纹铺地、严家花园的万字纹铺地,采用了多个卐字首尾相接,形成极富装饰意味的连绵不断的回旋纹样装饰,其象征意义便与绵长不断,富贵吉祥、万福、万事如意等内涵联系起来。

"商"字形符号图案在民居装饰中的盛行,缘于当地的重商情结。在黟县西递村,几乎家家户户厅堂入口门框装饰都会筑雕成"商"字形图案,人们要进入厅室,都要从"商"字之下穿过,这一做法体现了徽商重商的社会心理。与"商"字图案相映成趣还有柱上的对联"读书好,营商好,效好便好;创业难,守成难,知难不难",这反映了在徽州人眼中,重商思想和尊儒思想一样重要。

在现代建筑中,我们也可见到文字符号隐喻与象征在建筑中的广泛应用。以殷墟博物馆为例,整个建筑主体完全沉入地下,地表被植物覆盖,

图10-3a　拙政园"志清意远"万字纹窗格(引自居阅时. 园道:苏州园林的文化涵义[M]. 上海:上海人民出版社,2012.)

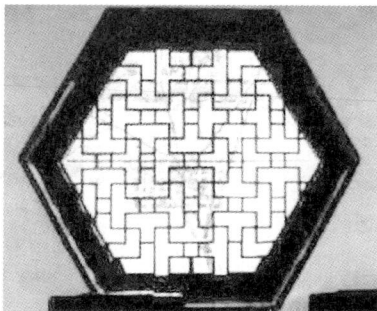

图10-3b　拙政园"小沧浪"万字纹窗格(引自居阅时. 园道:苏州园林的文化涵义[M]. 上海:上海人民出版社,2012.)

图10-3c　拙政园"三十六鸳鸯馆"万字纹
窗格（引自居阅时. 园道：苏州园林的文化
涵义［M］. 上海：上海人民出版社，2012.）

图10-3d　拙政园"香洲"万字纹窗格（引
自居阅时. 园道：苏州园林的文化涵义
［M］. 上海：上海人民出版社，2012.）

由一条坡道经转几折将游客引入地下。博物馆采用"回"字形平面，与基地西东侧的洹河相组合，恰好形成了甲骨文中的"洹"字，巧妙地隐喻了殷墟位于洹河河畔的地理位置，象征着孕育晚商文明的母亲河——洹河。

另外，值得注意的是，"福"、"禄"、"寿"、"喜"、"财"是我国传统建筑装饰题材的五大核心主题，蕴含着深厚的吉祥、喜庆文化内涵。

"福"。我国古代崇尚"福"文化。"福"字常被图案化，形成圆、方、菱形等不同形状的"福"字纹样，配合砖、木、石等不同的材料，单个的"福"字就可作为装饰图案被广泛应用于窗花、屏风或铺地的装饰装修中，如退思园的"福"字纹铺地。此外，又因"福"与"蝠"谐音，蝙蝠被看成福的象征，蝙蝠造型构成的各式图案也被赋予了特殊的象征内涵。广州陈家祠的建筑装饰中就采用了各式蝙蝠造型，形成了丰富的福文化象征内涵，如两只蝙蝠相叠构成的图案表示双倍的好运气，五只蝙蝠围绕一个寿字构成的图案寓意"五福捧寿"和"五福临门"，五福即"一曰寿，二曰富，三曰康宁，四曰攸好德，五曰考终命"，追求长寿、富裕、健康、好善和寿终的美好愿望，反映了人们祈福迎祥的心理（图10-4）。蝙蝠还可与如意绳结、桃子等构成画面，寓意"福寿双全"、"福寿如意"等。又如北京恭王府被称为"万福园"，其建筑的窗棂、画舫和砖雕上都可见造型各异的蝙蝠，体现了中华民族对"福文化"的重视与认识。

"禄"，体现中国古人做官吃俸禄，追求事业发展，仕途通达的愿望。民间常有"加官进禄"、"福禄寿"、"官上加官"、"加官晋爵"、"马上封侯"、"连升三级"等题材的吉祥图案等。鹿与"禄"谐音，蕴含福气或俸禄之意，故鹿的题材常被用于民居建筑装饰图案中，如鹿常与松树构成"松鹿长寿"，或鹿与鹤构成"鹤鹿同春"的装饰图案，以象征事业兴旺、富贵、

图10-4a　木雕"五福捧寿"（引自华南理工大学. 广州陈氏书院实录［M］. 北京：中国建筑工业出版社，2011.）

图10-4b　木雕"福"字（引自华南理工大学. 广州陈氏书院实录［M］. 北京：中国建筑工业出版社，2011.）

图10-4c　灰塑"福上加福"（引自华南理工大学. 广州陈氏书院实录［M］. 北京：中国建筑工业出版社，2011.）

图10-4d　灰塑"福在眼前"（引自华南理工大学. 广州陈氏书院实录［M］. 北京：中国建筑工业出版社，2011.）

图10-4e　灰塑"五福捧寿"（引自华南理工大学. 广州陈氏书院实录［M］. 北京：中国建筑工业出版社，2011.）

图10-4f　灰塑"福寿双全"（引自华南理工大学. 广州陈氏书院实录［M］. 北京：中国建筑工业出版社，2011.）

长寿的吉祥寓意。在传统建筑吉祥装饰中，关于"禄"的装饰主题还包括"科举及第"与"升官晋爵"两个方面。例如民居中常有"平升三级"、"三元及第"等主题的装饰图案，蕴含着"加官进禄"象征内涵。

"寿"。"寿"是"五福"中的核心内容，体现了先民强烈的生命意识。人们常说"福如东海，寿比南山"，"福"的意义一般与"寿"紧密联系在一起。"福"常常和"寿"连称而以"寿"为先。《尚书·洪范》蔡传："人有寿而能享诸福，故寿先之"，《韩非子》："全寿富贵之谓福"。⑨《抱朴子》记载："千岁蝙蝠，色如白雪，集则倒悬，脑重故也。此物得而阴干，磨末服之，令人寿万岁。"⑩蝙蝠不但与"福"谐音，更为长寿之物，故"五福捧寿"更是强化了寿的意蕴。私家园林中还出现"龟纹套圆寿"的装饰图案，龟纹也为长寿的象征，两者结合，更是突出"寿"的主题。

"喜"。"喜"反映了中国人趋吉纳福的传统心理习惯。在古代装饰纹样中，喜鹊因与"喜"谐音，以喜鹊登枝来传达喜上眉梢的内涵。"洞房花烛夜，金榜题名时"，喜上加喜，民间举行婚礼，要在门上贴"囍"。"囍"字由双喜对称，方正，结构稳定，隐喻男女并肩携手而立，意在祝福夫妻二人能幸福美满，白头偕老。

谐音取意也是建筑文字符号隐喻与象征的重要方式之一。除福禄寿喜等题材常用谐音取意来传达思想内涵外，还有许多其他例子，这里略举几例。如鱼与"余"谐音，与鱼相关的图形组合"年年有余"、"鱼跃龙门"等就是常用这一谐音关系，用鱼的形象来表现富贵、幸福、高升的象征寓意。宝瓶"瓶"与"平"同音，寓意平安。因此在民居装饰装修中，常用宝瓶形象来传达这一含义。如徽州民居厅堂长条案上安设东瓶与西镜，瓶、镜组合与"平静"相谐音，以物寓意，蕴涵着祈求家庭平安之意，也表达了常年奔波在外的徽商对平静、平安生活的内心渴望。瓶除了平安的含意之外，还有平（瓶）升三级的吉祥寓意。羊与"阳"谐音，象征吉祥。《说文解字》写道："羊，祥也。""三阳开泰"就是借此谐音，表达吉祥之意。又如"狮"与"事"谐音，大门前常设一对外形威武的石狮子，既有镇守之意，且象征"事事如意"；"扇"与"善"谐音，扇面建筑造型和装饰图案，寓意"尽善尽美"。又如莲与连同音，莲有高洁、正直、多子等内涵。《群芳谱》中这样描述莲"凡物先华而后实，独此华实齐生，百节疏通，万窍玲珑，亭亭物华，出于淤泥而不染，花中之君子也"。与莲相关的装饰题材常有"连生贵子"是多子多福的象征；"一品清廉"取"青莲"与"清廉"谐音，象征为官清廉；"路路清廉"青莲花与白鹭构成相伴的图案，隐喻为官清廉正直；"一路连科"一只白鹭与莲花莲叶相伴的图案，同样以谐音取意"赴考必中"的美好愿望。

以文字符号作为建筑名称、匾额、楹联所喻示的象征意义，在中西建筑中都有体现。建于明代的浙江宁波私家藏书楼，从郑玄注《周易》"天一生水、地六成之"中联想到图书极怕火，故取名"天一阁"，示意"以水灭火"。从中国古典园林的取名，如"沧浪亭"、"拙政园"、"网师园"、"寄畅园"、"留园"、"个园"、"残粒园"等，到园林景点的题名，如"万壑松风"、"海棠春坞"、"远香堂"、"闻妙香室"、"问梅阁"等，无一不抒发胸臆，传达出园主人的志趣、品格与人生追求。文字符号的象征力量在国外的建筑中也可看到。当你走进一座天主教教堂，抬头观察，你可能会发现在教堂的大门上有字母"JHS"与一个"拉丁十字架"的组合，或字母"P"与"X"组成的图形，这些文字是天主教的"圣号"。"JHS"是拉丁文"耶稣，人类的救主（Jesus HominumSalvator）"的缩写，十字架则表示耶稣为救赎人类甘愿献上自己。字母"P"与"X"的组合则是希腊语"基督（Χριστός）"的象征，也暗含着"在基督内平安（PaxChristus）"的意思。圣号的用途很广，不仅在教堂内外，甚至出现在礼仪服饰、经本和代表圣体的燕麦饼上。由字母"A"与"M"组合而成的图案象征着"万福玛利亚（Ave, Maria）"，教会以此作为圣母的标记，又按照教会本土化的原则，字母形状可能有一些变化，常见于圣母堂。当然，天主教中有象征意义的文字和图案还有很多，比如象征"元始"的"A"和象征"终末"的"Ω"，我们在牧徽上看到这两种字母则暗示着天主是万物根源与归宿的意思。

三、建筑形体的隐喻与象征

建筑形体的隐喻与象征，是指通过建筑造型表达相应的思想观念和心理行为。以圆形为例，柏拉图将圆形作为心灵的象征。在西方基督教艺术中，圆形既没有开端又没有终点，象征着上帝，同时也象征着上帝流溢出的宇宙。在东方艺术中，圆代表着澄明，象征着天人合一的完美境地。如印度及玛雅文化中的曼陀罗图形既象征着生命的终极整体，又体现天圆地方的宇宙图式；又如天坛采用圆形（祭天）、地坛采用方形（祭地），正合《周礼·考工记》中"上圆象天，下方法地"的"天圆地方"宇宙观（图10-5）。值得注意的是，中国建筑空间意识极重视中轴线左右严格对称和居"中"的思想，以体现"天人合一"、"致中和"的自然观和伦理观。古代城市选址都要求适中，谓之"择中观"，（荀子·大略）："王者必居天下之中，礼也"。这正是"致中和"象征意蕴的典型写照。

图10-5a　圜丘为三层圆形平台，圆形象征天，三层象征天、地、人（引自居阅时. 弦外之音中国建筑园林文化象征［M］. 成都：四川人民出版社，2005.）

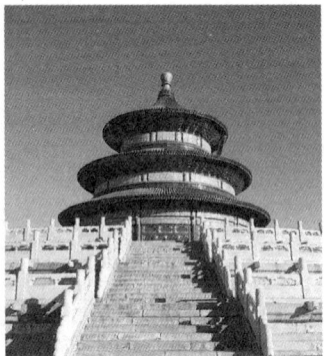

图10-5b　祈年殿为三重圆形攒尖顶，象征帝王祭祀时与天对话（引自居阅时. 弦外之音中国建筑园林文化象征［M］. 成都：四川人民出版社，2005.）

　　特定的自然环境和社会环境及民俗文化影响着传统的民居形态，也折射出丰富的隐喻象征内涵。如在黟县西递村，徽人在住宅内部空间，常以诗文、匾额点题，梁柱上的对联等反映儒雅追求。通过室内造景、借景、框景等手段融汇自然的"乐山""乐水"的儒家思想。在村落布局上，常仿牛形、鱼形、船形等形状，这与村民的防火心理、善用水之心理庇护有密切关系。村子整体布局像一艘从东向西而进的船，设有"明圳粼粼门前过，暗圳潺潺堂下流"的"消防工程"。"四水归堂"的天井院是徽州传统民居的主要特征之一，以天井为中心的内向封闭式组合，四面高墙围护，天井有组织排水，屋面排水坡朝天井。下雨时水流进天井，流入室内空间，徽人称"肥水不外流。"这与徽州重理学有关，阴阳五行里"金"生"水"，聚水就是聚财。

　　浙江永嘉苍坡村古村落的整体规划，则立足于自然山水元素实体，进行"文房四宝"的隐喻和象征，创设激发文化意象的环境景观，同样给人以丰富的审美享受。全村平面呈方形，象征"纸"，村南边的一个大水池象征"砚"，水池旁特意安放的长条形石块，象征"墨"，一条由东向西的街巷正对村西的笔架山，称为"笔街"，以喻一支毛笔安放在笔架之上。这样的村落布局与景观意象，借"文房四宝"的隐喻和象征来表达读书取仕的理想，以示人文荟萃，人才辈出。村门上的题书更是画龙点睛，道出了村落规划的主题和宗旨。"四壁青山藏虎豹，双池碧水储蛟龙"。"藏龙卧虎"表达了希望村落文运昌盛的文化意象。

　　永嘉县的芙蓉村古村落处于背山面水，三面环抱的理想环境中，并呈现"北斗七星"的格局。村内道路交叉的地方形成七处高出地面10厘米、约2平方米的平台，被称为"七星"，而村内有八处水池，为"斗"，村道将

"七星"和"八斗"连接起来，对应天象，寓意祈求天神保佑，祈福消灾。

兰溪诸葛村的布局是按"九宫八卦图"规划布置而成，整个村子的中心设钟池，位于九宫八卦图的中心，钟池以"S"形分隔成一半水塘一半陆地，隐喻太极图，象征阴阳二气调和。水池边缘呈圆形，而陆地边缘是方形，以象征天圆地方。钟池向四周设置八条小巷，向外辐射，称为内八卦，而整个村落坐落在八座萧山的环抱之中，这称为外八卦。村子的布局象征顺应天道，祈求家族兴旺发达，同时也是对通晓易理八卦的先祖诸葛亮的纪念。

建筑体形的隐喻与象征在外国建筑中的例子也是屡见不鲜。如埃罗·沙里宁的纽约环球航空公司航站楼（图10-6）采用了塑性的曲线造型，隐喻一只飞鸟，很恰当地隐喻了航空站的性质和特征；丹下健三的东京代代木体育馆平面构图中，以两个相互错开的半圆弧代表日本传统的巴形，巴形是阴与阳、开放与闭锁、爆发和凝聚的一种形态，是把向心力和离心力、流动和安定等加以统一的符号，象征着宇宙的和谐。

诺曼·福斯特（Norman Foster）作为第21届普利兹克奖获得者，被称为"高技派"的代表人。他认为建筑应该给人一种强调的感觉、戏剧性的效果，同时给人带来宁静。他的德国柏林国会大厦改建项目，保留了建筑物原始外墙与内院，以钢结构将室内重做，用轻盈的玻璃穹顶取代原来在战火中被摧毁的穹顶。阳光透过玻璃穹顶撒满整个大厅，提高了整个房屋的通透感，参观者可以通过旋转坡道到达平台一览柏林美景，也可以直接看到工作中的议员，象征着德国的民主与开放。圣地亚哥·卡拉特拉瓦（Santiago Calatrava）设计的密尔沃基艺术博物馆新馆，曾经被评为美国年度最佳建筑物。这座建筑最大的亮点是屋顶上的那两个翼展超过66米的巨大可移动遮光板，每天开阖两次以调节室内外光线和温度。圣地亚哥·卡拉特拉瓦的设计理念来源于"一个发光的灯笼"，灯笼坐落在市中心的湖前

图10-6　纽约环球航空公司航站楼（引自罗小未. 外国近现代建筑史［M］. 北京：中国建筑工业出版社，2004.）

方，像四面八方发散着自己的光和热。它像是一艘在海上航行的巨大舰艇，带着人们在艺术之海中航行，又像是一只飞行的鸟，象征舒畅和自由。

查尔斯·柯利亚（Charles Correa）的印度斋普尔博物馆采用九宫格平面，寓意曼陀罗图形，象征印度传统宇宙观。创作柏林犹太人纪念馆、丹佛艺术博物馆、纽约新世贸中心规划、英国曼彻斯特帝国战争博物馆的丹尼尔·里伯斯金（Daniel Libeskind），他被称为疗伤建筑大师。他所创作的柏林犹太人纪念馆是20世纪最具影响力的建筑物之一。丹尼尔·里伯斯金将这个方案称为"两线之间（Between the Lines）"，借此表达隐藏在建筑形式背后的两条象征不同思想、信仰的线。建筑平面造型为两条线，一条折线被一条笔直的切割线从内部穿过。折线部分暗喻犹太教的六芒星标志——大卫之星（Mogen David），象征其创世、天启、救赎的终极命题，这是犹太人不可割裂的历史内涵。而直线部分贯穿整个公共区域，将其他空间割裂开来，象征着犹太民族被战争强行割断的历史和人们心中的裂痕。地下一层的岔路带领人们通向不同的场所，其中通向霍夫曼花园的走廊，由49根顶端带有植物的柱子组成，隐喻犹太人的希望之光。正如他对新世贸中心规划的解读，他认为忘却才是一种不和谐，他通过建筑空间、光线，引起人们对历史的追忆与思考。

四、建筑色彩的隐喻与象征

建筑隐喻与象征的表现方式除了之前提到过的数字、文字和体形之外，还包括各种建筑色彩。色彩是依赖于光存在的，假设你身处一个没有任何光源的漆黑房子中，那么你是看不到任何事物的。实验表明，人受到色彩刺激后，会直接产生心理和生理反应，从而左右人们的情绪。"茅茨土阶"时期，人们还无暇顾及建筑装饰，建筑的色彩也多为建筑材料本身的颜色。随着历史的推进，社会的发展，生产力逐渐提高，人们不再满足于物质领域，精神领域的需求增加，审美意识也有所加强。天然涂料的色彩局限逐渐发展为一个地区固有的建筑色彩，传统建筑色彩出现了。总体来看，基督教建筑，倾向于深灰色，给人以庄严、肃穆、圣洁的心理感受；伊斯兰教的建筑倾向绿色，暗示着某种向上、活跃、激情的情调；佛教多用红、黄之色，隐含着积极进取、神圣超脱、安详和谐的精神境界；道教多用青灰色，象征着清静、磨砺、刚韧的精神追求。

而在中国传统建筑中，色彩作为表达建筑的内涵与寓意的隐喻与象征符号，则通常与人们的宗法伦理观念、阴阳五行思想、风俗习惯、宗教信仰和审美理想等紧密相关，并根据不同的建筑类型呈现丰富而多元的象征意义。

早在我国先秦时期，人们就在服饰与建筑营造的实践中形成一定的色彩观念，如《礼记·檀弓》曾记载"夏后氏尚黑"、"殷人尚白"、"周人尚赤"。《礼记·檀弓》还记载"夏后氏尚黑，大事敛用昏，戎事乘骊黑马，牲用玄。"夏王朝崇尚黑色，从服饰、房屋到器物，都以黑为贵。到了周代，不同的色彩逐渐被赋予了文化与哲学的内涵。《周礼·考工记》中首次明确了"五色"，即青、白、赤、黑、黄，并将之与五行方位思想相联系。色彩观念的演变历经了秦、汉、魏、晋、隋、唐、宋、元，乃至明、清等朝代的发展，走向成熟。中国传统建筑色彩所表现出极强的政治文化特色，其象征意义带有浓厚的伦理等级意味，体现出清醒的理性精神和现实主义思想。从统治者维护其政治制度的现实需要出发，色彩被作为区分社会等级、地位的手段而具有了一定的社会伦理等级，代表了贵贱尊卑的文化内涵。《春秋谷梁传》中记载："楹，天子丹（朱红色），诸侯黝垩（黑白色），大夫苍（青色），士黈"，这说明在春秋战国时期，建筑色彩已同等级制度密切相关，已成为"明贵贱、辨等级"的一种标志和象征。到明清时期，建筑的色彩装饰，尤其所采用的琉璃瓦颜色，则具有了更严格的封建等级观念。黄色成为封建王权的象征。在中国社会的农耕时代，自然万物皆依土而生，对土地的重视高于一切。《易经》记载"天玄而地黄"，黄色为中央正色。因此，金黄色成为皇家宫殿、陵寝的专用色彩，红墙黄瓦作为当时皇家建筑的主色调，象征了"权力"、"崇高"、"尊贵"、"荣耀"、"宏伟"；绿色主要用于王府、佛寺等建筑，黑色则专用于普通祭祀建筑；蓝色专为祭天场所使用；园林则多采用杂色，但禁用黄瓦。以明清故宫建筑群为例，太和殿在蓝天映衬下以琉璃瓦的金黄色为主色调，檐下冷色青绿彩画同暖色琉璃瓦、红色柱身、墙面和门窗形成建筑物本身的对比，使建筑色彩更加鲜明；洁白的玉石栏杆同富丽的柱、梁又是一个对比，既突出建筑物的辉煌与气派，又不失淡雅；中和殿、保和殿同为红墙、黄琉璃瓦四角攒尖顶。如此多的以黄红两色为基调的建筑群，使大量黄瓦红墙交相辉映，呈现出高雅艳丽、赏心悦目的色彩特征，折射出雍容华贵、庄严肃穆、兴旺繁荣的皇家气派。又如皇城正门天安门，以汉白玉砌成须弥座，其上依次建朱色墩台、重檐城楼，覆盖以黄色琉璃瓦，与红墙相映照。太庙前殿也是黄琉璃瓦顶配以红墙，尽显华贵气派、富丽雄浑。天坛祈年殿原是上檐覆盖以蓝色琉璃瓦，中层黄色，下层绿色，分别象征天、天子和地，突出其祭祀性的象征意义。清乾隆十七年（1752年）间，祈年殿的三层檐都改为蓝色琉璃瓦，以强调青绿色，祈求五谷丰登，以突出象征植物生命与丰年的主题。民居、书院、园林等建筑的色彩多以黑、白、灰为主，或有一些低纯度的色彩，如棕色、土黄色、青灰色等。特别是江南地区的民居，一方面，这些建筑色彩与当地的自然环境很好地融合在一起，体现了"天人合一"的环境观。另一方面，从人文条件来说，古代的江南大多为平民百姓与文人士大夫，他们既无资格选用代表官品的建筑色彩，也不愿那样做，他们喜欢野趣、雅趣，对那些宫廷、官僚文化不感兴趣。因此，建筑的色彩多用黑、白、灰，间有棕色等，看上去色调文雅秀美，尤其是江南水乡民居大多白墙灰瓦，如诗如画，选择中国水墨画的墨色作为主色调，正是隐喻和象征了中国古代哲学中的淡泊、出世、随性与自由的价值取向。中国传统建筑色彩的选择与阴阳五行思想有着很深的渊源。根据中国古代的阴阳五行学说，世间天地万物都有金、木、水、火、土五种基本元素构成，并由此派生出季节的运行、方位的变化与色彩的分类。《周礼·考工记·画缋》一文中记载："画缋之事，杂五色；东方谓之青，南方谓之赤，西方谓之白，北方谓之黑。天谓之玄，地谓之黄；青与白相次也，赤与黑相次也，玄与黄相次也"。这便有了传统建筑中色彩与五行、方位、季节之间的隐喻与象征意义，即以红色象征火、对应南方；以黄色对应金，对应中央方位；以青绿色象征水，对应东方；以白色对应土，对应西方；以黑色对应木，对应北方。同时，与五行的相生、相克之说联系在一起，色彩常蕴含"驱邪祈福，趋利避害"的象征意义，如屋顶用黑色则是用黑色隐喻"水"，象征"水克火"，"水生财"等含义。紫禁城内文渊阁的用色就是一个典型案例。文渊阁专为收藏《四库全书》而建，屋顶采用了黑琉璃瓦，绿色剪边的作法，墙体采用灰色磨砖对缝砌筑。因藏书之处最忌讳的便是火，中国的建筑大多又是以易燃的木结构为主体，因此，对防火问题历来很重视。因水能灭火，水对应的颜色为黑色，以此来寓意藏书处的平安无灾。此外，黑色对应的季节为冬季，而冬季为万物内敛休养之季节，而此意与文渊阁的"收藏"之意相吻合。出于这两方面的象征意义，建筑采用了黑瓦黑墙的色彩搭配。沈阳故宫西路后面贮藏四库全书的文溯阁，其屋顶采用与文渊阁一样的黑色琉璃瓦绿剪边的作法，也正是出于此文化内涵。当然，黑色的这一象征意义也被广泛地运用于民居建筑中，以崇尚黑色的广府民居为例。广府民居以大胆用色而著称，既注意构成方式，也注意材料本身的色彩和肌理构成，但突出建筑色彩的形式美感的同时，其象征寓意的表达显得尤为重要。由于岭南人自古对水便有一种天然微妙的情感，认为水能生财，加之岭南地区重商主义的盛行，对黑色便具有一种与生俱来的热爱，因此黑色在建筑色彩中得以普遍运用。除此之外，对于以砖木结构为主传统建筑而言，预防火灾成为其建筑设计中的重中之重。于是黑色的运用亦蕴含了"水能克火"这一实用主义的隐喻。从民族心理素质来看，不同民族建筑色彩的选择还体现其丰富的民俗文化。这可由少数民族地区的建筑用色来窥见其象征内涵，如白色、红色与黑色三色是西藏包括拉萨、日喀则和泽当等后藏地区建筑中的主要用色。这三种色土产于西藏本地，并在当地有着特殊的含义：白色代表对天上的神——"白年神"的崇拜；红色代表对地上的神——"红年神"的崇拜；而黑色代表对地下的神——"黑年神"的崇拜。西藏后藏建筑以白色为主色，宫殿和寺庙建筑的女儿墙，用土红色，也有的整个墙面都是土红色，以示威严。在高高的土红色女儿墙上银嵌着鎏金佛八宝，屋顶也是鎏金的。民居建筑虽不能像宫殿和寺庙建筑一样用色，但其也会在女儿墙腰部，涂上两道约5公分宽的红、黑色带交圈。此外，不论是民居、宫殿、寺庙建筑都具有的共同点是：门、窗边上涂有黑色牛角形的边框，门窗檐下艳丽彩画，门窗上皆悬挂的香布帘，统一了整个城市的建筑风格。这些建筑色彩的表达足以体现其独特的神灵崇拜的象征内涵。又如新疆维吾尔族建筑的外立面除黄土墙外，常用蓝色、绿色、黄色装饰，这与当地人们信仰的星月图腾分不开。蓝色代表天空，人出生以后，首先看到的是天空，因此蓝色能带给人新生；绿色代表生命、和平、安宁，沙漠中的绿洲，是人们赖以生存的福地；而黄色代表土地的颜色，人死后要葬入黄土中，土下是人们长眠的地方。当地的星月图腾，代表七重天以上"真主"的所在。再如广西侗族民居是以自然的杉木色和黑灰色瓦顶为建筑的主要用色，这与他们信奉自然神紧密相关。古老的树、水井、巨石都是他们朝奉的对象。因此，他们喜欢以简朴的自然色彩作为建筑用色，这也突出其崇尚自然的审美追求。

　　不同于我国的色彩体系，西方建筑色彩体系是随着时代的变化而不断改变的。希腊人用色彩强调比例与形式。中世纪时期，宗教势力强大，建筑色彩暗淡，虽然后来出现了粉嫩繁复的洛可可风格，但相对于整个时期来说还是昙花一现。基督教文化中，黑色代表着死亡、疾病与邪恶；蓝色代表天空，象征着神圣；金色代表光，象征着上帝与神权；绿色代表植物，象征生命；红色代表血液，象征着爱；白色象征纯洁。北欧的路德教由于是新教，建筑风格简单干净，因此路德教教堂没有其他基督教流派繁复华美。教堂室内空间一般会选择色泽纯净的材料，整个教堂的空间也因这种选择而变得宁静谦和。北欧地处北极圈附近，每年有很长一段时间都被白雪覆盖，各民族也因此对纯净的向往愈发强烈。而法国的教堂则普遍结构错综复杂，颜色光怪陆离。勒·柯布西耶建筑作品中，大量运用红、黄、蓝三原色。以马赛公寓为例，它作为野性主义的代表，更套用了文艺复兴时期人文主义的思想，用人体模数来确定建筑物的尺寸，体现"住宅是居住的机器"理论。红、黄、蓝颜色组成的层层建筑给人以强烈的视觉冲击，又给人强烈的秩序感。红色带有强烈的刺激，象征热情；黄色醒目却又不刺眼，象征单纯与童趣；蓝色充满神秘又颜色，象征严肃与安全。三种颜色相互搭配，给人刺激的同时更透露出设计师对人与自然和谐关系的追求。理查德·迈耶最善用白色。现如今的墙体大多浓妆艳抹，管线花花绿绿的漫天飞，迈耶的建筑无疑给人一种超凡脱俗的感觉。迈耶的建筑，从结构到装饰几乎全部采用白色，给人带来一种清新感。以福利森住宅为例，万绿丛中一点白，迈耶将自然带进住宅之中，阳光与洁白如纸的墙体交错产生神奇的效果。他认为白色式建筑中最能反映建筑美的色彩。白色的建筑让人们回归自然，回归自由。色彩的隐喻与象征在城乡规划中也有所体现。以德国小镇客斯垂特菲（kirchsterigfeld）色彩计划为例。色彩计划使用红色系、黄色系、蛋白色系、白色系、灰色系和蓝色系组成的色系，作为基础色彩，建筑师的色彩选择范围是60种颜色[⑪]。不同的颜色象征着不同的功能，带给人不同的感受，同时建筑色彩从中心往外逐渐变浅，丰富的色彩象征着开放、热情、隐蔽、多元等情感。

注释

①　[德] 黑格尔，美学（第三卷）[M]. 朱光潜译. 北京：商务印书馆，2015：17-29.

②　转引自居阅时. 弦外之音：中国建筑园林文化象征[M]. 四川人民出版社，2005：40.

③　罗哲文，王振复. 中国建筑文化大观[M]. 北京：北京大学出版社，2001：243.

④　居阅时. 弦外之音：中国建筑园林文化象征[M]. 成都：四川人民出版社，2005：41.

⑤　罗哲文，王振复. 中国建筑文化大观[M]. 北京：北京大学出版社，2001：242.

⑥　维特鲁威，建筑十书[M]. 高履泰译. 北京：知识产权出版社，2001：71.

⑦　维特鲁威，建筑十书[M]. 高履泰译. 北京：知识产权出版社，2001：87-95.

⑧　参见张俊玲等编著. 中国古典园林象征文化[M]. 中国林业出版社2013：116.

⑨　转引自吴卫光. 传统民居建筑装饰的图像学意义——以粤东客家围龙屋为例[J].华中建筑，2008（8）：172-176.

⑩　王达人. 中国福文化[M]. 北京：北京工业大学出版社，2004：74.

⑪　苟爱萍. 建筑色彩的空间逻辑——Werner Spillmann和德国小镇Kirchsteigfeld色彩计划[J]. 建筑学报，2007.1.

第11讲

中国传统建筑的人性智慧

　　以人为本的人文主义是中国传统文化的价值系统，深入并广泛地影响到中国建筑文化的价值观，尤以中国传统村落为甚。中国传统建筑是中国传统文化的载体，也是中国传统文化的表现，反映了中国传统文化的基本精神，表达了价值系统，社会心理，思维方式和审美理想。中国传统建筑的选址布局，空间组合，营造技艺，装饰装修等无不透射出浓郁的人本追求，体现了立足于地理环境上的大陆民族、生产方式上的农耕社会和社会组织上的血缘宗法制度的中国传统文化的人性智慧。

中国传统建筑作为中国文化的重要载体，形象地反映了中国传统文化的基本精神，表现出以人为本的人本主义价值取向，自强不息的民族心理，注重体悟的整体思维方式和天人合一的审美理想。其中以人为本的人本主义价值取向既是中国建筑文化基本精神的首要内容，又是中国传统文化的价值系统。在这一价值观的指导下，中国传统建筑的选址布局、营造技艺、空间组合、装饰装修等无不透射出浓郁的人文追求，体现了立足于地理环境上的大陆民族、生产方式上的农耕社会和社会组织上的血缘宗法制度的中国传统文化的人性智慧。

一、中国传统建筑的人本精神

中华文明的主体在实质上是农耕文明，农耕文明的背景直接影响了中国人重现世人生。中国哲学强调"人生论"，中国的文化是人的文化，中国的哲学是人的哲学。中国传统建筑作为中国传统文化的重要组成部分，同样也体现了以人为本的人本主义价值取向。

研究中国传统建筑的人性智慧必须强调"人本"基础上的"人文思想"。综合起来说，"以人为本"就是"以人为想问题，办事情的根本出发点。在传统文化背景下，意即在天、地、人之间，强调以人为中心和根本。至于人神关系，则重人而轻神"，[①]至于生死关系，则是重生而轻死。中国的"人本"思想可以上溯至殷周之际，文献记载如《尚书·盘庚》记载："重我民"、"视民利用迁"，《孟子·尽心下》有言："民为贵，社稷次之，君为轻"，可见中国文化的人本思想源远流长，博大精深。这一思想系统与整个中国传统社会相随相伴，影响到人的方方面面，其中作为人的居住环境的建筑尤为突出。建筑的本质内涵是人为且为人的居住环境，中国传统建筑由于受以人为本的人文思想的熏陶，在环境选址、聚落布局、构筑工艺、造型设计、装饰装修、审美情趣等方面都表现出极浓的以人为本的人文主义色彩。关于中国传统建筑的人本精神可概括为以人文本、以善为美、重生轻死三个方面。

以人为本的人本精神深入并广泛地影响到中国建筑文化的价值观。中国传统建筑是建立在世俗社会、世俗文化的基础上，建筑的根本目的就是要满足人居住的需求。这里以精神意味最明显的中西方的宗教建筑为例进行分析。在西方传统社会乃至现代社会，宗教在日常生活中扮演着重要角色，宗教建筑（教堂）一般是聚落的中心，聚落民居以教堂为核心呈环状放射向外发展。在信奉基督教的国家，哥特式教堂高耸入云，透漏出浓浓的宗教气息，教堂是为神而建，而中国传统的宗教建筑如寺庙、道观不论是在皇城还是乡村都不存在高耸入云的情况，也很少建于聚落的中心，占据中心的往往是宫殿或是衙署，除官修的宗教建筑外，一般体量都很小。这些宗教建筑在整个聚落环境中并不突兀，极具理性。从功能来看这些庙宇除了人们表达宗教情怀外，还可兼做宗教园林，集会场所，交易集市等，供人们游娱、交流、采购日常生活用品等。而其他建筑类型如民居、园林、书院、祠堂、店肆等都是为人所用的，即使陵墓建筑也会通过环境的空间布局，装饰内容来反映"庇佑后世"的心理祈求和环境意象。比如住居的庭院建筑群，以"间"为单元，组成单体建筑，单体建筑围合成院落，在纵轴和横轴上将大小不同的院落串联，形成院落群，除为了体现皇家威严，官方权威外，一般建筑的庭院或天井都遵从人的尺度。古代中国是以农立国，建筑的实用理性是以农业经济，农业生活为根基的。庭院的设置既利于晾晒谷物，也易加工农作物。在这个空间中老人摆古，儿童戏耍，妇女纺纱，男子修耙……春夏秋冬，周而复始。这种庭院生活既是符合中国人内向保守的民族心理，又是农耕生活的折射。

以善为美的思想是以人文本思想的进一步演化。在传统中国的聚落规划或者建筑营建中始终强调"以善为美"，善是美的前提，"'善'从哲学、美学理解为'合目的性'"[②]，可分为三个层次，第一就是"有用"，"有价值"，正如鲁迅所说的："在一切人类所以为美的东西，就是于它有用"，墨子也曾说过："是故先王作宫室，便于生，不以为观乐也"（墨子·辞过）。建筑的首要目的就是满足人们的居住需求；第二是美善同一，尽善尽美。伍举说过"夫美也者，上下、内外、小大、远近皆无害焉，故曰美"。这要求传统建筑不仅要满足人们感官审美的要求，同时还要符合"伦理秩序"的社会思想，这样才有社会意义，通常传统建筑通过空间来表达建筑的伦理秩序；第三就是道德人文层面，儒家哲学的终极意义是追求以善为高的伦理道德理想，在传统建筑中先民通常以装饰题材、环境意向等方面来努力表现孟子的"充实之谓美"，荀子的"全粹之美"。正如金学智总结的"中国传统园林的'善'，则主要表现在园林对实用、伦理、理想的功利关系上，从低层次上说，它是对包括引起快感在内的感性实践功能的追求，一言以蔽之，都是合目的性的美学企求"。金学智关于传统园林"合目的性的美学企求"探讨正是对"以善为美"三个层次的总结。

以人为本的人本精神强调对现世人生的重视。中国传统建筑是以土木为主的木构架建筑体系，很少西方那种追求永恒的"石头建筑"。这与中国传统哲学的"人生论"有直接关系，《论语》记载"未能事人，焉能事鬼？""未知生，焉知死？"中国重现世享受，不求天长地久。在建筑上反映为不求建筑永存于世，这也是我们国家留存至今的古建筑极少的原因所在。梁思成说过："盖中国自始至终未有如古埃及刻意求永久不灭之工程，欲以人工与自然物体永久存之实，且既安于新陈代谢之理，以自然生灭为定律，视建筑如被服与车马，时得而更换之。"中国传统王朝更替频繁，新王朝取代旧王朝为了"镇王脉"，形成毁前朝建筑的陋习，加之重现世的传统文化，人们关注的是建筑能否快速施工，即时入住，这样简便易得的土木材料就成为最佳选择。

总之，中国传统建筑的人本精神强调对人的关怀与尊重。传统建筑活动是以人的生命活动和生命存在为中心展开的，传统聚落的选址营造、空间组合、建筑装饰等建筑活动根本上是以人的需要而展开的。建筑与人的日常生活建立了一种真实联系，这样人生活于建筑中，建筑成了人生活中的一部分，体现了人的生存意义。

二、中国传统建筑的选址布局

中国传统建筑十分强调人与自然的和谐，在筑城立村、营建房屋时，十分重视与周围环境的协调统一。选址布局时十分重视人的生存所需以及关注人们内心对良好人居环境的追求。中国传统建筑的选址布局充分体现了以人为本的人本思想。关于古人的建筑环境选址的人性智慧可做如下梳理。

接近水源，规避水患。水是生命之源，先民们很早就意识到水的两面性，《管子·乘马》曰"凡立国都者，非于大山之下，必于广川之上，高毋近旱而水用足，下毋近水而沟防省"，因此在建筑或是聚落的选址中，提出"近水利而避水患"的选址原则，意思是既要靠近水源，但是又不能受到洪水的威胁。在传统农耕社会，人们追求逐水而居的人居环境，并形成早期聚落，进而发展为城池、并孕育了华夏民族独特的水文化。在中国建筑史上，水系的空间分布深刻影响着城池、聚落、建筑的分布与布局，并促成了人与自然和谐相处的"天人观"。一方面，从使用功能来看，近水利有利于获取生活用水，便于农业灌溉，利于水运。另一方面，北半球受向右的地转偏向力的影响，在北半球越往南，线速度越大，这导致东西向的河流的右岸侵蚀严重，而北岸淤泥成堆积区，形成聚落上的"汭"位或"腰带水"。这在传统

图11-1　浙江楠溪江鹤阳村（引自 www.dili360.com）

的聚落选址中被认为是"宝地"，浙江楠溪江鹤阳村即是典型代表（图11-1）。从地理学来看，这样的选址使聚落的面积逐渐变大，耕地增多。

坐北朝南，背山面阳。我国处于北半球，建筑的最佳方位是南向，但是由于纬度、地形及太阳高度角的差异，建筑的朝向在以南向为主的基础上分别向左向右偏转，通常转角15°。对于低纬度、低海拔地区，太阳高度角接近90°，热量充足，传统建筑的营造不受朝南向的制约。但是华夏文明是发源于我国北方，传统建筑的朝阳问题主要从传统统治中心说起。根据新石器时代的陕西半坡遗址、浙江河姆渡遗址的考古，几乎所有的建筑都是坐北朝南，即堪舆师所谓的"子午向"，这已经是定论的居住文化模式。从居住的舒适度来说，阳光可使居室敞亮，杀死病菌，补充人体所需的钙元素等。从"坐北"和"背山"看，能有效躲避南下的西伯利亚寒流。在建筑上讲"风吹骨寒，家庭衰败"这是不无道理的。从中国文化源流来看，"坐北朝南"的方位观与传统文化思想观有密切关系。在《周易·说卦》云："圣人南面而听天下，向明而治。""向明"就是"向阳"的意思。孔子在《论语·雍也》曰："雍也可使南面"，意思夸他的学生雍也可以做治人的君子。这种朝阳的文化意识经过时间的积淀形成中华民族独特的"面南文化"并影响到许多方面，如传统的天文星宿图、地图都是朝南向采用仰视和俯视的方法绘制的。城池则是清一色的以南北向沿中轴线展开。建筑则有一定的变通性，但仍多朝南向，这也是我们现代人看明清以前的地图要反过

来看的原因。

易守难攻，保境安民。中国传统的城池、村镇聚落、建筑的营建十分重视安全防卫。历朝历代的统治者为了防止外敌入侵，不予余力的修筑长城；对于都城则是城廓、护城河、都城墙、皇城墙、内城层层设防，保卫严密，符合"筑城以卫君，造廓以守民"的原则，"若造都邑，则治其固与其守法"，"建邦设都皆凭险阻，山川者天之险阻也，城池者人之险阻也，城池必依山川以为固……"。关于这种防卫意识不仅仅在统治者的统治据点存在，而且在传统村落也普遍存在。可以说选择一个易守难攻的聚落环境是传统中国普遍的诉求，这与传统社会战争频繁，盗贼昌行、部族仇杀等不无关系，所以在传统建筑史上出现许多经典的防御性聚落和建筑，如新疆的交河故城、重庆云阳盘石城、四川沃日土司官寨、西藏囊色林庄园。

交通畅达，物资保障。在传统社会，尤其是多山地区，水运交通对圩镇聚落与商贸空间格局的形成具有重要意义，许多墟镇都位于河流交汇处或是水运条件较好的码头，水运交通是否畅达，直接影响着墟镇的发展规模。如湖南、贵州一带的"沅水干流与几大主要支流交汇处的沅陵、泸溪、辰溪、洪江、黔阳、托口以及干流沿岸的浦市、安江、镇远、茅坪等几个都是当时这一流域内最繁华的集镇。"[③]在城镇中，物资消费量大，生产资料和生活物资一般是不能够就地供给的。因此可靠的补给线，畅达的交通、稳定的补给基地就变得尤为重要。观览传统城镇演化史我们发现其呈现由西到东，由北向南的移动趋势。根本原因就是河道堵塞，河流干涸，水运废弃，环境恶化，农作物减产，不能有效支撑城镇的运作，这决定了传统聚落选址重视交通与补给地的选择。北起北京，南达杭州，贯通六省市的京杭大运河被称为黄金水脉，对沿岸及都城的物资输送发挥的巨大的作用。京杭大运河沿岸也相应形成包括天津、衡水、聊城、宣城、扬州等众多古城在内的城市带。可见在河岸选择建设聚落除了"近水利"外还考虑水运畅通，利于物资运输。

气候调适，适应环境。我们的祖先在顺从大环境的同时，也重视聚落或建筑微环境、微气候方面的调适，尤其是在大环境、大气候较差时，关注小气候能够创造令人意想不到的效果。位于湖南韶山的毛泽东故居，在当地山间小平地被称为"冲"，毛泽东故居就是位于韶山诸山围绕的"冲"中，前面有池塘，屋形呈"凹"字形，营造出一个理想的微气候环境。在江南传统村落选址多"北以西以山为屏，南以东为开阔的村址"，这样的微气候特征是"冬季西北寒风小，夏季有山谷风，冬季多日照，夏季又稍凉爽"[④]。浙江永嘉鹤阳村的最初选址是其祖先"雪后登山，望见兰台山前，积雪先融，遂定居焉，后果繁昌。"生活是实实在在的，对于平常百姓，创造一个良好的人居环境可能对他们更有实际意义。

天人合一，人杰地灵。"天人合一"传统观念认为自然景致与人事是相联系的，因此常因"人杰"而感叹"地灵"，将杰出人物的出现与锦绣山河联系起来。在《易·乾卦·文言》云："大人者，与天地合其德，与日月合其明，与四时合其序，与鬼神合其凶，先天而天弗违，后天而奉天时。"这些论说追求天道与人道的相通，在我国传统的建筑选址中人与自然环境的关系受到极度重视，正是这样的意识形成了聚落建筑与环境充分融合的传统。从传统上说这样的聚落环境通常符合"避凶趋吉的环境心理追求"与"藏风聚气的环境理想模式"，也符合"山水如画的环境景观效果"⑤，这样的人居环境便是"地灵"。具体而言，"地灵"可以从"宅内形"与"宅外形"两个层面来分析。《阳宅十书》列举了十种宅基地的外形，认为方正的外形为吉宅，反之则不吉。该书写到："人之居处，宜以大地山河为主，其来脉气势最大，关系人的祸福也最为切要。若大形不善，总内形得法，中不全吉，故宅外形第一。"这体现的是对总体环境的重视。至于宅内形则更多的是考虑方位、屋形、建筑等方面给人在身心两个层面的关照。这样的环境为杰出人物的诞生提供了先天条件。

中国传统建筑的环境选址除了对周围山形水势、气候地理的重视，满足交通畅达、军事防御等的功能需求外，还重视堪舆术语环境选择结合，营建理想的环境模式，丰富聚落与建筑的文化内涵，满足主体的审美心理需求。总之，无论中国传统建筑是考虑选址的物质功能需求，还是审美心理需求，都充分反映了中国传统建筑以人为本的人本精神。

三、中国传统建筑的营造技艺

中国传统建筑的营造技艺是以木材为主要建筑材料，以榫卯为木构件连接方式，以模数制为尺度设计和加工生产手段的建筑营造技术体系。这种营造技艺体系在中国传承了7000余年，我们的祖先在长期在建筑活动过程中积累了丰富的充满人本精神的技艺经验。这里从传统城市、村镇聚落营造、建筑材料、结构等几方面展开分析。

中国古代城池、村镇聚落的营造十分重视人的需求，在聚落营建中重视防洪、防火、防雷、防震、防匪患等方面的考虑，以保证人们的生存权利。比如，江西赣州古城的排水系统是古代城市防灾学的典型（图11-2）。历经千年古城的排水系统仍然发挥着重要作用，赣州城在北宋时已经形成由"福

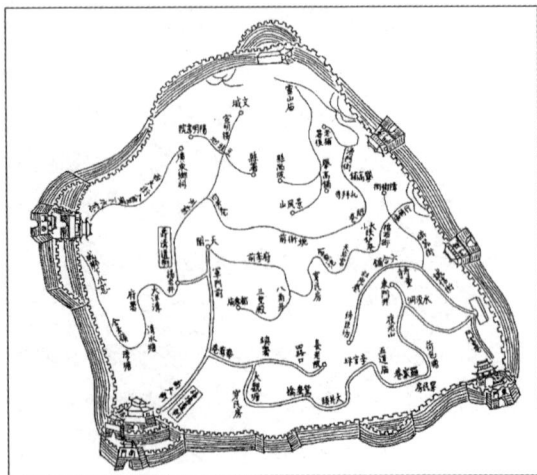

图11-2　江西赣州古城的排水系统（引自吴庆洲，李海根. 中国城市建设史的活教材——历史文化名城赣州［J］古建园林技术，1995.）

沟"和"寿沟"两个子系统组成的全城排水系统，一方面福沟汇城市南部之水，寿沟汇城市北部之水，再通过十二个涵洞分别排入城东的贡江和城西的章江。另一方面，由于符合堪舆图示的理想聚落环境有限，因此古人为了营造接近理想的宜居环境常常用人工的方法整治环境，偿补心理上的需求。

比如楠溪江流域的永嘉花坦村于明清时期修筑的坝埂，增加了村落的可耕地。皖南地区的呈坎古村在"上水口附近建七道坝，逼水东流，呈现新的'汭'位，扩大宅基地及村址用地，并形成了村内沟圳纵横的新格局"⑥，在该区域的新安江的传统村落规划多附会文房四宝的堪舆格局。除了环境整治是获得心理补偿的一种手段外，古人还将建筑与文学焊接，提升建筑审美意境，升华审美体验，拓展审美想象，使人的审美心境得到极大满足。不少古典园林、城市、村落都有"八景"、"十景"、"十二景"的记载，而且每一景都有文人雅士的题对题联、题文。著名的"西湖十景""燕京八景""羊城八景"得以名扬天下，这与它诗情画意的雅称不无关系。通过这些手段，人为地营造了一个良好的人居生存空间和一个心灵寄托的港湾。

从微观层面看，中国传统建筑的选材、结构、匠艺也蕴含着丰厚的人性智慧。由于地理环境与人们的需求存在差异，不同地区建筑材料的选用也不同。以巢居和穴居为例，穴居发源于黄河中游的黄土地带，是适应当地气候、土质、水文、技术等环境的自然选择。黄土高原的土质结构符合凿穴的天然条件。晋、陕、甘、宁地区的窑洞建造采用"减法"构筑，经济实惠，简便易行，这也正是窑洞建筑在今天仍为当地人使用的根本所在。巢居发源于东部南方地区，最具典型的是浙江余姚河姆渡干阑式建筑遗址。这类建筑主要表现为对木材的使用上，这类材料易加工，从河姆渡遗址可知其木构加工水平已经非常高了。可见土、木作为中国传统建筑最常见的材料是适应环境的自然选择，干阑建筑除了我们熟知的木干阑外，还有竹干阑建筑。比如云南傣族和景颇族等至今仍在使用。这些民族聚居地，盛产竹子，人们就地取材，用竹材筑屋，竹子生长周期短、质轻量高、经济实惠、容易加工、取材方便。该类建筑多缝隙，利于通风散热，底层架空，可防毒虫猛兽。还有西南藏族、羌族的石碉楼，是典型的"就地取材，因石致用的石木混合构筑形态"。在内蒙古、新疆、青海的游牧民族为了便于"转场"，其建筑是可移动的蒙古包，采用哈纳（柳条）、乌尼（柳条棍）架构出框架，再搭上牲口皮制作的毛毡捆紧即可。可见因地制宜、就地取材的观念既是顺应自然，营建生态、人性空间的前提，也是节约成本的现实需求。

中国传统建筑材料用今天的话说就是生态材料、会呼吸的材料，有生命的材料，这里说建筑材料是有生命的，主要从其自然属性来说，从人文属性上说，它还符合中国文化的"生死理念"。中国人死后讲究入土为安、归于黄土、落叶归根，建筑也一样，当它"死"后，也归于黄土。建筑的土木部分毁损后，它的环境还在，地基还在，那原址是可以拿来重修重建的，即使毁弃也是"化作春泥更护花"，很容易被自然分解。传统建筑的材料在建筑生命终止后，土直接回归自然，砖、石、瓦则可以循环利用，没毁损的可以当主材，毁损的可当辅。至于木材性能尚完整，则可继续沿用，如果腐朽了则可以当柴火燃烧，或者通过自然分解。在我国传统的哲学体系中强调"天地与我并生，万物与我为一"，人、建筑都是自然界的一员，都是依托于自然界而存在，反之，自然界是人、建筑的生存环境，而建筑又是人的生存环境。这样的哲学理念使得我们的先人在建筑营建时就没试图建造永恒之物，这样才能顺应自然界新陈代谢的铁律。建筑生于自然，又回归自然，如同人一样落叶归根，入土方能为安。所以中国传统建筑选材除了讲究就地取材，节约成本外，还体现了生态环保，重生轻死的人本追求。

中国传统建筑结构具有"简明、真实，有机特点"。"简明"指建筑物的平面轮廓与结构布置都十分简洁明确，易于被普通百姓习得。"真实"是指对结构的真实性显示，在传统建筑中，一般除了高规格的建筑需要做天花藻井隐藏建筑的梁架结构外，一般的建筑都是将结构构件完全暴露在外，这称之为"彻上明造"，能充分展示中国建筑的结构理性之美。这种"彻上明造"利于建筑的保护维修。"有机"是由于墙体不承重，内部空间可以灵活分割，满足不同的需求，并且建筑与周围环境彼此交互流通，与自然和谐一体。这种现象在园林中的亭、廊表现得尤为突出。所谓的"整体"是指简明的平面、真实的结构、有机的空间三者彼此联系，不可分割。古人在营造建筑时在决定建筑的面阔进深时，根据实际的功能需求，同时考虑结构的梁、柱、檩、枋等构件的使用数量、长度以及屋顶的高度。

中国传统建筑的大屋顶具有防风吹、日晒、雨打、雷击的实用功能。

实际上，中国传统建筑屋顶的形式与结构是统一的，正如梁思成、林徽因说的："历来被视为极特异、极神秘之中国屋顶曲线，其实只是结构上直率自然的结果，并没有什么超出力学原则以外的矫揉造作之处，同时在实用与美观上皆异常成功……屋顶上的装饰，在结构上也有他们的功能，或是曾经有过功用的。"[7]中国传统建筑材料以土木为主，其致命缺点就是雨水的侵蚀，如果屋顶排水不畅，将会缩短建筑的寿命，传统工匠将屋顶做成曲线是有科学依据的。曲屋顶使得雨水在重力、自身惯性的作用下顺势而下，至屋檐、翘角处扬起的"反宇"使雨水飞出，落在远离墙体的地方，这有效地减轻了雨水对墙体的侵蚀。同时斜屋顶本身不积水，即使遇到冰雪天气也不惧，其融化之后依然是顺着瓦沟流走，不会渗透至屋内。此外中国传统建筑大屋顶常用"反宇向阳"形容之，意思就是屋顶结构设计便于采光，檐部翘起，除了利于室内人观察外部情况外，也利于背阴面阳的建筑采集阳光，使室内明亮暖和。

我国最常见的建筑结构有穿斗式、抬梁式（图11-3）、混合式。穿斗式

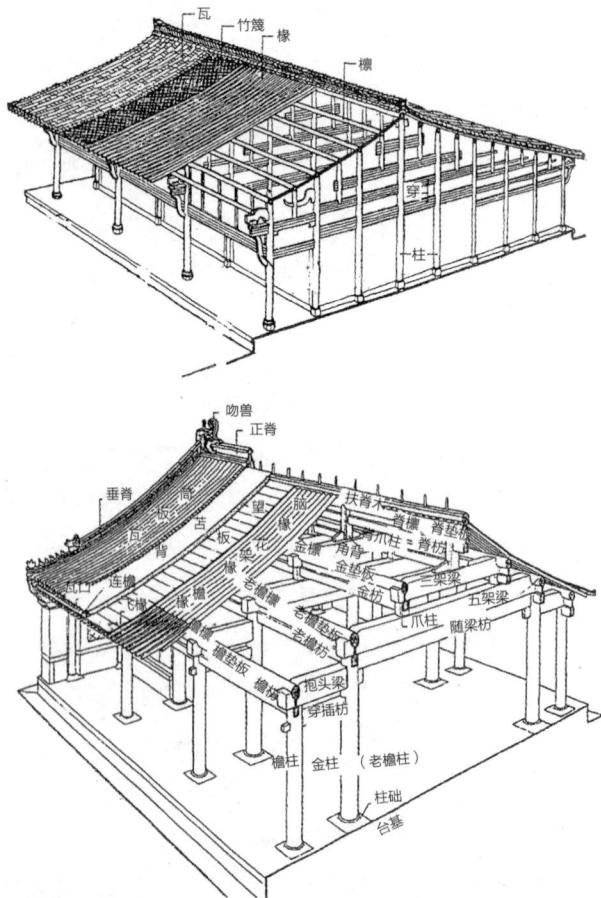

图11-3　中国传统建筑的穿斗式结构和抬梁式结构（引自潘谷西. 中国建筑史［M］. 北京：中国建筑工业出版社，2009.）

的工艺特点是柱子和梁架连成一个整体，柱子直接落地，这种结构在南方使用的较多，这种结构整体性强，力学性能优良，抗震效果极佳，但空间受限，多为民居采用。抬梁式结构空间较大，能够满足规模较大的室内活动的空间需求。为了获得大空间，采用层层"抬梁"而上的方式。抬梁式建筑结构重要的特征之一就是斗栱的采用。斗栱的产生更多的是建筑结构自身的需要，其做法、组合显现了合理的力学关系和清晰的结构逻辑，客观上形成合理的、规范化的形式，展示出强劲、雄迈的气势和富有装饰韵味的丰美形象，体现了理性与浪漫的统一。

中国传统建筑在石基中通常是填充夯实土。夯实的地基能够有效阻隔地下水的毛细蒸发作用，抬高的地基能够很好地排除雨水对墙体的腐蚀作用。隋唐以前盛行席地起居，夯实的台基能相对有效避免地面湿气对人身体的损伤。为了避免屋身的柱子被地下水气腐蚀，传统建筑采用石柱础和木礩是可以更换的，便于建筑的维修。台基的设计讲求"台随檐出"，面积皆大于屋身，它为屋身和屋顶提供了一个厚重的基座，缓解了大屋顶的沉重感，有效地平衡了建筑的整体构图，使飘逸的屋顶，透露出丝丝稳定的情绪。总之，中国传统建筑结构讲求实用理性精神，同时具有调适构图的功能，充分体现了理性与浪漫的交织，符合人们的审美心理需求。

中国传统建筑的匠艺是营造技艺的重要组成部分，为了在建筑营造活动过程中更加方便灵活的开展工作，为了降低经济成本，为了有效完成难度系数较大的施工以及为了方便传教授徒，匠师们在实际的营造活动过程中探索出许多实用的、充满人性思想的技艺，通过不断地积累丰富了中国传统建筑的匠艺体系。遗憾的是"师傅带徒弟"的传承模式使许多匠艺佚失在历史之中，系统记载的书籍很少。在《营造法式》、清《工部工程做法》中相对系统的记载了前辈匠师积累的许多匠艺。其中"模数制度"的建立集中反映了我国传统建筑匠艺的人本精神。傅熹年探讨了受南北朝影响的日本飞鸟时代的木建筑遗构，认为中国的木结构建筑至迟在南北朝后期就开始将模数用于建筑的营造中[⑧]。这也意味着这门技艺逐渐走向标准化、程式化。《营造法式》总结了一整套包括规划设计的原则、建筑类型、尺寸级别、加工规范、施工标准，类似于今天建筑领域的"国标"，但编这本书的目的是工程验收核算，并不能全面反映传统建筑的营造制度。该书中提出"以材为祖"、"材分八等"的原则，不同等级的"材"用于不同性质、规模的建筑，这既反映了传统模数制是直接为礼制要求的等级服务的，也是通过提高"材"来加强重要建筑的安全系数的。模数制的使用，还大大地提高了施工的速度。定型化的木构件可以同时加工，制成后再组合拼装，这也是西方大型建筑的修建需要几百年，而国内的宫殿营建只要十几年即可，明成祖营建北京宫殿和十王府等超大规模的建筑群，从下诏（明永乐四年1406）到竣工只有十几年，嘉靖重建紫禁城三大殿也只用三年。模数制的第三个特点是"为设计者和施工者保留了充分的灵活性"[⑨]。模数制规定构件的断面，而对构件的长度不规定或很少规定，这就使得开间进深的尺度比较自由，也满足了我国广大地区对不同开间大小的实际需求。

模数制的出现是我国传统建筑营造技艺的一个里程碑，但是木结构技艺并没有止步，在元代出现了"减柱法"、"移柱法"，增大了建筑空间，并使用弯曲的木料作梁架，简化结构，取消室内斗栱，使梁柱直接连接，不用梭柱和虹梁，这不但节省了材料，扩大了空间，而且增强了自身的整体性和稳定性。明清继承宋元传统，其营造技艺进一步简化，殿堂构架的铺作层简化为一圈起垫托作用的斗栱，"升起"、"侧脚"逐渐被取消，斗栱的结构功能逐渐被装饰审美功能代替，而用挑檐梁来承托本已缩小的屋檐重量，营造技艺的简化减少了用材量，缩短了工期，节约了成本，提高了营造的效率。为了解决"大梁难求"的问题，采用了拼接、包镶小料为大料的技法。在江南一带民间的营造技艺水平普遍提高，并出现了著名的"香山帮"。在此基础上产生了明《鲁班营造正式》和清《工部工程做法》，后者以"斗口"为模数，包括二十七种建筑尺寸，分十一个等级。匠师们按建筑之性质、规模选用。这个时期的营造技艺是有别于宋元以前的。它的发展变化伴随着各种人性智慧的产生。民间乡村建筑的营造主要是工匠带队，家庭成员、乡邻好友组成的临时施工队共同完成的。沿用祖辈营造技艺，他们也有一套属于自己的简易模数，即人体模数，通行的是大范围用步，小范围用掌，微范围用指。为了祈求营造的顺利进行和屋主人财运亨通，平安幸福，整个营建过程中都伴随着相应的宗教仪式和各种禁忌。为了便于记忆和传承，匠师们采用口诀、顺口溜、民歌等形式代代相传。

在传统建筑的营造过程中，通过对城市、村镇聚落基础设施的营建、环境的整治，材料的选用、搭配，建筑结构模式选择，建筑构件的加工、制作、组装，模数制的创造、使用、改进，匠艺的传承等都有系统的方法。这些方法根据人们的需要被不断地创造、改进，充分彰显了以人为本的人本精神。

四、中国传统建筑的空间组合

中国传统建筑最突出的特点之一是以单层房屋为主，在平面上展开建筑群的空间布局，大到一个城池，小到一个建筑基本是遵循这样的规律。历经几千年的发展，传统匠人在营造城池、村镇、园林、建筑中积累了丰富的人性智慧。

中国建城历史悠久，在平面布局和时空流线中都体现了人本精神。首先从平面空间布局来说有两个突出的特点：一是城中有城，在都城则是宫城，在地方城市则是政权中心的子城；二是平面布局的南北差异，在平原多矩形网格形式，在南方山地多随行就市的规划布局。但总的来说这些规划是以统治者和居民的安全、方便生活、节约成本为规划设计的出发点的。

在《周礼·考工记·匠人营国》记载了王城之制："匠人营国，方九里，旁三门。国中九经九纬，经涂九轨，左祖右社，面朝后市，市朝一夫。"意思是宫城居于都城正中，但为了统治者的安全，政权的存亡，在宋以前宫城大多一侧或两侧临近外廓，如西汉长安、东汉洛阳，曹魏邺城，隋唐长安（图11-4）、洛阳。这样的布局有利于发生外敌入侵时组织军民共同防卫，同时也为了防止城内发生民变（政变），所谓的"变生肘腋"，利于统治者出逃。宋以后，赵匡胤实行政治体制改革，加强对内的集权控制，京城基本无民变或兵变之虑。所以宋元明清的都城的宫城完全包围在外廓之内。

中国早期城市采取封闭的"里坊制"矩形网格状道路系统，也是为了加强对民众的控制，以达到保护统治者的安全，由于商业的发展，封闭格局逐渐被打破，演变为开放的矩形网格道路系统，即街巷制，里坊制向街巷制的演变反映了统治者由防民向亲民的转变。这种制度以后被沿用了下来，遂形成中国传统城市布局的特征之一。开放的街巷制是中国城市体制的重要转折点，这种空间布局既有利于商业的发展，也方便人们的日常生活，更有利于拉近统治者与民众的距离。如河南的宋汴梁城、明清北京城等。

其次从时空流线来说。以北京紫禁城为例，"紫禁城的规划设计，正是以定型的建筑单体，通过巧妙构思，匠心独运的总体调度和空间布局创造出一种堪称中国传统大型组群布局的典范作品。"[10]紫禁城作为皇家建筑，为了充分彰显皇家的威仪，通过空间流线的设计，营造皇权至上的氛围。北京城由一条贯穿南北长达15里的主轴控制，这条轴线与都城的轴线重合，因此紫禁城的地位被大大凸显。在这个空间流线中，传统匠师演奏了一曲气势磅礴的建筑交响乐。起点为外城的南门永定门，经过内城的南门正阳

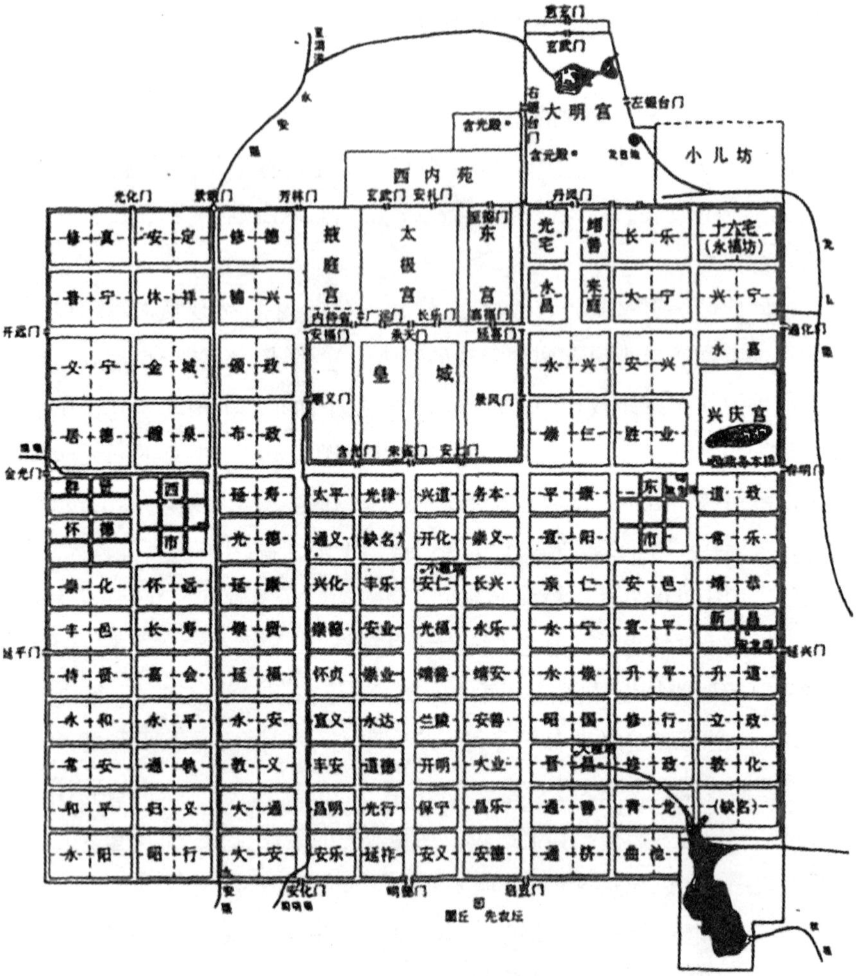

图11-4　隋唐长安城平面图（引自潘谷西. 中国建筑史［M］. 北京：中国建筑工业出版社，2009.）

门，是序曲，皇城的天安门、端门是第一个次高潮，进入紫禁城的午门，是一门三大殿（太和门，太和殿、中和殿、保和殿），这是宫城的核心和主体。尤其是三大殿是紫禁城的主体建筑，是整个轴线的最高潮。穿过保和殿就进入了乾清门就是对应前三殿的后三宫，这里的布局重复前三殿的基调，但规模略小于三大殿，曲调略为降低。出坤宁门就是御花园，过御花园，以高耸的神武门结束紫禁城的流线，但至此并没有仓凑收尾，而是由景山和上面的景亭作为轴线的收尾，翻过景山就是地安门和北端的钟鼓楼，作为轴线的尾声。匠师们通过营造空间流线的变化，使儒家的伦理秩序与统治者的等级制度相统一，体现以善为美的人本思想。

　　中国传统建筑以间为单位，展开封闭的建筑群空间布局。如宫殿、衙署、寺庙、陵墓、王府等往往是由很多前后东西向的院落串联成多进多路的建筑群。中国古建筑主要是靠院落内的主次建筑和院落群组间的体量、空间上的变化和级差控制来互相烘托，突出主体又不失艺术效果。事实上体量大小、空间变化是基于使用功能、伦理秩序、地位高低的物质反映。中国传统社会是大家庭聚居，众多的空间院落能同时满足大家族成员的各种衣、食、住、行、游娱的各种需求，同时主次院落、主次建筑的区分具有确定等级尊卑、男女有序的伦理秩序，这彰显的是以人为本、以善为美的人本精神。所以中国传统建筑在空间组合上有三个主要特点：一是主体建筑居于位置的几何中心；二是次要建筑对称布置在主体的两侧，形成建筑群的中轴线；三是通过主轴线、次轴线，前后左右的多进、多路把众多院落组成一个规整有序的整体。

　　中国古典园林不论是北方皇家园林，还是南方的江南的私家院落，抑或岭南庭园，其中最根本的功能就是满足人们的生活享受，陶冶人们的审美情操。因此其空间布局、规划设计都是以此为核心展开的。皇家园林，在大的空间布局上虽然也要满足彰显皇权的需要，但从具体的空间组织看更多的还是满足皇家的世俗享乐。因此帝苑一般包括两部分，一部分是居住和朝见的宫室，另一部分是供游娱的园林。宫室部分占据前面的位置，以便交通与使用，园林部分处于后侧，犹如后园。比如颐和园根据使用功能，将其分为东宫门和万寿山东部的朝廷宫室部分和园林部分。园林部分分为前山、前湖、后山后湖三大区，其总体规划极富人性化思想，遵循因势利导的原则。通过疏浚西湖，拓宽湖面，一改之前湖山错位的局面，使游赏者能够获得山水对位的良好格局。修筑西堤、支堤，将昆明湖分为大小三个水域，并整理前山，疏通后湖，进一步密切湖山关系，顺应环境，便于游客最大限度地观赏园内外景致，极大地满足审美需求。前山的建筑群空间布局（图11-5），顺依山势，营建大型建筑，前部有山门、大雄宝殿和多宝殿，中部是高大的佛香阁，其后是"众香界"、"智慧海"一组琉璃建筑，成为前山主轴的结束。前山多为庙宇，属于神的空间，为了协调气

图11-5　颐和园前山（引自潘谷西. 中国建筑史［M］. 北京：中国建筑工业出版社，2009.）

氛，在山脚下，临湖边建了一条长廊纽带，突出前山的主体景象，使得前山整体和谐有机，这样既符合游赏者的宗教寄托，又不影响游园的情致。

此外，江南园林、岭南庭院更是与人们的居住生活紧密结合，虽然面积不大，但极为精致，富有人性化。这种既满足生活的实用需求，又创造出审美层面的山林野趣，其间确有许多空间组织的丰富经验可以借鉴。比如在空间布局上讲究主题多样、隔而不塞、欲扬先抑、曲折萦回、尺度得当、余意不尽，远借临借；水面处理讲究虚实对比，池水以聚为主，以分为辅，池的平面以不规则为佳，水面分割采用桥、廊、岛、堤，小池以浅岸为主，池岸宜曲不宜直等；叠石置山也极富匠心。通过这些空间布局手法在有限的空间创造一种可居、可游、可观城市山林或居住庭院。

传统村落广泛的分布于祖国的各地区，由于各地地形地貌、民族成分、社会经济、文化习俗的差异，致使传统村落的空间组合表现得丰富多彩。传统村落在空间布局上十分讲究，追求建筑、村落、环境的整体和谐，又方便村民的日常生产生活，满足生存所需。浙江俞源村的"太极形象"格局，该村为刘伯温按照天体星象天罡二十八宿、黄道十二宫环绕来排列所设计的。进入村内，如进迷宫，若无人带领则很难走出去，空间组合复杂，不仅提供村民的日常生活场所，还借助传统的排兵布阵图来增强村寨的防卫，同是表达了对子孙后代人才辈出的期许。中国传统村落是传统中国社会宗法制度的活化石，受儒家文化的影响，平原地区的传统村落大多规整有序，追求对称，如福建北部的城村，全村按"井"字形布局井然有序，

图11-6   福建南靖田螺坑土楼群（自摄）

山西祁县民居建筑遵循左上右下，东尊西卑的昭穆制度营建。多山地区的村落与建筑则突出它的伦理秩序性，如福建的田螺坑土楼"四菜一汤"的空间布局（图11-6）、永定县湖坑乡振成楼宋代"官帽"的空间布局等体现了血缘家族的宗法观念，表征了注重人伦秩序的人本精神。

可见，包括古代城市、庭院建筑、园林、传统村落等在内的中国传统建筑的空间组织充分体现了对统治者和百姓生命安全的考虑，对方便生活、节约成本、美化生活的重视，蕴含了我们祖先对人居环境空间与生产生活关系的理解。

五、中国传统建筑的装饰装修

装饰装修对提升建筑的文化品位、丰富建筑的审美属性具有十分重要的作用。中国传统建筑的装饰装修历史悠久、文化积淀深厚，是传统建筑研究的重要内容之一，蕴含丰富的理性实用的审美匠心和以人为本的人本内涵。

中国传统建筑的装饰细部处理及艺术加工是顺应其构造需要而产生的，是有实用功用的。"……屋顶上的装饰，在结构上也有他们的功能，或是曾经有过功用的。"（梁思成）大屋顶屋面呈反宇向阳的凹曲面，这是与屋架举折、举架的不连续性相一致的。"如鸟斯革，如翚斯飞"的翼角形象是"顺应角梁断面的增大和后尾托于金桁之下，促使前端上翘的构造特点而自然形成的。"[11]精美的正脊是两坡面铰接的结果，垂脊则是为了加强山墙檐部的抗风性能。它们上面的精美装饰，如仙人走兽、鸱吻、垂兽、戗兽等都是用来防止该处铁钉生锈的，是对护钉构造的艺术处理。鸱吻和龙吻之所以张口吞脊，是为了加固端部，增厚节点宽度的艺术加工，其上面的箭靶是用来填塞洞口的。箭靶上面的五股云图案，最初是鸱吻背上设置的"拒鹊叉子"的构造形象。在屋身墙体约檐柱的1/3处（称下碱）的两端砌筑角柱石，而上沿砌腰线石或压面石这是为了防潮碱的需要，"因为墙体由潮湿引起的'酥碱'现象，通常'硝化'的高度不会超过五尺，因此特在这个高度划分腰线。"[12]腰线下面多用质地优良的砖石。后来人们解决了酥碱的问题，但这种构图仍延续了下来，并成了装饰的重要部位。建筑的风火山墙除了装点建筑的天际线外，还具有防火的实际功用，同样的在建筑的色彩调度上，各种漆饰除了达到美化的效果外，还起到防火、防虫、防风、防雨、防雷等防灾作用。这种在装饰中尽量与建筑的构造合拍的装饰手法，反映了传统先民的理性实用的审美匠心。

　　中国传统建筑的装饰讲究适度，避免堆砌，不做作，不能为了装饰而装饰，客观上节约了人力、经济成本，实现装饰的适度性。而要做到装饰融于建筑之中，淡化人力痕迹。因此选择合理的装饰载体就变得很有意义。传统建筑装饰通常集中在端部、节点、边际线、门窗的格心、构件表面等处。构件的端部一般没有受到结构性能的要求，自然成了装饰美化的重点。比如木结构中的挑尖梁头、霸王拳、博风头，斗栱中的昂嘴、蚂蚱头、菊花头、麻叶头等。石构件的端部如栏杆端部的抱鼓石、柱子的望柱头，石牌坊的石柱头等；这些位置是装饰的重点，但从建筑的整体来看，是适度的，是符合中庸思想影响下的中国人的审美心理需求的。

　　在传统建筑中，人们主要通过建筑的装饰题材来表现"吉祥如意，福禄寿禧"，"敬神祈福消弭难"的美好期冀的，以满足其审美需求。人们常常通过吉祥物、象征物、谐音物来表情达意的。"福"是中国人孜孜以求的审美理想之一。北宋欧阳修的诗"事国一心勤以瘁，还家五福寿而康"认为福是长寿健康的核心，在建筑装饰题材中以"蝙蝠"（蝠谐音福）、牡丹（象征富贵）等图案的雕饰为多。古人认为多子则多福，平平安安、美满婚姻就是福。于是出现了对石榴、鱼之类多籽的动植物的装饰题材，所谓"榴开百子"，"年年有余"，因此我们常见开裂的石榴，胖娃娃骑鱼的雕饰；四季花插入花瓶表示四季平安，瓶子放置在大象上表示"太平有象"，瓶中插三枝戟表示"平升三级"，四季花、橘子、磬表示"四时节庆"，如意与柿子搭配构成"事事如意"；用鸳鸯、藤萝表达夫妻恩爱，用燕子、柳条、花草、流云、蝙蝠象征新婚燕儿，用鸳鸯配莲子表示伉俪恩爱，早得贵子。"禄"指古代官员的薪水，是身份地位的象征，古人以考功名为人生最大的奋斗目标，所以民间自古流传"朝为放牛郎，暮登天子堂的"谚语。在建筑装饰中通过各种雕饰表达这种审美理想，如荔枝、桂圆、核桃的雕饰表示"连中三元"（都是圆的，谐音元），以柳芽、燕子、杏花暗指状元及第（这个季节是殿试发榜之时）。猴子在枫树上挂一枚挂印的雕饰表示"挂印封侯"，马与猴则是"马上封侯"，一只鹤（一品大员的官服上的图案）站在水边表示一品当朝。"寿"指老寿星，许多传统民间建筑直接将传统寿星的形象刻在门窗扇上，有的则用松、鹤、龟、寿桃表示松鹤延年，长命百岁，有的将福寿连在一起的雕饰题材，如五只蝙蝠配五个仙桃意志"五福捧寿"，以蝙蝠、仙桃、一对古钱表达"福寿双全"，以猫、蝴蝶表示"耄耋之年"，以蝙蝠、海水、寿山、松树表示"福如东海长流水，寿比南山不老松"。"禧"主要是祝福吉祥之意，古人在建筑雕饰中除了直接用"喜"字图案外，还用喜鹊、蜘蛛的图案。喜鹊指好事来临，这个国人都能理解，蜘蛛怎么表示"喜"意呢？在古代蜘蛛被称为"喜母"，所以中国人用蜘蛛从空中掉下来指"喜从天降"，喜鹊站在梅枝的雕饰指"喜上眉梢"，梅、竹、马相配表示"青梅竹马"。可见"福禄寿禧"的建筑装饰题材皆是从

图11-7　明式家具（引自王世襄. 锦灰堆［M］. 北京：生活·读书·新知三联书店，2013.）

"人"的角度出发，体现了古人追求吉祥如意的审美理想，充分彰显了中国传统建筑装饰题材的人本追求。

　　中国传统建筑结构具有"简明、真实、有机"特点，深刻影响到了中国传统室内家具装饰，尤其是明式家具（图11-7），蕴含着深刻的人性智慧。明式家具作为一种实用的生活器具，不仅仅满足人"能坐"的需求，它更关注人体的舒适度需求，所以十分注意家具的尺度和曲率的合理性，这是明式家具的基本特征。家具作为室内装饰的重要组成部分，还有满足人们的审美心理需求，所以明式家具在设计上也是精益求精。匠师们运用精湛的技艺、调动积累的美学知识，创造出榫卯结构科学合理，尺寸、比例大小适中，曲线柔和舒展且富有弹性，造型高端大气，色泽典雅优美，雕刻繁简相宜，金属配件恰到好处，实现了实用、科学、美观三者的统一，既符合人体工程学，又符合人们的审美心理需求，是中国家具史上的精品之作，更是我国古代匠师对传统建筑艺术作出的杰出贡献。

　　中国传统建筑装饰内涵博大精深，是中国传统文化的集中反映，尤其突出地反映了以人为本的人本精神和人性智慧。这里就传统建筑装饰的手法、装饰密度、装饰题材以及室内装修中的明式家具等几方面分析了包括实用理性、中庸思想在内的以人为本的人本思想。

注释

①　黄鹤，唐孝祥，刘善仕. 中国传统文化释要[M]. 广州：华南理工大学出版社，1999.

②　金学智. 中国园林美学[M]. 北京：中国建筑工业出版社，2005.

③　潘谷西. 中国建筑史（第五版）[M]. 北京：中国建筑工业出版社，2004.

④　侯幼彬. 中国建筑美学[M]. 哈尔滨：黑龙江科学技术出版社，1997.

⑤　梁思成. 清式营造则例[M]. 北京：中国建筑工业出版社，1981.

⑥　傅熹年. 中国传统城市规划、建筑群布局及建筑设计方法研究[M]. 北京：中国建筑工业

出版社，2001.

⑦　梁思成. 清式营造则例[M]. 北京，中国建筑工业出版社，1981.

⑧　傅熹年. 中国传统城市规划、建筑群布局及建筑设计方法研究[M]. 北京：中国建筑工业
出版社，2001：85.

⑨　潘谷西. 中国建筑史（第五版）[M]. 北京：中国建筑工业出版社，2004：243.

⑩　侯幼彬. 中国建筑美学[M]. 哈尔滨：黑龙江科学技术出版社，1997：242.

⑪　侯幼彬. 中国建筑美学[M]. 哈尔滨：黑龙江科学技术出版社，1997：222.

⑫　侯幼彬. 中国建筑美学[M]. 哈尔滨：黑龙江科学技术出版社，1997：223.

第 12 讲

西方建筑风格流变探踪

　　建筑是人为且为人的人居环境。建筑风格是时代的特色，是民族的特征，是文化的特点。从宣示"高贵的单纯和静穆的伟大"的古希腊罗马建筑到表征"神人合一"哥特式建筑，从主张功能第一、崇尚简洁素朴的现代主义，到呼唤地域特色和文脉，强调复古和装饰主义倾向的后现代主义，西方建筑风格的流变，更是文化精神的表征、生活情趣的表现和审美理想的表达。

　　建筑风格是时代特征、民族特征和文化特征的综合表现，体现了时代的特色，反映了民族的特征，展现了文化的特点。各时代、各民族的建筑风格，凝聚着当时当地几乎全部的上层建筑和意识形态的灵魂。透过西方建筑风格的流变，我们可以追溯和领略西方民族的表征于建筑之上的生活情趣、文化精神和审美理想。

一、十九世纪以前的西方建筑风格

　　古埃及和古西亚建筑是西方建筑史的引子。无论是古埃及人的金字塔，还是古西亚人的萨艮王宫，它们都以极其宏大的规模来反映王族的威武和显赫，企图达到强化帝国统治的目的，体现君权神授的观念。

　　古希腊罗马时期是古代西方物质文明和精神文明的双盛之时。其美学思想突出表现在讲究度量及秩序的和谐、神人合一的喜悦和热情，推崇人体美以及"高贵的单纯和静穆的伟大"的意境。这种时代理性和美学精神深深地烙印于合称为"古典建筑"的古希腊罗马建筑之上。维特鲁威的《建筑十书》里讲了一个故事：当多立克人要建造神庙的时候，由于不知道柱子的受力和均衡的原则，所以就参照了成年男子身体的比例。男子的脚长为身高的六分之一，所以柱子底部的直径就是柱高的六分之一。[①]因此多立克柱式看起来比例匀称，威武雄壮，充满了男性沉着稳重的力量感（图12-1）。后来人们又把柱子修饰得更苗条修长，象征

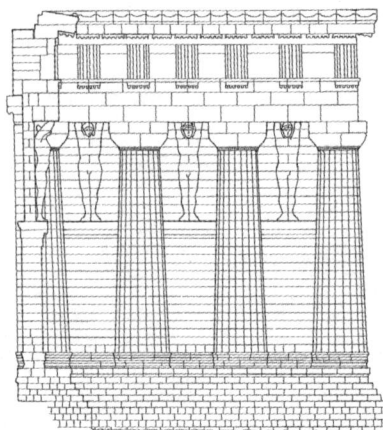

图12-1　奥林匹亚宙斯神殿复原图男像柱（引自David Watkin A History of Western Architecture）

女子的挺拔秀美，并尝试把女式裙袍上的衣褶抽象化，由此形成柱身上的凹槽。这种具有女性阴柔之美的柱式，便是后来的爱奥尼亚柱式。古希腊的柱式具有相对规范的比例。多立克柱式在定型之后，柱高为柱径的4～6倍；爱奥尼亚柱式的柱高为柱径的9～10倍；而科林斯柱式的柱高与柱径之比为10：1。正如毕达哥拉斯所说："美是和谐与比例。"古罗马继承了古希腊的柱式，又加上了塔斯干和混合式两种，统称为古典五柱式。古希腊罗马的建筑柱式严谨地模仿了人体的度量关系，形象地体现出一丝不苟的理性精神，充满了对现世人体的热情讴歌，反映了时人人本主义世界观和对理性美的崇拜，表达了欲将理想美和现实美统一于艺术构图法则之中的审美追求和文化理想。古希腊罗马建筑风格对后世产生了深远的影响。

公元395年，罗马分裂成东、西两大帝国，西罗马帝国的首都在罗马城，东罗马帝国也称拜占庭帝国，它的首都在君士坦丁堡。公元476年，西罗马帝国灭亡。随后，基督教也分裂成东正教和天主教。而拜占庭的建筑和艺术，正是东正教文化的见证。与天主教不同，东正教并不突出繁复的宗教仪式，而是强调信徒们的亲密无间，反映在建筑上就是没有发达的圣坛，而是采用了集中式的形制，利用帆拱撑起一个球形穹顶的巨大空间。索菲亚大教堂是东正教堂的杰出代表，它采用了帆拱技术，将穹顶的重量支承在柱墩上，因此不再需要厚重的石墙，穹顶和拱顶下的空间自由、灵活，形成高低错落，主次分明的结构平衡体系。帆拱和穹顶以彩色玻璃镶嵌画作装饰，以使徒、天使、殉道者的形象为题材，在幽暗的光线下依然闪闪发光。虽然土耳其人在15世纪征服拜占庭帝国后，在圣索菲亚大教堂（图12-2）的四角加建了召唤穆斯林做礼拜的授时塔，将东正教教堂改造成清真寺。所幸的是，授时塔并没有破坏索菲亚大教堂的美感，相反，其高耸的塔身大大减轻了大教堂外观的笨拙感，增强了表现力。

图12-2　圣索菲亚大教堂内部（引自David Watkin A History of Western Architecture）

西罗马帝国灭亡后，西欧进入中世纪时期，绵延千余年。这是一个宗教社会，神的时代，天主教会的权力至高无上。由于教会大力宣扬禁欲主义以及对世俗文化的仇视，这一时期科学意义上的文化艺术几乎处于停滞状态，无不具有神学的性质。建筑亦不例外。反映神的威严和天的高远成了中世纪建筑的主题。缘此，教堂便成为中世纪建筑的最主要形式，从而汇成中世纪建筑的独特风格。

近千年历史跨度的西欧封建建筑通常按其历史特点分为三个阶段，表现出三大风格。早期基督教建筑、罗马风建筑和哥特式建筑。早期基督教建筑是指公元4～9世纪西罗马帝国的建筑体系。早期基督教建筑与拜占庭建筑同在，它包括公元330年罗马帝国迁都后帝国的西部的建筑，公元395年罗马帝国分裂后西罗马的建筑，以及西罗马灭亡后300年的西欧封建混战时期的建筑，其主要类型是基督教教堂。当时的教堂格局同拜占庭建筑一样有三种形式：巴西利卡、集中式与十字式。早期基督教建筑的风格为墙体厚重，砌筑粗糙，灰缝厚，教堂装饰简单，沉重封闭，缺乏生气。

所谓罗马风建筑，即其"建筑风格既像罗马又非罗马"，是当时社会政治、思想文化的真实写照，反映出教会神权和封建王权走向结合的过渡心理。意大利的比萨主教堂建筑群可谓代表之作。它们采用了柱式，但不严谨。它们既不追求神秘的宗教气氛，也不追求威严的震慑力量。作为城市战胜强敌的历史纪念物，它们是端庄的、和谐的、宁静的。此后，哥特式建筑兴盛。

哥特式教堂的第一个特点是平面呈拉丁十字形，象征着圣子耶稣被钉死在十字架上。由于天主教起源于东方的耶路撒冷，耶稣之死也在东方，所以教堂坐西朝东。每当弥撒来临，教徒们齐聚教堂，向东方朝拜。教堂内部由柱子划分出中舱和舷舱，寓意教徒们同舟共济，兄弟姐妹相亲相爱。教堂整齐地耸立着一排排束柱。束柱装饰美观，高挑修长，教堂的屋顶因此显得轻巧空灵，有一种升腾的气势。在空旷而疏朗的教堂空间里唱圣歌，教徒们会不知不觉地产生一种崇高感，仿佛他们虔诚的祈祷会通过教会，上达天际。歌德在斯特拉斯堡主教堂里看到了蓬勃的生命力，他热情洋溢地歌颂道："它们腾空而起，像一株崇高壮观、浓荫广覆的上帝之树，千枝纷呈，万梢涌现，树叶多如海中的沙砾。它把上帝——它的主人——的光荣向周围的人们诉说。……直到细枝末节，都经过剪裁，一切都与整体贴切。"[②]英国剑桥国王学院礼拜堂内部的束柱线脚非常繁密精致，犹如一把把擎天巨伞撑在屋顶，因此称之为"伞拱"，伞与伞的相交处垂下一朵玫瑰花饰，美轮美奂。

哥特式教堂在结构上的特点是采用了肋架券和飞券。尖顶的肋架券改变了罗马风教堂那笨重的筒拱结构，把拱券分解为承重的券和不承重的蹼，蹼的重量通过券传递到柱子上，从而减轻了重量，节省了材料。飞券架在舷舱上方的墩子头上，用以平衡和抵御中舱拱顶的侧推力。飞券的弧线十分精美，富有弹性，像彩虹，又像拱桥，增加了教堂外观的层次性与形体的多样性，丰富了人们的审美联想。

哥特式教堂的第三个特点是大量创作彩色玻璃画。哥特式教堂在墙体上开了各种形状的窗户——玫瑰花窗寓意了圣母的纯洁无瑕，合掌式花窗象征着圣徒的诚心祈祷，十字花窗寓意耶稣受难。这些花窗上都镶嵌着缤纷艳丽的彩色玻璃画，画着人们熟知的圣经故事：比如受胎告知、耶稣诞生、东方三圣王朝拜、耶稣在约旦河受洗等等的题材。每当阳光通过彩色玻璃窗投射到教堂内部，就会产生五彩斑斓的壮丽景象，仿佛天国已经降临人间，像红宝石和绿宝石一样闪耀着奇异的光辉。

哥特式教堂的西立面往往矗立着一对钟楼，开三个雕刻精美的大门。钟楼呈棱锥体，直插云霄，沟通天上人间。由于工程浩大，钟楼的建造往往要持续几个世纪之长，甚至很多著名的大教堂至今尚未完工。德国的科隆大教堂始建于1248年，但断断续续一直到19世纪才大功告成。建成后的两座钟楼高达152米，成为德意志的地标性建筑。教堂内收藏有参拜初生基督的东方三圣王遗骨，每年吸引大批教徒前来朝拜。科隆政府规定市内所有建筑不得超过教堂的高度，因此造成许多大楼地表建筑有七八层，而地下却有四五层。哥特式教堂的西立面有三个大门，雕刻着一层一层的壁柱和尖券，繁复地装饰着圣徒、圣母子和福音故事雕像，形成有韵律的光影变化。

到15世纪，文艺复兴时代的曙光终于划破了中世纪的夜空，宣告宗教时代的亡结。文艺复兴时代是高呼"自由、平等、博爱"，反对神权、尊重人权的又一个人本主义时代。思想解放、思想酝酿、思想启蒙是文艺复兴时代的关键词。尊重现实世界、尊重个人力量、尊重理性和以人为本的人本主义是这个时代的指导思想和文化取向。正是这样，文艺复兴时期的建筑在实践和理论上对哥特式风格进行大胆突破。在形式上，以罗马柱式、穹隆顶为特征，表现出对古希腊罗马建筑典范的推崇，对亲切、新颖风格的追求。它舍弃哥特式的尖塔而采用穹隆顶，表现出对神权的不恭和反叛，对现世人生的讴歌和热爱。罗马圣彼得大教堂（图12-3），作为文艺复兴时期的建筑代表，是体现上述风格特征的典型实例。

文艺复兴运动讲究艺术技巧，这一时期的建筑技术得到了长足的发展，体现了人们对理性的重视。布鲁涅列斯基是文艺复兴时期最具影响力的建筑师之一，他博采众长，又锐意创新，他最杰出的贡献乃是为佛罗伦萨主教堂（图12-4）加盖了八角形的巨大穹顶。佛罗伦萨主教堂原是冈比奥所设计，它的平面仍然是拉丁十字，但东部却有一个八角形的歌坛，歌坛的最大直径达到42.2米，工程难度极大，以至于耽搁多年，无法完工。布鲁涅

图12-3　圣彼得大教堂（引自陈志华. 外国古建筑二十讲［M］. 北京：生活·读书·新知三联书店，2003.）

图12-4　佛罗伦萨主教堂（引自陈志华. 外国古建筑二十讲［M］. 北京：生活·读书·新知三联书店，2003.）

列斯基采用一段鼓座将穹顶抬高，使它获得一种昂扬饱满的气魄。他借鉴了哥特式教堂的结构，用白色石料在歌坛的八个角上搭建起肋架券，作为承重的构件，然后又在肋架券之间填充不承重的"蹼"，这些蹼的下部用石头砌筑，而上部则用砖头，表面覆盖红砖，因此在保证力学合理的基础上，保持了色调的美观。八根肋架券裸露在外，顶端建一个八角形的采光亭，造型严谨大方，具有饱满的张力。穹顶原是古罗马人的创造，在中世纪时代被看作是异教的形制，甚至一度失传。布鲁涅列斯基的这一神来之笔，使人们重新认识了穹顶的美学价值，并对它赋予新兴资产阶级的人文主义精神。

　　但是，文艺复兴时代并不是一个思想成熟的时代，而是一个情感解放、思想酝酿的时代，充满着矛盾和斗争。作为新事物，文艺复兴建筑是在中世纪统治势力的禁锢之中去求得自己的生成和发展的，从一开始就受到宫廷、教会和贵族的干预。有些建筑过分讲究古典规范，表现出形式主义和复古主义倾向，进而成为古典主义建筑之滥觞，影响到后来的法国古典主义建筑风格；有些因玩弄技巧、追求新奇而发展为豪华浮夸的巴洛克风格。然而，古典主义也罢，巴洛克式也罢，它们两者正好表现了文艺复兴以来那种动荡不安、充满矛盾、追求内心的奔放和感官刺激的积郁难抒的社会心理的两个侧面。

罗马的四喷泉圣卡罗教堂（图12-5）是普罗密尼的作品，属于典型的巴洛克风格。教堂平面略呈椭圆形，穹顶上布置几何形的格子，格子越往上越小，使人产生一种空间高远的错觉。教堂立面呈现四柱三间的波浪形，柱子布置在波峰与波谷之间，檐口形成的曲线弧度自然优美，与壁龛、雕像和栏杆一同形成一个富有节奏感的构图。这个教堂体量较小，更多的是作为天主教的一座纪念碑而设计，所以形式活泼自由，较少受到使用功能的限制。

巴洛克建筑师还开始注重单体建筑与城市环境的关系。贝尔尼尼为圣彼得大教堂修筑的大柱廊即是这种理念的集中体现。圣彼得教堂的最初方案是由文艺复兴时期的布拉曼特所设计的，平面呈现希腊十字形，是人文主义的体现。米开朗琪罗基本上沿袭了他的做法，只是略作修改。可是教皇为了宣示天主教

图12-5　罗马四喷泉圣卡罗教堂波浪形立面（引自陈志华. 外国古建筑二十讲［M］. 北京：生活·读书·新知三联书店，2003.）

的权威，教谕建筑师马尔代诺在希腊十字的平面前方加上一段巴西利卡，以便使教堂平面呈拉丁十字形。但是这样一来，人们在近处就看不到教堂的穹顶，因而大大削弱了建筑的表现力。为了改善这种情况，贝尔尼尼在圣彼得大教堂的前方180米处竖立一根方尖碑，左右各有一个喷泉，其作用在于标志一个较好的观赏地点，使人们能够在特定的角度瞻仰圣彼得大教堂恢宏雄伟的整体外观。贝尔尼尼又以方尖碑为中心建造了一个椭圆形的广场，围绕着两道弧形的柱廊。柱廊宽17米，矗立着四排多立克柱子，檐口女儿墙上装饰着圣徒和殉道者的雕像，整齐划一却又蕴含着不同的光影变化。大柱廊像大教堂伸出来拥抱朝觐者的双臂一样，给人以雄壮、有力、安全的感受，起到烘托圣彼得大教堂的作用，并力求在造型和色彩方面与周边建筑保持一致。

与巴洛克同时期的另外一个重要建筑潮流是古典主义，古典主义是法国封建王权走向顶峰的象征。西欧封建时代教权至上，王权与教权之间始终处于相互对峙又相互依存的微妙关系之中。在17世纪以前，法国的封建王权长

期受到教会势力的制约。但随着法国经济的发展，到路易十三和路易十四时期，王权已经能与教权相抗衡。法国古典主义建筑以柱式为基础，构图严谨，比例均衡，沿中轴对称，讲究主从关系。在古典主义皇家园林中，建筑师将植物修剪成为对称的几何造型，以取大自然也要理性和臣服君主之意。

卢浮宫东立面为勒沃（Louis Le Vau, 1612–1670）、勒勃亨（Charles Le Brun, 1619–1690）和克劳德（Claude Perrault, 1613–1690）设计的古典主义作品，立面全长172米，高28米，从下而上分为三段：底层为基座、中段是两层高的柱子，而最上层即为檐部和女儿墙。中段是由双柱排列而成的柱廊，双柱与双柱之间的中线距为柱高的1/2。立面的中央和两端又各有凸出的部分，因此横向地把立面分成了五段。中央部分呈正方形，檐部以上有三角形的山花。中央是立面构图的重点，强调了以国王为中心的绝对君主专制。

凡尔赛宫（图12-6）本是法国封建王朝的狩猎行宫，是一座文艺复兴风格的宫殿。经过扩建以后，形成宫前大花园、宫殿和放射形大道三个部分，以东西向的轴线联系，轴线左右呈对称布局。凡尔赛宫殿为标准的古典主义建筑，立面划分为纵三段、横三段的构图，反映了追求严谨理性的审美趣味。室内装修为巴洛克风格和洛可可风格，极尽奢靡之能事。其中镜厅西临花园，在面向花园的一侧采用了17扇落地玻璃窗，而东侧则布置了17面大镜子。墙壁以淡紫色和白色大理石贴面装饰，科林斯壁柱的柱头和柱础都为黄铜镀金，柱头上有张开双翼的太阳图案，表示对路易十四的

图12-6　凡尔赛宫（引自陈志华. 外国古建筑二十讲［M］. 北京：生活·读书·新知三联书店，2003.）

景仰。镜厅的天花板上，吊着24盏巨大的波西米亚水晶吊灯，当吊灯上的几百支蜡烛点燃时，整个镜厅星光璀璨，令人联想起路易十四时代那些混杂着脂粉气和贵族气的化装舞会。

凡尔赛宫的园林同样体现了古典主义讲求对称统一的风格，不仅花园修整得一丝不苟，而且在园林中还设计了许多喷水池和大理石雕塑。这些雕塑也是古典主义风格的，它们通常以古希腊罗马的太阳神阿波罗为主题。如母神喷泉，表现的是勒托怀抱年幼的日神阿波罗。阿波罗和月神阿尔忒密斯（罗马神话中的月神戴安娜）是勒托与天神宙斯所生的龙凤胎。天后赫拉妒忌，常常使用计谋迫害母子三人。路易十四自比阿波罗，又认为自己年幼时也曾经历政治迫害，因此在母神喷泉的台边上装饰了乌龟和青蛙，这些动物朝勒托和阿波罗喷水，象征国王曾经受过的凌辱。在凡尔赛宫还有阿波罗驾车出水面、阿波罗与仙女等的众多古典主义的雕像，这些雕像在树荫、蓝天和水体的映衬下，显得典雅而纯净，既美化了园林，又歌颂了王权。

凡尔赛宫的设计，体现了大陆理性主义哲学家布瓦洛的观点。布瓦洛在笛卡儿的唯理主义思想的基础上，力图为文艺创作制定一套符合理性的规则。他认为古希腊罗马的文学作品之所以美妙，是因为它们体现了理性，因而得到人们的赞赏。他由此出发，强调要向古典学习。他认为，"古典就是自然，模仿古典也就是模仿自然。模仿古典不但要借用古典的题材和人物，而且更要遵循古典的规则。"[③]凡尔赛宫沿袭了古希腊罗马柱式的规范，中轴对称的总平面体现了理性之美，以太阳神阿波罗为主题的雕塑群借用了古典神话题材，体现了当时法国上流社会的审美趣味。

到18世纪上半叶在宫廷中又流行一种称为洛可可的建筑风格，这不能不说是古典主义室内装饰之风的余绪。洛可可风格具有纤细、轻佻、华丽和烦琐的特点，带有强烈的脂粉味，反映了当时法国的宫廷生活常以皇后和贵夫人为主角的特点，以及上流社会贪图享受、自我夸耀的时尚。但从建筑形式看，洛可可风格不但富有蜿蜒而优雅的曲线美和温和滋润的色泽美，充满着清新大胆的自然感，而且还富有生命力，体现着人对自然和自由生活的追求。到资产阶级革命以后，新古典主义和浪漫主义逐渐崭露头角。新古典主义和浪漫主义都是当时社会阶级变化的建筑表征，流露出没落的封建贵族对日益发展的资本主义的反感和绝望，以及对往日生活的追忆和眷恋。在英国则表现为，主张建筑应当返回到中世纪田园牧歌式的创作中去，认为哥特式风格最具诗情画意，最具神秘气氛，其代表建筑是英国的国会大厦。它采用亨利五世时期的哥特垂直式，以象征曾一度征服法国而内心深藏的民族自豪感。随着古典复兴和浪漫主义的流行，一方面，人们逐渐忘却了原先为什么要借用古典和哥特形式的思想基础，另一方面，面对旧形式和新要求的矛盾，人们不得不另觅他径。于是折中主义应运而生了，且比古典复兴、浪漫主义更为普遍。巴黎歌剧院是折中主义的代表建筑。其立面是意大利的晚期巴洛克风格，同时又糅杂了繁琐的洛可可雕饰。通过折中主义建筑，我们可以窥视世人面对新技术和旧形式的矛盾而表现出来的"纯形式"拼凑的窘迫心态和审美趣味。

二、从黑格尔到后现代主义

国外关于建筑美学的专门研究，最早可追溯到德国古典美学的集大成者——黑格尔。他认为："建筑是与象征型艺术形式相对应的，它最适宜于实现象征型艺术的原则，因为建筑一般只能用外在环境中的东西去暗示移植到它里面去的意义。"[④]黑格尔指出了建筑是象征型艺术的代表，看到了艺术发展的一些规律。

十九世纪以后，西方建筑艺术理论研究分为现代主义和后现代主义两个发展时期，在现代主义发展时期，西方建筑艺术流派纷呈，主义繁多。如"形式随从功能"、"国际主义风格"、"机器美学"、"房屋是居住的机器"、"装饰就是罪恶"等主张，如未来派、构成派、风格派、造型主义等流派，表征了这一时期西方建筑艺术思潮的发展演变。就这一时期的建筑美学而言，技术美学是主流，它影响并试图改变人们传统的艺术和审美观念，显示出对建筑的技术个性的关注和热情，与黑格尔建筑美学形成鲜明的对比和强烈的反差，仿佛是建筑美学领域的一股新风。然而，在深层的本质意义并没有改变。也就是说，其审美理想和审美标准仍然是追求艺术的普遍性、和谐性、确定性和明晰性，这在风格派和包豪斯学派表现得最为明显。

1919年，德国的格罗皮乌斯创办包豪斯设计学校。他设计的包豪斯校舍注重功能，尝试将教室、宿舍、材料间、表演室的功能综合在一起。在外观上采用平屋顶和简洁大方的几何造型，大面积的玻璃幕墙改善了室内的采光，从而节省了照明的费用。校舍的室内设计和家具设计都体现出与建筑本身相一致的功能主义与理性主义的特征，没有任何装饰。

勒·柯布西耶是现代主义建筑师之一，他早期撰写的《走向新建筑》，提出新建筑五点原则，即底层支柱、自由平面、自由立面、横向长窗和屋顶花园，成为现代主义建筑思潮中十分重要的理论。他早期设计的萨伏伊别墅，外观如一个清爽干净的白色方盒子，底层架空，作为门厅、车库和仆人用房，是由弧形玻璃窗所包围的结构。二层有起居室、卧室、厨房、餐厅，三层有屋顶花园和主卧室。各层之间以弧形的楼梯和折线形的坡道相联系，空间相互穿插呼应，平面布局灵活均衡，如同一架复杂精巧的机器。

勒·柯布西耶提出"模度理论"，主张把人体尺度与建筑相联系。他设计的马赛公寓是在模度理论的基础上建造的，内部设计有23种不同类型的空间供人们居住和休憩。他在公寓内部设计了两条街道，街道两旁布置商店、学校和旅馆，形成一个小型的社会。他在屋顶设计了花园、幼儿园、健身中心和露天剧场，满足了人们的日常需要。建筑底部设计了粗壮的V型支柱，柱子是以未经加工的粗面混凝土制作的，像大象粗壮有力的腿部，表现出原始、粗犷的审美特征。

另一位现代主义建筑师密斯·凡·德·罗则提出"少就是多"的理念。他非常注重细节，对材料性质和施工技艺有深刻的认识。他所做出的重大贡献在于探索钢框架结构和玻璃在建筑的应用，并创作出极端简洁和骨架露明的建筑风格。他曾经在包豪斯设计学校担任校长，在包豪斯被德国纳粹党关闭之后移居美国。他设计的芝加哥湖滨公寓，是典型的"方盒子"样式，黑色的钢铁和玻璃幕墙结构，充满了工业感，被人们称为"密斯样式"。他设计的巴塞罗那博览会德国馆，是由一个主厅、两间附属用房、两片水池和几道围墙组成，主厅用8根镀镍钢柱支撑起钢筋混凝土平屋顶，墙壁则因为不承重而可以自由布置，形成既分隔又连通的空间。建筑采用了不同色彩、不同肌理的石材，风格简洁高贵。

格罗皮乌斯、勒·柯布西耶和密斯都是主张机器美学的建筑师，他们都主张建筑应该顺应工业发展的需要，体现工业时代的科学、简洁和理性。而从小生活在美国乡村的赖特却厌恶工业，提倡有机建筑论。他认为建筑应该与自然相协调，设计风格应该多种多样。他说："在有机建筑领域内，人的想象力可以使粗糙的结构语言变为相应的高尚形式，而不是去设计毫无生气的立面和炫耀结构骨架，形式的诗意对于伟大的建筑就像绿叶与树木、花朵与植物。肌肉和骨头一样不可缺少。"由于莱特与生俱来的、对大自然的亲近，促使他设计出像流水别墅（图12-7）、约翰逊制蜡公司和古根海姆博物馆那样的作品。为了排除城市的车辆和噪声干扰，莱特在设计约翰逊制蜡公司的时候，主要采用了封闭的方式把内部和外部隔断，利用天窗采光。办公空间全部敞开，内部不加分隔，钢筋混凝土柱子呈上大下小的蘑菇形态，别具一格。古根海姆博物馆的圆筒形主厅有缓缓上升的螺旋坡道，展品就布置在坡道上，打破了过去按照房间分隔的布展模式，空间流通而开敞，走道和画廊融为一体。

正如国际现代建筑会议（Congres Internationauxd'Architecture Moderne,

图12-7　流水别墅（引自 Philip Jodidio Concrete Buildings）

C.I.A.M）的宣言所说，现代主义建筑思潮主要有几个重要观点：（1）强调建筑与时俱进，现代建筑要同工业社会相适应。（2）建筑师要关心建筑物的实用功能，关心有关的社会和经济问题。（3）在建筑设计和建筑艺术创作中发挥现代材料、结构和技术的特质。（4）主张坚决抛开历史样式，按照今日的建筑逻辑进行创作。（5）建筑师应该借鉴现代造型艺术和技术美学的成就。⑤表达了现代主义建筑师追求功能至上、技术理性的创作倾向。

现代主义建筑思潮，反映了从农业社会到工业社会的过程中，建筑也必然随着生产方式的改变而转型的事实。

真正的建筑美学新风是20世纪50年代开始酝酿并于六七十年代开始劲吹的。经过"第二次世界大战"结束后的头几年的探索，到现代主义后期，无论是建筑实践还是建筑理论，都在酝酿着对原有审美理想和审美标准的超越。这种超越最典型的实例便是1955年落成的由勒·柯布西耶设计创作的朗香教堂。这与他在20世纪20年代《走向新建筑》的理论主张迥异其趣，甚至背道而驰。自朗香教堂诞生以来，关于它的种种研究和种种评论就没有停止过。它立在法国的布勒芒山上，尽管外观依然简洁，不加装饰，但是它的平面却复杂而不规整，四个立面也各不相同，观众很难从一个侧面猜出它的另外一个侧面是什么形态的。由于造型的抽象，朗香教堂常常引人遐思。柯布西耶自己说朗香教堂是"形式领域的听觉器件。"研究者保利则认为，朗香教堂的屋顶来源于勒·柯布西耶在海边发现的一只坚硬的蟹壳，而三座竖塔则与犹太人墓碑有关。还有人对朗香教堂作出种种审美联想，觉得它像合拢的双手、浮水的鸭子、航行的轮船、修女的帽子、并肩的两个修士等，给人们以丰富的审美体验。在现代主义被批判和背离的

20世纪下半叶，朗香教堂就以出其不意的姿态进入人们的视野，勒·柯布西耶率先扬弃了自己原来主张的现代主义建筑风格，令人不得不深深折服。吴焕加教授高度评价了勒·柯布西耶："勒·柯布西耶二战之后建筑风格上的变化正是表现了一种新的美学观念，新的艺术价值观。概括地说，可以认为勒氏从当年的崇尚及其美学转而赞赏手工劳作之美；从现实清晰表达转而爱好混沌模糊，从明朗走向神秘，从有序转向无序；从常态转向超常，从瞻前转向顾后；从理性主导转向非理性主导。这些显然是十分重大的风格变化，美学观念的变化和艺术价值的变化"⑥"但是现代主义与晚期现代主义之间仍有不少一致性，如：两者均强调自身革命性，因而割断历史传统，不重视人文、感情和文脉因素；偏重于立足科学技术，着眼于建筑的物质方面，却又过分重视设计的独创性和建筑美学的抽象性，如此等等，说明晚期现代主义没有完全脱离现代主义，这时甚至有些现代主义元老也或多或少表现出夸张的倾向，一反往常的刻板作法。"⑦因此，晚期现代主义是由现代主义走向后现代主义的西方建筑美学转型的酝酿期和过渡期，显示出西方建筑美学由现代主义向后现代主义进行理论转型的双重品格和过渡性。

后现代主义是20世纪六七十年代兴起的，它是一切修正或背离现代主义的倾向和流派的统称。虽然这些新流派没有共同的风格，也没有团结一致的思想信念，但它们满怀着批判现代主义的热情和希冀，共同相约在"后现代主义"旗帜下。

文丘里在《建筑的复杂性和矛盾性》一书中指出："建筑师再也不能被正统现代主义的清教徒式的道德说教所吓服了。我喜欢建筑要素的混杂，而不要'纯净'；宁愿一锅煮，而不要清爽的；宁要歪扭变形的，而不要'直截了当'的；宁要暧昧不定，而不要条理分明、刚愎、无人性、枯燥和所谓的'有趣'；我宁愿要世代相传的东西，也不要'经过设计'的；要随和包容，不要排他性；宁可丰盛过度，也不要简单化、发育不全和维新派头；宁要自相矛盾、模棱两可，也不要直率和一目了然；我赞赏凌乱而有生气甚于明确统一。我容许违反前提的推理，我宣布赞成二元论。"他厌恶密斯"少即是多"的理论，针锋相对地说"少即枯燥"。这种理论揭示了建筑现象的复杂性、矛盾性和模糊性，是继勒·柯布西耶的《走向新建筑》之后最为重要的建筑学著作之一，代表了后现代主义理论的最高水平。文丘里从这种建筑理论出发，为自己的母亲建造了栗树山住宅（图12-8）。这个住宅有许多故意的断裂、片段、歪斜和扭曲。比如它的壁炉烟道和楼梯相互弯倾，处于一种二元对立的状态，构成一个复杂矛盾的整体。文丘里强调栗树山住宅的立面和

图12-8　宾夕法尼亚州栗子山母亲住宅（引自文丘里. 建筑的复杂性与矛盾性［M］. 周卜颐译.北京：知识产权出版社，2006.）

平面具有古典精神，但"古典而不纯，又有相反的一面，有手法主义的传统，有历史的象征"等。文丘里还负责设计俄亥俄州奥柏林学院爱伦艺术馆的扩建部分，在它的一个角落里树立了一棵木头爱奥尼亚柱子。这根柱子有别于古典柱式的比例，低矮肥胖，看起来就像动画片里的建筑部件，因此人们把它称为"米老鼠爱奥尼"，它体现了文丘里"对立的和不相容的建筑元件"的堆砌。

菲利普·约翰逊（Philip Johnson）设计的美国电话电报公司大楼是后现代主义建筑最著名的例子之一。它坐落在纽约曼哈顿区摩天大楼密集的地点，却一反美国第二次世界大战后摩天大楼的常见形象。建筑师约翰逊把它打扮成一座石头建筑的模样，利用石墙面、柱廊和圆拱门等视觉元素，模仿15世纪意大利佛罗伦萨一座教堂的形式。大楼顶部做成一个带圆形凹口的山墙，像一个老式的木壳座钟。著名后现代主义理论家詹克斯对美国电话电报公司大楼的评价很高："大楼立面划分和切分音节奏（Syncopation）直接来自古典摩天楼的传统，……形成强烈对比的是：它骨子里乃是一座现代传统的摩天楼，它挣扎着，意欲脱颖而出；或者说，一个被塞入另一个之中"⑧文丘里和约翰逊的建筑透露出后现代主义的复古主义倾向、装饰的倾向、重视地方特色和文脉的倾向、玩世不恭的创作态度和国际化的倾向。

后现代主义建筑思潮是20世纪六七十年代美国资源浪费、环境污染、贫富差距拉大、社会动荡等问题的反映，是新保守主义攻击革新、提倡旧道德和正统文化的产物。它赞扬非理性、反对二元对立、追求怪诞、主张对立的和不相容建筑元件的堆砌和重叠、采用片断、断裂和折射的手法、提出形式与功能分家。通过这些方式，后现代主义建筑师着意地营造了一种以杂乱、模糊、矛盾、复杂、暧昧为审美特征的建筑风格，并由此深刻影响了当代西方建筑审美观的变化。

三、当代西方建筑风格概观

从20世纪六七十年代的后现实主义开始，当代西方建筑风格日趋多元化，建筑这一领域成为众多"主义"的试验田。象征主义、乡土主义、历史主义、高技派、解构主义和新理性主义纷纷崭露头角，伦佐·皮亚诺、冯·格尔坎·马尔格、诺曼·福斯特、弗兰克·盖里、彼得·埃森曼、扎哈·哈迪德等建筑大师把名字镌刻在当代西方建筑史的宏大画卷上，并留下了举世瞩目的伟大名作。

象征主义萌芽于19世纪末的法国，法国是近代欧洲思想最活跃的地方，不少知识分子纷纷以隐喻和象征的手法讽喻社会现状，以表达自己的不满与反抗。1886年诗人让·莫雷亚斯发表了《象征主义宣言》，从此象征主义在诗歌、戏剧、哲学、美学、建筑学等领域都生根发芽。象征主义追求个性表达，使建筑造型成为设计思想及意图的角斗场。"建筑上的象征主义努力让建筑本身从周围的环境中独立出来，从这个角度说，作为后现代风潮的一个重要组成部分，象征主义是锋利的。"⑨伦佐·皮亚诺、马里奥·博塔、特里·法雷尔都曾经创作出相当杰出的象征主义作品。特吉巴奥文化中心是伦佐·皮亚诺在新喀里多尼亚的作品，被美国《时代》周刊评为1998年世界十佳设计之一。建筑师受到当地居民的启发，延续了木材与不锈钢组合的结构形式。木肋向天空延展，形成垂直交错的造型，在丛林的掩映底下，文化中心就像是一组组从天而降的巨大鸟巢（图12-9）。

乡土主义选取乡土文化作为研究对象，从历史、地理、社会、民族性等方面入手分析其产生、演变的原因，并将其所得应用在建筑里。乡土主义的建筑师选用大量木材、石材和竹器等自然元素，给人们提供一种返璞归真的生活体验。威廉·P·布鲁德在建筑上既有诗人气质，又是一位实用主义者，他从朋友家的原木大厅中受到启发，选用木材作为里德尔广告代理公司办公楼的主要材料。建成的房子朴素大方，好像真的在树上建起了房子。大楼设有工作区、高科技作品合成室、照片拼贴室、资料库、午餐厅和员工休息室，功能分布合理。木头平实的质感、大楼合宜的体量、灯光巧妙的设

图12-9　伦佐·皮亚诺设计的特吉巴奥文化中心（引自尹国均. 后现代巨匠建筑［M］. 重庆：重庆出版社，2008.）

计，使里德尔广告代理公司办公楼与周边的房屋及后面的山体十分协调，毫无压迫感。

历史主义建筑力图继承人类文明史上的精神文化遗产，强调民族风采和地方特色，注重历史与现实的沟通，尊重历史文脉。冯·格尔坎·马尔格（Von Gerkan-Marg）的作品整体性强，在材料的处理、细部的设计中蕴含着德意志民族严谨、细腻和一丝不苟的精神。他设计的希尔曼汽车库打破了汽车埋于地下的局面，成为都市景观要素。建筑师把楼梯设计成新颖的对角线，打破了车库沉闷的立面。红色砖墙上的窗洞在日照下颇具戏剧色彩。希尔曼汽车库底层作商业用途，其余七层用作车库，以错层手法设计，可容纳529辆车。希尔曼汽车库具有历史的味道，但又有着鲜明的时代特色，既活泼灵动，又不失沉稳。

从19世纪上半叶开始，折中主义开始在法国盛行，并在20世纪初期由美国将其发扬光大。折中主义建筑师热衷于追求比例匀称，形式和谐的建筑美学，敢于尝试历史上各种建筑风格。他们把不同时期的建筑要素自由地组合，没有固定的创作模式。比如日本建筑师矶崎新就尝试将西方建筑的现代感与日本文化的素雅宁静结合在一起，"矶崎新将东西方文化进行折中，并在诗意的隐喻中努力挖掘历史新意与人脉中的时尚元素。"[⑨]他设计的京都音乐厅融古典主义与现代风格于一体，横向的曲线浑厚有力，让人联想起大提琴的音质。玻璃让音乐厅显得通透，室内空间的设计带有浓郁的欧洲风情。建筑色彩淡雅，造型舒展而不浮夸，力图与周边环境相配合。

20世纪50年代后期在建筑造型风格上刮起了"高度工业技术"设计的风潮，并形成了当代西方建筑史上赫赫有名的"高技派"。高技派有以下几个审美特征：一、多采用高强度钢、硬铝、塑料和各种化学工艺等新时代的科技成果，建筑可以快速灵活地进行装配，系统设计和参数设计的观念得到强化；二、在机器美学的外表下满足更多的功能需要，并保持结构不变；三、在传统的美学背景下用高度工业技术化的新时代审美观教化大众，使其容易接受并产生愉悦的心理效应。[⑩]保罗·安德鲁、诺曼·福斯特、高松伸、圣地亚哥·卡拉特拉瓦（Santiago Calatrava）、黑川纪章等建筑师是其中的佼佼者。保罗·安德鲁的国家大剧院采用钛金属的表皮，在光线的掩映下，像是一枚巨大的夜明珠。圣地亚哥·卡拉特拉瓦设计的加拿大国家电视塔像是一座巨大的、镂空的天主教堂，有着与哥特式尖拱相类似的形式美感，散发着现代气息与民族风情。

诺曼·福斯特是"高技派"的领军人物之一，他强调建筑的结构体系以及对光线的合理利用，创作了诸如加里艺术中心、德国柏林国会大厦、大英博物馆"大展苑"、香港汇丰银行等多项建筑作品，并于1999年获得第21届普利兹克建筑奖。加里艺术中心的建筑用地位于法国尼姆，正对着有1700多年历史的卡雷尔神庙。如何在一个有丰厚历史积淀的街区植入一个新建筑，使它富有时代感，同时又延续历史文脉呢？为了不给卡雷尔神庙造成压迫感，福斯特将会议室、电影院和商店设置在地下。室内庭院的地板和楼梯踏步均采用透明的强化玻璃材料，使自然光可以一直往下延伸，解决了地下部分的采光问题。加里艺术中心的外表皮十分通透，公众可以透过玻璃随时地观赏对面的罗马古迹，古代建筑与现代建筑之间保持了一种生动的对话关系（图12-10）。伦敦瑞士再保险公司总部大厦的外观像是一个竖立起来的子弹头，又像一部太空飞船。福斯特对螺旋形结构的每一项数据都进行了精确的计算，在带来良好通风环境的同时，也降低了大厦的风荷载。大厦圆弧形的轮廓轻巧独特，与周边的建筑构成了高低错落的天际线。福斯特设计了多个内部空中花园，这些花园不仅给人们提供了相互交流的公共空间，而且还起到了净化空气的作用，使得新鲜的空气不借助任何机械手段便可弥漫在整个楼层，减少了空气净化设备的使用，从而降低了能耗。[11]

　　解构主义旗帜鲜明地与现代主义的正统原则和正统标准分道扬镳。它反中心、反权威、反二元对立、反非黑即白的理论。解构主义建筑颠覆了人们过去追求和谐、比例、韵律的审美理想，力图营造一种怪诞、荒谬、不安、错乱、动态的陌生感觉。这是一种挑战，是一场革命，解构主义使当代西方建筑史更为丰富和多元，从而彻底告别了以某种风格一统天下的

图12-10　福斯特：加里艺术中心（引自乔瓦尼·莱奥尼·诺曼·福斯特［M］. 大连：大连理工大学出版社，2011.）

时代。弗兰克·盖里（Frank Gehry）、雷姆·库哈斯（Rem Koolhaas）、扎哈·哈迪德（Zaha Hadid）、彼得·埃森曼（Peter Eissenmann）、伯纳德·屈米（Bernard Tschumi）、丹尼尔·李伯斯金（Daniel Libeskind）、蓝天组（Coop Himmelblau），这些当代西方建筑史上熠熠生辉的明星，用他们的建筑作品，给人们带来强烈的视觉冲击和全新的审美体验。毕尔巴鄂古根海姆美术馆像是一个巨型的雕塑。建筑师弗兰克·盖里选用钛金属作为饰面，造就了多个曲面的体块。除主要展馆等功能体块比较规整以外，入口大厅、辅助用房都呈现出错综复杂、扭曲变形的审美特征。毕尔巴鄂古根海姆美术馆以它夸张又独特的造型矗立在静静的河岸边，变成这座城市一道不可错过的风景。在巴塞罗那奥林匹克村，弗兰克·盖里用彩色钢带和网状骨架编织了一座鱼形建筑。他摒弃了理性、严肃的建筑外观，以一种近乎游戏的态度给它披上了一身金光闪闪的鳞甲。这座鱼形建筑长54米、高35米，它连接着宾馆塔楼和海滩，整个造型活灵活现，自它诞生之日起就当之无愧地成为海滨路上的焦点。

彼得·埃森曼深受解构主义哲学家德里达的影响，"他运用解构哲学在建筑中表现'无'、'不在'、'不在的在'，等等；在建筑创作中采用'编造'、'解图'、'解位'、'虚构基地'、'编构出比现有基地更多的东西'，'对地的解剖'，还有'解位是同时又在基地上又不在基地上'，等等"[11]在这种理念的影响下，埃森曼创作了那波里高速铁路、威克斯纳视觉艺术中心和美艺术图书馆、阿诺夫设计与艺术中心、大学艺术博物馆等一系列建筑作品。埃森曼设计威克斯纳视觉艺术中心时意外地发现了一个弹药库，并作为"维克斯纳艺术中心"的中心，于是弹药库转变成为"非弹药库"。入口处的脚手架也不再是为了建设而搭建的临时构筑物，而转变成为"非脚手架"，成为景观的一部分。同时在建筑中还有"非入口"、"非窗"、"非砖"等。以这样的方式，埃森曼尝试使建筑构件延展出新的用途。

扎哈·哈迪德的建筑作品注定是充满争议的。著名的主流建筑师罗伯特·亚当曾经尖锐地批评道："她根本不考虑地板落差极大、墙壁倾斜、天花高吊……对其中生活工作的人有何不便。空间在哈迪德手中就像橡胶泥一样，只是满足她孩子一样的玩兴。"在很长一段时间里，扎哈·哈迪德那些怪异的、动感的建筑只能静静地停留在图纸上。尽管如此，在维特拉消防站、宝马中心大厦、辛辛那提当代艺术中心、海牙别墅、卡迪夫·贝歌剧院等一系列建筑建成以后，建筑学界逐渐改变了对这位伊拉克裔的英国女建筑师的看法，最终在2004年给她颁发了普利兹克建筑奖。2012年伦敦奥运会水上中心是专门为了克服地球重力而建的（图12-11）。扎哈·哈迪德赋予它大跨度波

图12-11　扎哈·哈迪德：2012年伦敦奥运会水上中心（引自rincarnation.files.wordpress.com）

浪形的天花板，形同水中"飞翔"的鳐鱼，整个曲线一气呵成，少了一分静止的肃穆，多了一分动感的活泼。屋顶由钢结构框架支撑，墙体全用玻璃。每当晚上厅内灯火通明时，屋顶看起来就像漂浮在夜空之中，一种飞的感觉油然而生，给观众带来了叹为观止的审美感受。广州大剧院矗立在珠江北岸，寓意"圆润双砾"。扎哈·哈迪德从广州的地域文化和历史传统中提取精神内涵，通过"大石头"和"小石头"在体形上和尺度上的对比，为大剧院赋予了粗犷、质朴而又富有现代气息的审美属性。⑫

　　解构主义以颠倒、破碎、错位、散乱、残缺、突变、动势、奇绝为主要的风格特征，着意与和谐、安定、理性的建筑审美理想决裂。解构主义建筑师离经叛道，反对统一而提倡支离破碎。他们反传统、反权威、反二元对立的独特追求，成为继后现代主义之后，当代西方建筑史上最重要的流派之一。

注释

①　[古罗马]维特鲁威著，[美]I.D.罗兰.英译，[美]T.N.豪.评注，陈平. 中译，建筑十书[M].
　　北京：北京大学出版社. 2012：99.

②　陈志华. 外国建筑史二十讲[M]. 北京：生活·读书·新知三联书店出版社，2003：92.

③　唐孝祥. 美学基础[M]，广州：华南理工大学出版社，2006：172.

④　黑格尔. 美学（第三册）：上卷[M]. 朱光潜译.北京：商务印书馆，1979.

⑤　吴焕加. 百年回眸——20世纪西方建筑纵览//论现代西方建筑[M]. 北京：中国建筑工业
　　出版社，1997：60.

⑥　吴焕加. 论现代西方建筑[M]. 北京：中国建筑工业出版社，1997：149.

⑦　乐民成. 美国建筑学界略览[J]. 世界建筑导报.1987（10）.

⑧　吴焕加. 论建筑中的现代主义与后现代主义//论现代西方建筑[M]. 北京：中国建筑工业出版社，1997：94

⑨　尹国均. 后现代巨匠建筑[M]. 重庆：重庆出版社，2008：5

⑩　（意）乔瓦尼·莱奥尼.诺曼·福斯特[M]. 大连理工大学出版社，2011：34-37，50-53

⑪　吴焕加. 建筑与解构//论现代西方建筑[M]. 北京：中国建筑工业出版社，1997：107

⑫　邵松，李笑梅. 岭南当代建筑[M]. 广州：华南理工大学出版社，2013：26-27

第13讲

中国古典园林的审美特征

　　中国古典园林是在一定的地段范围内、利用、改造天人山水地貌，或者人为地开辟山水地貌、结合植物栽培、建筑布置、辅以禽鸟养畜，从而创造出具有审美价值的生存环境。充满山水诗情画意的中国古典园林，是中国建筑智慧的确证，生动而丰富地诠释了中国传统文化的基本精神，体现了以人为本的人文主义价值观、重体悟的整体思维方式，天人合一的审美理想。人们可以从审美文化内涵、环境布局特征、造园艺术手法等方面感悟中国古典园林的审美特征。

中国幅员辽阔，地大物博，不同的自然条件与人文发展过程形成不同的园林环境风貌。根据园林所分布的地域来看，则有北方园林、江南园林、岭南园林、蜀中园林、闽台园林等。中国古典园林虽有北方皇家园林、江南文人园林和岭南庭院的类型区分，但中国古典园林的时间性设计，中国古典园林的景观构筑技艺，中国古典园林的空间处理手法，等等，追求的是意境蕴涵，即超越当下、超越有限而具有哲理性的宇宙感，历史感和人生感。在众多地域风格中，园林审美文化系统发育相对成熟的是壮观富丽的北方皇家园林、精巧素雅的江南文人园林和绮丽世俗的岭南私家庭园。

一、壮观富丽的北方皇家园林

我国著名美学家宗白华先生曾经用"错彩镂金"和"出水芙蓉"来比较和概括中国艺术不同的审美风格。皇家园林的审美特征则是以"错彩镂金"为基础却处处流露出恬静清幽的"兼美"之作。现存皇家园林遗址多为明清时期的集大成之作，且大都分布于中国北方。皇家园林是最高统治者皇帝的生活起居、处理朝政和日常游憩等相关活动的园林环境，宫苑建筑除了满足日常生活的实用功能之外，还需满足符合皇家的审美心理需求。原始儒家的水玉比德与原始道家的天道自然等理念中所蕴含的自然审美意识，历经秦汉至三国两晋南北朝时期，"有若自然"已成为中国审美意识的主流。皇家园林环境的创造是在尽量不违背风景式造景法则的前提下，以集锦式来迎合皇家气势磅礴的审美气质和心理习性。

北方皇家园林在文化特征上深受中国传统文化特别是儒、道、释思想的影响。中国自汉武帝采纳董仲舒"罢黜百家，独尊儒术"，儒家思想成为封建中国社会的正统思想。儒家以"三纲"、"五常"为核心的封建宗法思想和封建制度理论基础，讲究尊卑贵贱的等级秩序，这种等级制度分明的意识观念，贯穿着整个社会各个形态，不但包括权力分配与物质分配，同时也包括文化精神与审美情感等方面。受儒家思想影响，北方皇家宫苑体现着严整与规则，讲究对称秩序，表现出一种强烈崇闳严肃的审美艺术效果，其造园风格受宫殿建筑风格影响以及精神需要所制约。《汉书·高帝纪》中载："天下方定，故可因以就宫室。且夫天子以四海为家，非令壮丽，亡（无）以重威，且亡令后世有以加也。"可见，园林宫苑建筑除了物质的实用功能性以外，还有其精神性的作用。通过建筑的"壮丽"风格，以加强和渲染皇权之神圣威严，从而在精神上也能威震"四海"。北方宫苑的"富丽"，还反映在建筑物的题名和建筑物的装饰、装修、色彩以及陈设上，建筑物的题名使人感到珠光宝气、五光十色。园林建筑常用黄、绿两色琉璃瓦为屋顶；檐部斗栱、梁枋以青绿等色为基调并绘有彩画；柱及隔窗等木作朱赤色；槛墙及栏杆分别为石、砖之本色整体甚是富丽堂皇。[①]

　　皇家园林亦受道、释诸家思想的影响，具有反映道家求仙思想和佛寺林立的特征。在皇家园林理水常采用"一池三山"模式，模拟仙家生活的海上神山，挖池蓄水留有蓬莱、方丈、瀛洲三岛，以求超凡人仙之胜境。北京西苑三海，由北海琼华岛、中海犀牛台水云榭及南海瀛台组成其"一池三山"；而西郊颐和园昆明湖内，则有南湖岛、藻鉴堂、治镜阁构成"一池三山"格局（图13-1）。皇家园林随处可见佛寺庙宇或梵意命名之建筑，

图13-1　颐和园平面图（引自周维权. 中国古典园林史[M]. 清华大学出版社，1990.）

如北海白塔永安寺、西天梵境、极乐世界、大西天、静心斋等；颐和园大报恩延寿寺、佛香阁、须弥灵境、智慧海等。

壮丽的皇家园林有着"构园"环境条件优越和宏大尺度布局的特征。皇家园林大多占地广袤，其间天然多姿的山林、丘壑、湖泊与生机勃勃的飞禽走兽、花木虫草，为其"荟萃"天地诸景、"再现"名山大川、"集仿"名园胜迹等造园实践活动，提供了充分的前提条件。北京的大型园林集中在西郊，从自然环境来看，西郊有着得天独厚的条件，西山峰峦起伏，叠嶂拥翠，成为造园极好的借景。西郊也是泉水溢出带，汇成大小不等的湖泊池，造园利用水这个园林中最活跃的因素，巧妙安排，使其在各园中体现出不同的艺术风格，或辽阔浩渺，或蜿蜒回旋，既有宁静的平湖淡泊，也有喧嚣的流泉飞瀑，形成活泼多姿，生趣盎然，各具特色的园林[2]。利用优越的自然环境条件，北京西郊形成"三山五园"的皇家园林群（图13-2）。"三山五园"即万寿山、香山和玉泉山三座山和这三座山上分别建的静宜园、静明园、清漪园（后为颐和园），此外还有附近的畅春园和圆明园。位于西郊香山的静宜园，园林布局以山为主，景点分散于山野丘壑之间，山势俊秀，树木葱茏，环境幽雅，景色宜人。位于西郊玉泉山麓的静明园，园以泉取胜，五六个湖泊相串联，其中以玉泉最为有名，泉水自石穴喷涌而出，高达尺许，汇聚成湖，为静明园十六景之一的"玉泉趵突"，乾隆评为"天下第一泉"。玉泉山主峰上建有一座七层八面的玉峰塔，也是静明园十六景之一的"玉峰塔影"，亭之玉立，为玉泉山的秀丽姿态增加了诗情画意，同时也成为颐和园重要借景。

颐和园也位于北京西郊，它由万寿山和昆明湖两大部分组成，素以人工建筑与自然山水巧妙结合著称于世。清乾隆时开始对山湖进行大规模的

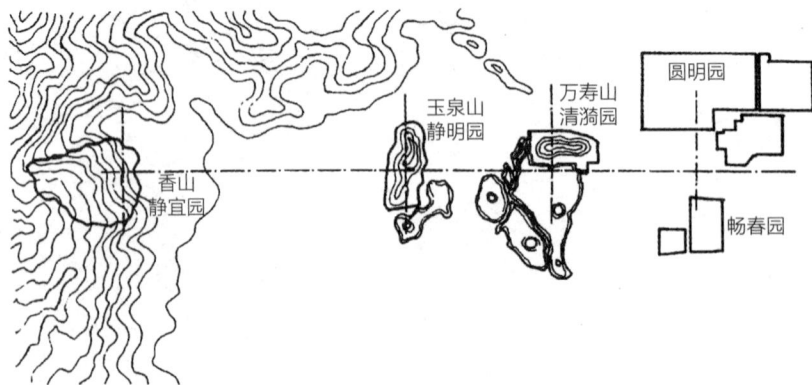

图13-2 "三山五园"的环境整体示意图（引自周维权. 中国古典园林史［M］. 北京：清华大学出版社，1990.）

改造与建设，扩大水域范围，利用浚湖的土方按造园布局所需堆筑成坡，使万寿山东西两坡舒缓而对称，成为全园的主体，并将水系延伸，与后山湖水形成环抱之势，从而形成"秀水明山抱复回，风流文采胜蓬莱"的胜境，总体布局依托山湖之自然地势环境，北侧依山，南面临水，湖光山色，相映生辉。

依据自然水体进行人工造园的圆明、长春、绮春三园，既有广阔的湖面，也有狭窄的溪流，既有岸芷汀兰饶有野趣的山间深涧，也有引水围以厅堂楼阁，形成水庭。碧水长流，清泉涌出，水景成为园林中造景得景的重要因素，使园林大为增色。这些变化多姿的理水艺术，同配置适当的叠山，丰富多彩的建筑以及类别繁多的树木花卉巧妙结合，使圆明三园成为我国造园艺术达到一个新高峰的大型皇家园林。

北方宫苑园林布局尺度宏大，山高水阔，园中主要建筑体量大，使人感到庄重威严、雄伟巨大和权势气派。北方皇家宫苑这种壮观之风格，首先表现为面积的广袤性，其次还表现在园内山大体高，水阔面广，建筑物数量多且体量大，正是因为园大物多，所以园林景观丰富。北京西苑北海总面积约68公顷，其中水面39公顷，琼华岛白塔山高32.8米；颐和园总面积达290公顷，水面占3/4，囊括了整个万寿山和昆明湖，建筑面积5万平方米，有宫殿园林建筑三侧余间；圆明三园面积5200余亩，东西长约3公里，南北宽2公里，周长约10公里，以数量众多的山和水，分割和围合了百来个各具特色的大景区，建筑的总面积达15万平方米，可见园林规模之宏大。

位于河北承德皇家行宫避暑山庄是皇家园林的典型代表之一。避暑山庄占地560万平方米，背靠燕山，怀抱热河，整体布局依山傍水。全园地理情况错综复杂，形同中国版图地势，南部为地势稍高的平地，布置宫殿，用来处理政事，东中部为平坦的平原区，以湖泊草原为主，湖泊沿岸自然曲折，建有亭台楼阁，一派江南景象，草原区万木成林，动物丰富，弥漫草原民族的风情。西北部地势高峻，山脉绵延不绝，具有西北崇山峻岭雄浑之势。避暑山庄内的景观风格各异，而造园家通过巧妙的布局，园林组织手法，将不同民族居住地区的自然风貌和具有代表性的建筑，交织在一个空间里。集大成的避暑山庄容纳了诸多要素，并很好地融为一体，形成整体的野趣。

中国古典园林造园追求自然天成之美，避暑山庄的山水交融，以山为骨架，三面被山体包围，一面露水，与我国传统山水画审美意境一脉相承，追求高远、深远、平远之意。水又被堤岸不断切割成不同的部分，巧妙的是，水中又包含了"山"，堤岸连接各处岛屿，景观组团之内有建有池塘，于是山水之间相互交叉、渗透，使得山庄的骨架更为结实而紧凑。且庄内建筑种类繁多，造景丰富。亭台楼榭点缀其中，起着画龙点睛的作用，造园师巧妙地利用建筑的颜色，采用了北方民居特有的朴素颜色，与周围高低疏密的树木搭配，营造山野之景境，与山庄的朴素淡雅的意境很好地融合在了一起。

从"景境"的构成来看，皇家园林更是诗境、仙境、禅境、画境合一的典范。诗文是将园林实景化为虚境的重要载体，园林如同地上之文章。以圆明园为例，园中的"武陵春色"、"北远山村"、"濂溪乐处"分别摹写了陶渊明、王维、周敦颐三人的诗文艺术境界，园林中的山水、建筑、花木均依据其诗意，仔细推敲经营位置，再借由诗名来启示人们感悟进而生发意境。中国古典园林保留了原始的生命信仰，海山仙岛、洞天福地一直是皇家园林摹写的对象，一池三山更是成为皇家理水滥觞。体悟佛理亦是皇家日常生活构成之一，颐和园的"智慧海"、"四大部洲"就是典型礼佛建筑，高耸的寺塔亦是皇家园林借景的重要资源。园林理法与山水画理相通，李思训、李昭道父子的金碧山水与皇家气派相合因而其画意常被采纳，但更多时候皇家园林是远师古人、近咨画师、博采众长，如避暑山庄"所赢赵（伯驹）、李（成）、倪（云林）、黄（公望）者，春夏秋冬各殊"（《热河志》卷39《行宫》弘历《对画亭》诗），四季美景皆入画，再次突显皇家园林的集萃美。

综上所述，北方园林以皇家园林为主，其造园主要依托自然环境，在利用自然环境的基础上进行大规模人工改造。在园林的性格特征上，北方宫苑园林占地大、规模广，山高水阔，其空间表现出扩散开放的特征。园中建筑体量大，使人感到庄重威严、雄伟巨大和权势气派。园林的艺术特征是通过造园的各种手法来表述，北方皇家园林为了突出其严谨庄重的效果，布局基本上都有明显的轴线，产生规整对称的空间气势，轴线布局是其主要造园手法。其宫苑建筑系统宏伟壮观且同样不同程度地呈现出严整对称的秩序，装饰色彩富丽堂皇象征着皇权的神圣威严。概括起来说，北方皇家园林的审美特征在于庄、大、阔、深。

二、精巧素雅的江南文人园林

文人园林主有别于皇家宫苑的园林，在内容、形式、规模等方面都不能比拟于帝王宫苑。文人园林，在城市中以宅园为主，郊外山林风景地多以"别墅园"为主。相较于皇家气派，文人的宅第园林则更多是为了主人日常生活和游憩活动为主要目的，因而规模和风格上有一定差异。其园主人有封建社会知识主体的"士大夫"阶层、各级地方官僚、豪门富商等，其中以江南文人写意山水园林的艺术成就最高。江南文人园林追求"精巧素雅"的美学特征，深刻地影响着其他地域的文人造园以及其他园林类型。

与宫苑这种雄伟壮观的园林风格对比，江南宅园体现的是含蓄、收敛，追求的是一种清水芙蓉、自然纯真之美。江南文人园林的素朴美感与园主人的隐逸理想互为表里，相与为一。宋代中期，士人阶层逐渐兴起，并成为造园的主要力量。在封建集权制度下，隐逸思想是"士"这个阶层追求人格独立的产物，并随着王朝的兴衰更替，其内涵不断更新与充实。孔子作为"士"的原型③，"志于道"强调积极入世的人生观，"智者乐山，仁者乐水"山水比德的思想影响深远。孟子进一步深化儒家思想并提出"穷则独善其身、达则兼济天下"，为传统文人理想受挫时提供一片思想空地，屈原则创造了一系列富有象征性质，比兴君子人格美的植物审美意象群，"楚辞奠定的'发愤以抒情'的审美基调，以及超越时空的悲剧精神和屈原自我形象的人格魅力，成为士大夫园林的精神主轴之一。"④东汉后乱世长达三百多年，老庄思想与佛学结合的思辨哲学促使人的生命意识不断觉醒，形成"玄心洞见、妙赏深情"⑤魏晋风流，多种"玄见山水"的方式层出不穷，既有权贵石崇"感性命之不永，俱凋落之无期"（《金谷诗序》）而尽情游乐于奢侈的金谷园；亦有谢灵运主张"废张、左之艳辞，寻台、皓之深意，去饰取素，倘值其心耳"（《山居赋》）而营造山居别业；又有陶渊明醉心于田园生活中从而凝练的诗文创造出农耕文明的理想社会，桃花源成为后世士大夫乃至帝王进行园林审美创造的主题之一。此外，诗画美学理论如"得意忘象"、"缘情"以及"传神写照"、"迁想妙得"、"澄观"与"畅神"等言说都极大地推动着私家园林的发展。宗白华指出魏晋六朝开始，"中国的美感走到了一个新的方面，表现出一种新的美的理想，那就是认为初发芙蓉比之于错彩镂金是一种更高的美的境界"⑥，园林审美从比德走向畅神的飞跃。总的来说，江南既不用彩饰，又不尚雕饰，如苏州园林，景观内容虽然十分丰富，却没有过多不必要的饰物，透露出一种素净淡雅的情感追求和审美理想。

江南园林的造园环境与北方皇家园林截然不同。造园环境选址是园主人生活理想和审美追求的体现，虽说"园地唯山林最胜"，但"能为闹处寻幽，胡舍近图远？"江南文人造园，讲究闹市中求僻静，选址大都在城区，其园基往往是一无山，二无水的平地，最多是小有起伏的地面而已。因此，所谓"高阜可培，低方宜挖"，就得依仗于大量的人工。如苏州园林，虽居市井，但也不惜以人工的方法"开池泼望，理石挑山"，在极为有限的空间内，用象征的方法去造成咫尺山林的气氛，重现大自然的境界，使园林成为自然山水的缩影。江南私家园林的造园环境，是通过人工造景的摄山理水方式，但"虽由人作，宛如天开。"江南园林的叠石理水，也都无不以其"有若自然"而赢得人们的赞赏，这说明在江南造园理念中，园林艺术的最高境界，是由人工之"假"最终归复到天然之"真"，园林造景本于自然，有若自然。苏州园林的选址布局同时也满足了园主享乐需求。过去糜居在苏州的官僚地主们既贪图城市的优厚物质供应，又想不冒劳顿之苦寻求"山水林泉之乐"，因此就在邸宅近傍经营既有城市物质享受，又有山林自然意趣的"城市山林"，来满足他们各方面的享乐欲望。园林在功能上是住宅的延续与扩大。为了享乐，园中常设有宴客聚友用的厅堂，小住起居用的别院，观剧听曲用的戏台，读书作画用的斋馆，以及供坐憩游眺之用的亭台楼阁等。所以，园内的建筑物较多，园址紧靠宅旁。

江南文人写意园林的艺术特征强调意境和韵味，追求山峦林泉、池水幽深之效果，讲究山石造型和山石皱、透、漏、瘦的纹理质感，以及造园的细腻性和丰富性，江南园林造景自由灵活，造园之山水形似自然，取自然风景中最突出最有特点的景色浓缩于园内。造园的目的是表现一种寓情于景的境界，进而产生触景生情的效果，即通过对直观景物形象的创造而竭力使之激发人的思想感情，并使人玩味不尽。江南园林中，文人士大夫追求的园林意境不只是单纯的物质空间形态的创造，更重要的是注重由景观引发的情思神韵。在园林中，山水、花木及建筑的形态本身并不是造园之目的，而由它们所传达或引发的情韵和意趣才是最根本的，造园不仅仅是为人们提供一处优美的景观环境，或是消遣的娱乐场所，而是传情表意的时空综合艺术，通过有限的园林具象来表达微妙深远、耐人寻味的情调氛围，使游赏者睹物会意。在庭园中大至建筑物的布局、空间处理及体形组合，小至一山、一水、一石、一木的设置，都是在这种创作思想的指导下，务求其达到尽善尽美，做到"片山有致，园大都在寸石生情"（〔明〕计成《园冶·城市地》）。江南园林置石之妙也即中国园林含蓄之妙，一山一石，耐人寻味。立峰是一种抽象雕刻品[7]。造园通过其艺术的手法对具体对象进行处理，来创造不同的意境和情趣，使人确实能为园林的景物所感染，从而产生情绪上强烈的共鸣，哪怕是微小的园林窗景处理，也如《园冶》一书中所云："借以粉墙为纸，而以石为绘也，理者相石波纹，仿古人笔意，植黄山松柏古梅美竹，收之园窗，宛然镜游也。"从中获得敛景如画之效果（图13-3）。

图13-3　网师园假山（引自刘敦桢. 苏州古典园林［M］. 中国建筑工业出版社，1979.）

扬州个园以假山堆叠之精巧，以山石植物象征四季之景象而著名。个园叠山的立意颇为不凡，它采取分峰用石的办法，创造了象征四季景色的"四季假山"，这在中国古典园林中实为独一无二的例子。分峰用石又结合不同的植物配置：春景为石笋与竹子，夏景为太湖石山与松树，秋景为黄石山与柏树，冬景的雪石山不用植物以象征荒漠疏寒，则四季的景观特色更为突出。它们以三维空间的形象表现了山水《画论》中所概括的"春山淡冶而如笑，夏天苍翠而如滴，秋山明净而如妆，冬山惨淡而如睡"，以及"春山宜游，夏山宜看，秋山宜登，冬山宜居"的画理。这四组假山环绕于园林的四周，从冬山透过墙垣上的圆孔又可以看到春日之景，寓意于一年四季、周而复始，隆冬虽届，春天在即，从而为园林创造了一种别开生面的、耐人玩味的意境。

中国古典园林的园名，很多都含有隐喻的特点。寄畅园为其一，寄畅园初名为"凤谷行窝"，后取王羲之《兰亭序》"一觞一咏，亦足以畅叙幽情……因寄所托，放浪形骸之外"的文意，更名为"寄畅园"。寄畅园的总体布局（图13-4）为水池偏东，池西聚土石为假山，两者构成其山水骨架。假山约占全园面积的23%，水面占17%，山水一共占去全园面积的三分之一。建筑布置疏朗，相对于山水而言数量较少，故王穉登《寄畅园记》评价"兹园之胜…最在泉，其次石，次竹木花药果蔬，又次堂榭楼台池沼。"寄畅园为人称道还有其选址，其园址选择，能够充分收摄周围远近环境的美好景色，使得视野得以最大限度地拓展到园外。从池东岸若干散置的建筑向西望去，透过水池及西岸大假山上的翁郁林木远借惠山优美山形之景，构成远、中、近三个层次的景深，把园内之景与园外之景天衣无缝地融为一体。若从池西岸及北岸的嘉树堂一带向东南望去，锡山及其顶上的龙光塔均被借入园内，衬托着近处的临水廊子和亭榭，

寄畅园
1. 大门　2. 双孝祠　3. 秉礼堂　4. 含贞斋　5. 九狮台　6. 锦汇漪　7. 鹤步滩
8. 知鱼槛　9. 郁盘　10. 清响　11. 七星桥　12. 涵碧亭　13. 嘉树堂

图13-4　寄畅园（改绘自周维权. 中国古典园林史［M］. 北京：清华大学出版社，1990.）

则又是一幅以建筑物为主景的天然山水画卷。

文人士大夫在园林景物中寄托了更深层情欲，追求象外之意趣、神韵，使物境与心境融为一体，启动人的心灵的主观能动性。江南宅园为了创造象外之象、景外之景的园林意境，造园花费了许多心思。在艺术手法上，除了采用借景、对景、分景、隔景等实景多样的处理手法来组织、空间，扩大空间外，而且重视声、影、光、香等虚景形成精致的观赏效果[8]。如苏州留园，规模较大，建筑数量较多，园内厅堂在苏州诸园中也最为宽敞华丽。为取得多样的园景和解决建筑过于密集而采取一系列有变化的空间处理和建筑布置等手法，其入口部分封闭、狭长、曲折，视野极度收束，到中部庭院处才豁然开朗的"先抑后扬"空间处理方式（图13-5），充分表现了古代建筑匠师的高度技艺水平和智慧创造[9]。

总体来讲，江南园林多处市井，于闹市中寻僻静，采取模仿自然山水的造园方式，其园林布局自由灵活，造园之山水形似自然，追求因势随形的自然意境，以人工方法堆土置石、引水开池、种植花木以再现自然之美。江南园林体现造园文人道德修养追求和人生理想的崇高境界。江南写意园林强调意境和韵味，追求一种清水芙蓉、自然纯真之美，体现的是含蓄、收敛、曲曲折折，具有曲径通幽之幽深意境。

三、绮丽世俗的岭南私家庭园

岭南文化源远流长，因得天独厚的地理环境、气候条件和外来文化的

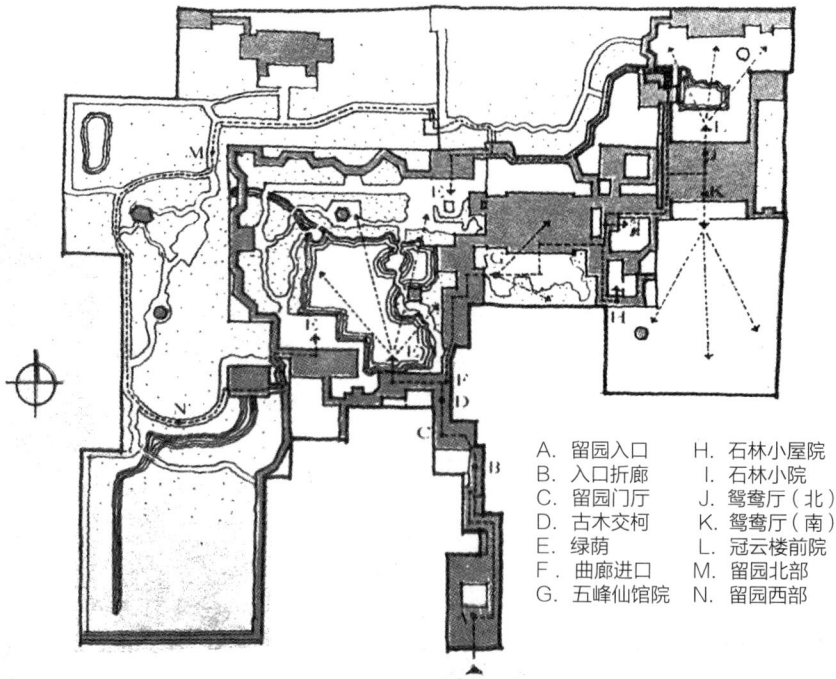

图13-5　苏州留园平面图（引自彭一刚. 中国古典园林分析［M］. 北京：中国建筑工业出版社，1986.）

A. 留园入口　　　　H. 石林小屋院
B. 入口折廊　　　　I. 石林小院
C. 留园门厅　　　　J. 鸳鸯厅（北）
D. 古木交柯　　　　K. 鸳鸯厅（南）
E. 绿荫　　　　　　L. 冠云楼前院
F. 曲廊进口　　　　M. 留园北部
G. 五峰仙馆院　　　N. 留园西部

影响而独具特色，自成一派。岭南园林作为岭南文化的载体和表现形式，在审美特征方面体现了岭南人务实求乐、开放融通、淡定乐观的文化特点，成为中国古典园林重要类型之一。与江南园林相比，岭南园林其特点在于是在自然环境中的人工艺术，而既然是人工的，就要充分表达这种人为的特征。岭南园林世俗功用的审美观念表现强烈，造园不拘于传统的形制和模式，以实用出发，注重园林的经济实用，布局的便捷旷朗，装饰的平和通俗，园景的自然实在，以达到情趣雅俗共赏。园林空间将日常功用与悦目赏心有机地结合起来，以生活享受为主，园林与住宅融为一体，并以居住建筑作为园林的主体，即庭园。庭园主要功能以适应生活起居要求为主，适当地结合一些水石花木，增加内庭的自然气氛和提高它的观赏价值的。因而一般来讲，庭园的空间是以建筑空间为主，山、池、树、石等景物只是从属于建筑的[⑩]。同时"文"饰艺术在岭南的建筑及园林中都有很强的表现，常用各种工艺手法来表达出绮丽效果，包括石雕、砖雕、木雕、陶塑、灰塑、灰批、彩描、嵌瓷等艺术处理。因此"绮丽世俗"是岭南庭园最主要的审美特征。

如果说皇家园林是在依托自然环境，利用自然环境的基础上，进行大规模人工改造自然环境的造园方式，而江南园林大多在一般的人文环境中，进行模仿自然山水的造园方式。那么岭南庭园则有与上述两种都不同的造园方式，岭南庭园基本上是依托和利用自然环境，对自然环境尽可能不作大的调整和改造。岭南庭园的营建，最重视的是选址，而选址也最能表现出建园者的审美取向和生活意趣。岭南的建园原则是尽可能离开闹市，把园林宅第建在真山真水的大自然环境中，甚至将宅园融入大自然，成为其中之一部分，建园者崇尚自然，追求平实，不会过分追求人工制造的假山流水，也不羡慕江南园林那种在咫尺中营造山林的巧构。东莞可园的选址靠近可湖，充分利用可湖开阔的水面，园中最高建筑可楼可一览全湖之美景，对可湖并无过多的改造修饰，只在湖中建有可亭（图13-6），将人的活动延伸到自然空间，实现人与自然的交融。余荫山房即是在一个小到极致的地块上，以人的尺度营造生活的空间，譬如余荫山房的八角亭，恰到好处的造型、位置、体量及足够的通透性，塑造了恰到好处的距离感，营造了一种惬意亲切直白式的生活氛围，在物我相望的距离之间，岭南人务实直接的秉性和从容淡定的生活情趣表露无遗[①]。

岭南庭园的性格表现为开朗、明快、简捷、直述，它的表达方式是直接明了，不像江南宅园那样含蓄，要用"心"去体会。园林的审美取向和艺术性格与园主人的身份和地位很有关系，岭南宅园的主人，大致上有三种：一是在任或退隐的中小官员，二是文人雅士，三是富商及其家族后人。三种人中，能拿出许多钱来造园的是商人，也就是说造园者最多的是商贾。岭南造园因受商品意识和商人思想的影响，园林讲究的是实用，园林景观景象的表述也不拐弯抹角而直接易懂，在园林的尺度上是近距离的对话。

图13-6 可园可亭（引自陆琦. 岭南园林艺术［M］. 北京：中国建筑工业出版社，2004.）

江南造园讲究园林的深邃，园林路径曲折迂回，复廊中以花窗漏墙间隔，人于其中可望而不可即，意在将咫尺拉向天涯。而岭南庭园造园意在园林的融合性与亲近性，其庭园围合空间大多偏小，而在较大的庭园空间当中常设有较大体量的亭榭，这些亭榭也多为园林的主要活动空间之一，这样以减少空间的距离感，如番禺余荫山房的玲珑水榭、东莞可园的拜月亭等，可以说是岭南人，特别是商人间喜欢交往、洽谈的心理性格，反映在园林造园中的一种表现。岭南宅园，造园面积不大，庭园空间小巧玲珑，与北方宫苑的崇高壮美有天壤之别。而在建筑的色彩装饰格调上，却艳丽多彩、纤巧繁缛，这既不同于北方宫苑的富丽堂皇、金碧交辉；也不同于江南宅园的自然素朴。如果说北方宫苑建筑是"壮丽"、"浓丽"的话，那么岭南宅园建筑则可谓"绚丽"，像粤中四名园的顺德清晖园、东莞可园、番禺余荫山房和佛山梁园，建筑物的体量不大但装修装饰雕镂精美华丽，红、橙、青、绿等各种色彩交错运用，相互辉耀。

　　岭南庭园的造园布局既不受皇家园林的规矩限制，也不像江南私园那样严谨的章法，从适应出发，它往往具有较明显的随意性，使庭园更富有民间气息[12]。因此，不同于北方园林的规整对称和江南园林的因势自然，庭园造园喜用几何形体的空间组合和图案方式，但几何形体常采用不规则的形式，从而获取庭园空间的多变性和丰富性。余荫山房便是运用几何图形组织景物空间的典型。全园分东西两庭，有桥廊连接。东庭为方塘水庭，所有建筑和组景都同方塘平行，呈方形构图。西庭为八角形水庭，八角形水厅居于八角形水塘的中央，庭内桥、廊、小路，都采取同八角形周边成平行或垂直的方向。园内两庭并列，纵贯轴线，构成整齐的几何形布局（图13-7）。清晖园水庭的池塘也是做成长方形，沿池点缀以水榭和半六角亭。这种几何式的布局形式在整个中国传统宅园中是较为罕见的。近代岭南庭园中各个区域相对规整和秩序化的几何性，有着明确的空间导向性，使建筑与园主人的生活产生了清晰的认同感。几何形式又并非单调的圆与方，而是通过运用不规则的变化引入了丰富的空间感，在相对纯化的形式中产生了复杂的空间，营造出看似简单其实又繁复变化的庭园空间。

　　可园空间布局在岭南庭园中极具特色。广东可园坐落在东莞城西的博厦村，初名"意园"后改为"可园"，园主人是清末被罢官员张敬修。当年张敬修亲自参与可园的筹划兴造，聘请当地名师巧匠，模仿各地名园，形成独具一格的岭南园林。可园占地甚小，仅2200多平方米，但布局巧妙合理小巧玲珑，园中建筑山池，花木等景物十分丰富。东莞可园

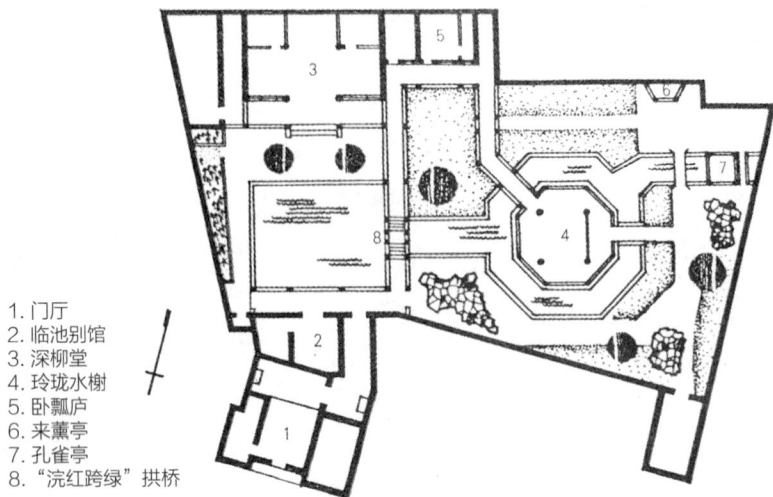

1. 门厅
2. 临池别馆
3. 深柳堂
4. 玲珑水榭
5. 卧瓢庐
6. 来薰亭
7. 孔雀亭
8. "浣红跨绿"拱桥

图13-7　余荫山房园平面图（引自夏昌世. 岭南庭园［M］. 北京：中国建筑工业出版社，2008.）

（图13-8）包括两个平庭，是错列式的内庭结构。可园的布局最大特色还不在于对内庭空间的处理，而是它将建筑的外景空间和建筑群的透视空间，作为庭园景物空间的主题来看待。一般庭园都是以单幢厅堂之类的建筑分散布势，连以回廊曲院，构成大小庭院的空间，但可园的建筑则集中成为几组群，在组群之间包围着两个较为开阔的内庭空间，接近小型街坊的布置。可园采用了"连房广厦"式的庭园布局手法。建筑分成三个组群：南部为门厅组群，北部厅堂组群，西部楼阁组群；各组之间连以回廊，两个平庭则错列在这些组群的界限空间之内。每一组群都各有厅堂楼台、廊和小院，建筑的类型不像单幢那样能够明显地辨识出来。三个组群由于都有楼，互成犄角，其间"可楼"为四层，凌空而起，有带领群屋之势。全园特点可总结为：在总体布置上，采取"连房广厦"包围大庭院的布局手法，建筑类型的选用也比较特别，空间处理以建筑外界空间和建筑群透视空间作为庭园的主要景物空间，与一般以内庭景物空间作为主景的有所不同。这些特点，说明可园受江南庭园的影响较少，具有浓郁的地方风格。

岭南庭园山水造景形神兼备。在余荫山房中的鹰山和清晖园中的"狮子戏球"一景，皆以动物直观的形象为基础，利用英石去描摹动物嬉戏的动作形态，具有很好的欣赏效果，也反映造园者对生活惬意的一种追求。岭南庭园中的主体建筑"船厅"就是一种取"船"之意，实质是作为厅堂使用的一种临水建筑，说是船厅，但大多数船厅的外观并不像船只。广州宅园石景"风云际会"，石山沿墙而设，由峰、峦、岩、自同、壁、路、

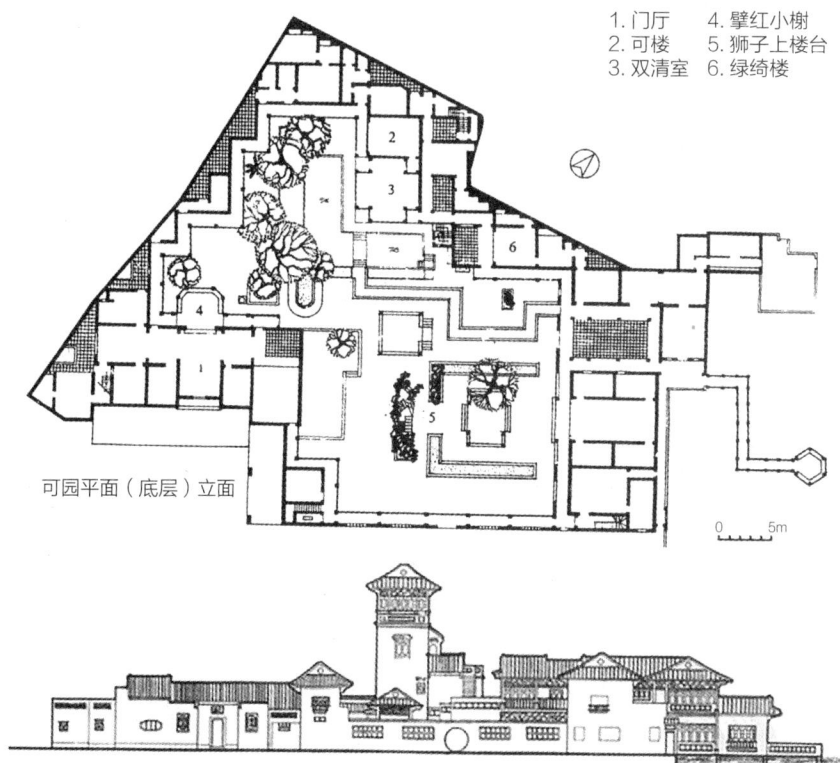

1. 门厅　　4. 擘红小榭
2. 可楼　　5. 狮子上楼台
3. 双清室　6. 绿绮楼

可园平面（底层）立面

0　　5m

图13-8　可园平立面（引自夏昌世. 岭南庭园［M］. 北京：中国建筑工业出版社，2008.）

桥及台等组成，整座石山怪石鳞陶，势态起伏，洞穴狰狞，光影迷离，石景既形象地模拟了云的万千形态又抽象地体现了风云翻涌的艺术效果（图13-9）。岭南宅园观赏路线的布置形式一般多为环形路线，通常以连廊、房屋、走道绕庭园山池一圈，厅堂、亭榭、曲廊等建筑物、大都兼有观赏和交通双重功能。由于岭南宅园比江南宅园面积更小，所以庭园的静观、近观更为重要，这也是造成岭南宅园建筑装饰装修内容繁多的原因之一。

岭南庭园世俗性的特征，很大程度上反映了市民阶层以追求

图13-9　"风云际会"假山（陆琦. 岭南私家园林［M］. 北京：清华大学出版社，2013.）

生活的物质享受与游乐的情怀为主流的价值取向，既不是彰显皇家气派，也不是文人士大夫隐逸与出仕的理想载体，其从本质上区别于传统时期封建集权统治阶层、士大夫文人阶层的审美趣味。尽管，其世俗享乐的审美趣味出现了低俗化的现象，但岭南庭园这种不拘一格、广泛采纳古今中外诸多文化要素的气魄，正是其海纳百川的文化精神的体现。

岭南庭园基本上是依托和利用自然环境，造园注重切合地理实际，发挥地理条件优势，对自然环境尽可能不作大的调整和改造。庭园空间布局注重世俗生活的享受，故而更为务实直接。造园喜用几何形体的空间组合和图案方式，但几何形体常采用不规则的形式，从而获取庭园空间的多变性和丰富性。其性格表现为开朗、明快、简洁、直述，小巧玲珑、艳丽多彩。

四、其他古典园林的审美特征

从狭义的古典艺术视角来看，传统时期呈现典型审美特征的园林主要是上述三种类型，即皇家园林、士大夫第宅园林、世俗私家庭园。但从广义的艺术视角来看，诸如书院、衙署、寺观、陵墓等都有特有的环境特征和审美诉求。书院、衙署、陵墓等园林是封建集权文化下的产物，总体而言都有其功能属性的特征。但寺观园林的宗教特性和名胜园林经营的持久性，使得这两种园林有着独特的魅力和价值。

寺观园林主要是指佛寺、道观的附属园林，包括寺观内部庭园和外围地段的园林化环境（图13-10）。自南北朝起所形成的寺观园林主要有两大类型——位于城镇的模仿自然的寺观山水园和位于大自然内的自然风景园式寺观园林，后者逐渐发展成为主流。明清以来的寺观园林在儒道佛三教融合的大背景下，继承了宋朝以来的世俗化、文人化的传统，但相较于私家园林而言显得更朴实和简练。与皇家园林、宅第园林最大不同之处在于它是一个宗教礼拜的公共场所，具有开放性特征，它是由"崇拜部分、生活部分、前导部分和游观部分"所组合而成。佛教和道教均属多神教系统，宗教建筑是寺观园林的主体部分。寺观的生活部分房舍多寡须视寺观的规模而定，除方丈室和禅房之外，还有供信徒、朝拜者、游观者住宿的客房。也就是说寺观园林除了宗教崇拜之外，同样具有皇家园林和宅第园林可游可居的特征。寺观内部庭园绿化也约定俗成地种植松、柏等常绿植物，以烘托寺观特有的静谧氛围。

名胜园林分布非常广泛，即有因寺观的早期开拓而形成的一方胜景，

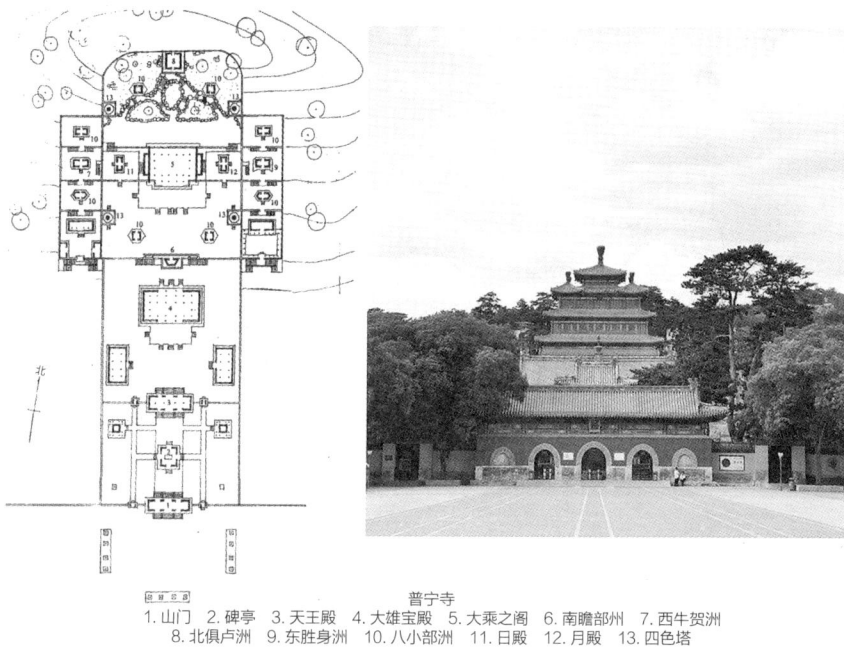

普宁寺
1. 山门　2. 碑亭　3. 天王殿　4. 大雄宝殿　5. 大乘之阁　6. 南瞻部州　7. 西牛贺洲
8. 北俱卢洲　9. 东胜身洲　10. 八小部洲　11. 日殿　12. 月殿　13. 四色塔

图13-10　承德普宁寺（引自周维权. 中国古典园林史［M］. 北京：清华大学出版社，1990.）

以山岳型居多如四川青城山、杭州宝石山等。经文人名流命名的风景名胜且经过水利治理的名胜园林也较多，如都江堰名胜区、杭州西湖、惠州西湖等。因宅第园林兴建密集区进而转化成公共园林的名胜园林，如扬州瘦西湖。此外，组景题名是中国古典园林的艺术特征之一，明清以来各州府县掀起对地方景观题名活动，常用"八景"，尽管良莠不齐但仍有一些佳作而成为名胜园林，如江浙、岭南地区的传统村落的公共园林。尽管周维权先生在《中国古典园林史》中认为"就其区域整体而言并不能作为艺术创作来看待，它是一个经过有限度地、局部地人工点缀的自然环境，其山、水、植被皆是自然天成，而建筑总体布局是千百年以来自发形成的"。然而，中国风景名胜形成历程贯穿整个中华文明进程，所占据的地理空间范围远远超过了皇家园林、宅第园林以及寺庙园林，是体现中华农耕文明时期的文化精神和思想的重要载体。因此我国名胜园林呈现出自然与人文高度融合和相互渗透的特点，自然因素与人文因素统一于一个个完整的地域空间综合体之中，创造出各具地域特色的名胜景观。

　　源远流长、博大精深的中国传统文化，所孕育出来的古典园林以其崇尚自然的独创性，不断地通过对经典文本的诠释和接受，传统文化的持久性令人瞩目。既有文化结构发育更为成熟的皇家园林、士大夫宅第园林、世俗私家庭园，亦有审美趣味显著的寺观园林和名胜园林等，多种古典园林类型共同构成中国传统文化生态不可缺少的部分。

中国古典园林中的三大园林，具有同根同源的诸多审美文化共性特征，同时又因地域性自然环境的差异，空间思维模式的不同，社会政治条件的反差，呈现出了风格各异的造园特色。

中国园林博大精深、历史悠久，具有深厚的文化底蕴，是中华民族光辉灿烂文化的重要组成部分。几千年来几经兴衰，不断升华，其造园技艺之高超，内涵之丰岱，理论之深邃、风格之独特，在世界园林史上独树一帜，弥足珍贵。对于古典园林审美的学习和研究，不仅是为了提高对园林景观的审美能力，也是为了继承与保护这一宝贵的人类文化遗产，使之发扬光大。作为园林工作者，古典园林是重要的创作源泉，对于古典园林的继承与创新是时代的要求，是适应现代园林景观审美多样化需求的必然要求。

注释

① 彭一刚. 中国古典园林分析[M]. 北京: 中国建筑工业出版社，1986

② 周维权. 中国古典园林史[M]. 北京: 清华大学出版社有限公司，1999.

③ 余英时. 士与中国文化[M]. 上海: 上海人民出版社.2003:06.

④ 曹林娣. 东方园林审美论[M]. 北京: 中国建筑工业出版社，2012: 30.

⑤ 冯友兰. 南渡集论风流，哲学评论第四卷3期，1944年。

⑥ 宗白华. 艺境[M]. 北京: 北京大学出版社.1982:300.

⑦ 陈从周. 说园[M]. 济南: 山东文艺出版社，2002.

⑧ 陆琦. 中国南北古典园林之美学特征[J]. 华南理工大学学报（社会科学版），2011，13（4）.

⑨ 刘敦桢. 苏州古典园林[M]. 北京: 中国建筑工业出版社，2005.

⑩ 夏昌世. 岭南庭园[M]. 北京: 中国建筑工业出版社，2008.

⑪ 唐孝祥，郭焕宇. 试论近代岭南庭园的美学特征[J]. 华南理工大学学报（社会科学版），2005，7（2）:50.

⑫ 刘管平. 岭南古典园林[J]. 广东园林，1985（3）.

第 14 讲
外国园林的文化精神

　　外国园林审美区别于中国传统园林审美，根本上在于文化价值观的分野和审美思维的差异。如果说，"体宜因借"反映的是中国园林文化重整体、求功效、崇尚意境体悟的文化观，那么，西方园林体现了重个体、偏结构、强调认知分析的思维特征。近代以来，西方工业文明的发展促成了物质文明的繁荣，带来了技术革命和不断创新，从而影响到园林的设计，影响到园林审美的转向。

外国园林系统包括欧洲园林系统、西亚园林系统以及中国以外的其他东方园林系统。风景园林艺术风格的形成和发展，影响因素很多，但最主要的是地理环境格局、生产方式格局和社会组织格局，核心在于包括自然观和美学观在内的文化精神和审美理想。

一、外国园林的文化渊源

哲学是文化的核心，凝聚了文化精神，影响了思维方式，浓缩了民众心理，铸塑了审美理想。以中国为代表的东亚文化是有别于伊斯兰文化，迥异于西方文化的。中国哲学之于中国文化，有如西方哲学之于西方文化。西方哲学偏于纯粹理性的知识哲学，东方哲学偏于实践理性的道德哲学，伊斯兰哲学偏重于神性的宗教哲学；西方哲学崇尚的是杰出的智慧和真，东方哲学追求的是崇高的人格和善，伊斯兰哲学向往的是理性（最高的理性是安拉）的神授智慧；西方哲学向往的是对客体的认知和把握，东方哲学注重的是主体自身的内省与修养，伊斯兰哲学注重的是主体内省与客体认知的调和中庸；西方哲学热衷于规律的必然实在，东方哲学忘情于人的精神的自由境界，伊斯兰哲学重视神的启示（理性）与自然科学探求相结合。在分别以道德哲学、知识哲学、宗教哲学为核心的不同文化精神的指导下，东方、欧洲、西亚伊斯兰世界的园林体现出不同的特点：一个是重感性的意境体悟，一个是重理性的逻辑思辨，一个是重神性的神授智慧。

基于包括东方、欧洲、西亚伊斯兰世界在内的外国哲学特征的分析，外国风景园林的文化精神表现为多个层面。一般来说，西方世界的风景园林彰显"理性"，追求"偏重结构、重视分析"的科学思维；伊斯兰世界的风景园林突出"神性"，讲求"崇尚神权，君神一体"的价值取向，当然在古罗马帝国时期，君权被神化，西欧的中世纪实行"政教合一"的统治模式，神权被凸显，"崇尚神权，君神一体"的文化精神备显突出；受到中国园林影响的日本等国园林所追求的是"参悟"，凸显的是"空灵体悟、追求禅意"的审美理想。

从人类的历史发展看，在人类文明的曙光开启之时，人类认识世界和改造世界的能力有限，很多现象都无法阐释，不论是东方、欧洲、还是伊斯兰世界，都普遍存在着"泛灵信仰"、"万物有灵"的朴素宗教思想。这样充满神性的神灵观念直接作用到了人类的现实世界，同时在对人类文明社会早期的风景园林萌芽期起到了重要作用，并表现出早期风景园林的文化精神。外国风景园林最早可追溯到公园前4世纪前的古埃及和古巴比伦园林。这个时期国家形态的雏形初成，其统治模式具有"政教合一"的特征，一方面，统治者掌握着政权和神权，在园林上表现为"崇尚神权，君神一体"的价值取向。这一特征在后来的古罗马和西欧园林都有突出表现。另一方面，在古希腊古罗马园林中出现对数理的运用、比例的推敲、形式美法则的探索，并在哲学层面注重理性思辨、逻辑推理，这对整个欧洲后来的园林朝着重个体、偏结构、强调认知分析的审美方向发展产生了深远影响。

到了中世纪（5~15世纪），外国园林的特征已呈现多元化的趋势。这个时段最大的特征之一就是基督教广泛传播，尤其是对西欧影响甚大，整个西欧进入了宗教神学时代，神权、政权进一步结合，形成强调"上帝至上"的修道院、教会庭院和重视"实用美观"的城堡庭院。与此同时，在西亚、中亚的阿拉伯帝国崛起，并以伊斯兰教统治着阿拉伯世界，由于吸收了波斯帝国的文化，形成了被称为"波斯伊斯兰式"的园林。公元8世纪，信奉伊斯兰教的摩尔人征服伊比利亚半岛，建立了西班牙伊斯兰园林。总体看这两类伊斯兰园林基本延续了古代埃及、巴比伦园林"崇尚神权，君神一体"的文化精神。在这个时代的东亚的中国正处在南北朝到元朝期间，东亚的日本、朝鲜、越南等国的园林受到中国的影响，得到初步发展。

中世纪后，迎来了文艺复兴时期。文艺复兴主张向古希腊、古罗马学习，明确提出用"人权"对抗"神权"，赞美现世人生和自然世界，崇尚科学和理性。这个时期包括意大利在内的法国、英国的园林，一方面表现为神的光环褪去，注重人的享乐，另一方面体现了偏结构、强调认知分析的思维特征，较好地承袭了古希腊罗马园林的思想文脉。循着这样的发展理路，在17世纪的法国，绝对中央集权的专制统治和唯理主义哲学的盛行，以及自然科学的进步，理性的"秩序"在园林中达到极致，园林成了绝对君权的纪念碑。"偏重结构、重视分析"的科学思维在园林中得到极大彰显，并形成规则式园林——"法国勒诺特尔式园林"的集大成，这样的风景园林文化精神或园林模式直接主导了当时欧洲园林的发展走向。从以英国资产阶级革命为开端的近代以来，一方面由于英国资产阶级革命的不彻底性和妥协性，在18世纪的英国，在没落封建贵族的风景园林营建中，出现一股对自然主义向往的"自然风"，出现了英国自然式风景园林。同时由于大航海时代的开启，东西方文化得以交流和沟通，在英国出现了"中国风式"的园林。事实上，在英国出现自然式园林是时代特征的反映，当时整个世界由农业文明向工业文明转变，是大势所趋，不可逆转。没落的封建贵族无力改变时局，以寄情自然而罔顾时变。同时讲求"天人合一"的中国古典园林正好与他们的孤寂内心相契合。这种园林风格对当时的法国、俄罗斯等国产生了影响，法国、俄罗斯等国也因此走上了浪漫主义风景式造园之路。

另一方面，随着工业经济的不断发展，传统的规则式园林逐渐受到工业理性主义的影响，持续不断地朝向近现代园林方向发展。随着工业社会的推进，生态环境越来越恶化，工具理性受到批判，园林的生态回归受到热捧。但是工业文明带来了技术革命和不断创新，从而影响到风景园林的设计，影响到风景园林审美的转向，所以现代园林吸收了工具理性的优点，并结合生态园林的走向，形成"适度理性，回归生态"的当今世界城市公园的时代精神取向。

相对于风格频繁更迭的西方风景园林，以日本、朝鲜等国的为主东方园林在中国古典园林的深刻影响下，遵循"天人合一、亲近自然"的文化精神而不断发展，并结合自身特点，突显了"空灵体悟、追求禅意"的文化精神取向。在西亚和中亚的伊斯兰世界，由于宗教与政权的紧密结合，以及伊斯兰宗教文化圈的稳定性与同质性，"崇尚神权，君神一体"的园林文化精神得以一定程度的保留，并延续至近现代文明的开启。

我们不难发现，虽然外国园林存在跨越大历史，涉及大区域，在时间上相互穿插，空间上相互嵌套的复杂情况。但是透过现象，回到本质，主导外国风景园林的文化精神主要有四个主要方面。其一，"崇尚神权，君神一体"的价值指向，主要存在中亚、西亚、西班牙的伊斯兰世界以及古希腊时期、古罗马帝国时期的风景园林，以及西欧中世纪的修道院、教会庭院和城堡庭院；其二，"偏重结构、重视分析"的审美思维，萌芽于古希腊、古罗马，停滞于西欧的中世纪，发展于文艺复兴时期，繁荣于法国古典主义时期，并广泛影响欧洲各国，以反映绝对君权的规则式园林为代表；其三，"适度理性，回归生态"的时代精神，是随着近代工业文明的崛起，以及向生态文明的转向而出现的，是代表当代城市公园和未来人类风景园林发展的审美走向。其四，受到以中国为核心的东亚文化圈辐射的日本风景园林体现了"空灵体悟、追求禅意"的审美理想。

二、"崇尚神权，君神一体"的价值取向

在伊斯兰文化和西方文化中，包括早期在拜物教基础上衍化出来的"君主崇拜"以及稍后出现的作为最高神的"安拉"和"上帝"是信仰的对象，作为其代言人的僧侣和教会借助神权统治着精神世界，帝王和贵族则借助政权统治着物质世界。为了统治的需要，两者形成具有"政教合一"特点的统治集团，作为凡身肉胎的统治者或者君王，穿上了神的外衣。因此，他们也通过修建风景园林来体现神权与君权的至高无上，表达了鲜明的"崇尚神权，君神一体"的精神指向。

1. 外国古代园林

随着国家统治阶层、祭司阶层的出现，君主崇拜被不断强化，"这是暴力统治所必须的意识形态力量，现实的最高权威必须同时是精神的最高权威。[①]在古埃及法老被神化后，以神的名义来解释世界，通过神权来帮助自己维护统治秩序和宣扬所谓的"神就是真理"。古埃及园林可以划分为宫苑园林、圣苑园林、陵寝园林、贵族花园等类型。法老走完了人世的旅程后转化为神，以神的存在方式继续统治他的子民。陵寝及其苑囿就成为他在另一个世界的居住和行使权力的空间。作为在世的法老，既是已逝法老的直接继承人，也是神的代言人，宫苑宅园则是现世行使神权、政权的空间。法老成为一切众神之神的化身，有一整套的宗教仪式来荣耀他，因此其园林的纪念意义得到特别强调。从营建陵墓，庙宇等圣苑来看，祭司和法老要亲自参与这些纪念性建筑或园林的设计，"皇帝在祭司的帮助下主持这类建筑物的奠基、定向和划界的圣神仪式"[②]。新王国时期的神庙象征着创世传说：天花板象征天空，柱子象征植物，偶尔被尼罗河洪水淹没的地面代表混沌之初大地初显的水面。神庙的轴线沿着太阳日常升落轨迹东西向布置，室内圣所位于西面最接近日落的位置。圣林和圣湖布置在神庙群内。神庙群建筑在埃及人眼中是天堂、人间和阴间交汇的地方，是众神和法老们在现世和未来之间进行穿越的门[③]。庄园庭院、庙宇等讲究庄严、气派，比如新王国时期的卡纳克的宏斯庙、阿蒙神庙等的大门样式是一对高大的梯形石墙夹着不大的门道。为了强化门道对石墙的体积的反衬作用，门道上檐部本身的高度比石墙上高得多。大门前一两对皇帝的圆雕坐像，像前有一两对方尖碑，门两侧排列着圣羊像或狮身人面像（图14-1），这样的布置就是为了在这里举行群众性宗教仪式时酝酿宗教气氛。石墙上色彩绚丽的浮雕、圆雕，方尖碑的锥形顶子镶嵌着金箔。檐头彩旗猎猎，这大门的景观是热烈的、喧嚣的，皇帝在

图14-1　卡纳克阿蒙太阳神庙（引自陈志华. 外国建筑史（19世纪末叶以前）[M]. 北京：中国建筑工业出版社，2010.）

这里被一套套礼仪崇奉为"波则万物的恩主"。尽可能地在庭院每处营造皇权至上的气氛，在大殿柱子的浮雕上题材多为歌颂皇帝的内容，皇帝雕像很高大，通过空间对比，使朝拜者自感渺小。

与古埃及约略同期，出现两河流域文明。其中的巴比伦园林享誉后世，如空中花园的宫苑，受宗教思想影响的圣苑，集中反映了王权至上。萨艮二世王宫装饰精美，其宫殿的西部有庙宇和山岳台，宫殿是皇权的象征，庙宇和山岳台是神权的代表，两者建在一起，反映着皇权和神权的合流。

古希腊是自由民主城邦制，神权与政权结合并不紧密。相反在其后的罗马帝国时期，园林从公共活动场所逐渐转变为皇帝个人的纪念物，空间由开放向封闭，由自由布局向轴线对称转变，且皇帝的庙宇成为整个园林的构图中心。比如图拉真广场不仅轴线对称，而且多作纵深布局，通过对轴线上空间的交替、开阖、大小等方式进行空间调适，迎接高潮的到来，也即皇帝崇拜的到来。

2. 伊斯兰园林

伊斯兰世界的阿拉伯国家创造了自成一体的园林体系。这里的人们普遍皈依伊斯兰教，伊斯兰教教规十分严格，统治者将伊斯兰教与政权结合，并通过各种建设活动体现伊斯兰教文化，强化其政权的合法性，广泛深刻地影响到伊斯兰园林。

伊斯兰园林充满对天堂的想象。在《古兰经》中，天堂是一个有绿荫、果实、喷泉和凉亭的理想花园，是给忠诚信徒的回报。伊斯兰园林的创造，蕴含着造园者对天堂的想象。"伊斯兰"一词源自阿拉伯语，为顺从、信仰宇宙最高神安拉的意志，以求和平与安宁。最具伊斯兰教代表性的清真寺最初便是供人们聚集祈祷的开放空间，是"在神面前人人平等"的地方。出于对神的崇高赞美和信仰，伊斯兰哲学家们认为事物越完美，它就越美丽，给人带来的愉悦感也越强烈。神的美丽是最完美的，因而带来的愉悦也是最多的。艺术创作本身不是目的，它是一种沟通宗教和哲学的真理的方式。艺术作品致力于完美，它们通过帮助思考神圣的真理而为人带来愉悦。由于对人体形式的描绘被视为盲目崇拜而被禁止，从而激发了其他方面的创造：抽象几何图案及花卉被用作装饰，数学被用来发展复杂的图案。

　　6世纪后伊斯兰文化进入繁荣时期，吸取了许多视觉艺术及文学艺术的源泉，包括美索不达米亚、波斯、犹太、希腊、罗马及后来的印度文明。伊斯兰人认为，在生活中，神是他们的向导，指引他们找到水源，并时刻给予他们庇护，陪伴他们左右，所以水成为伊斯兰园林最重要的造园要素。

　　阿拉伯人以本民族文化为基础，兼收并蓄波斯文化形成了"波斯伊斯兰式"园林风格。该类园林大多呈矩形，水作为阿拉伯文化中生命的象征与冥想之源，在庭院中扮演重要的角色，它们常以十字形水渠的形式出现，代表天堂中水、乳、酒、蜜四条河流，最典型的布局方式便是营建抬高的十字形道路，将园林分为四块，在路上再设置十字形水渠，中心为方形水池，布局简洁大方。往后就是最具代表的伊斯兰教建筑。比如印度的泰姬陵（图14-2），中轴对称，正中穹顶高高耸起，围绕中央大穹顶分布有小穹

图14-2　泰姬陵（引自陈志华. 外国建筑史（19世纪末叶以前）［M］. 北京：中国建筑工业出版社，2010.）

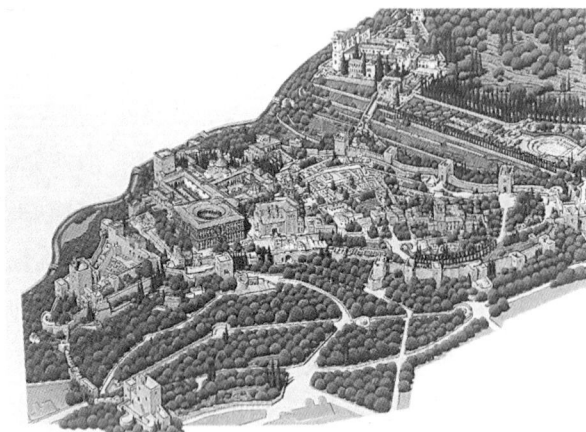

图14-3 阿尔罕布拉宫苑
（引自bbs.zol.com.cn）

顶和大小不一的竖塔。体现了皇权的至高无上，但从装饰和营造的氛围看，充满了宗教的气息，同时前面的庭院又有一定的娱乐性和世俗性。所以从整体上看，泰姬陵既体现了君权和神权的统一，又不失娱乐性、世俗性。

信奉伊斯兰的摩尔人征服伊比利亚半岛的大部分地区后，将伊斯兰文化移植到这里，建造了具有东方情调的伊斯兰园林。比如西班牙格兰纳达是摩尔人在伊斯兰最后的土地，各地逃亡的伊斯兰教徒汇集到这里，使它在经济文化上达到一个高峰。阿尔罕布拉宫苑（图14-3）就是其代表，园林建造极尽奢华，南北向的柘榴园是宫苑中最大的庭院，有意识地营造庄严神圣的空间氛围，以彰显皇权至高无上。在柘榴园的西侧则是清真寺。规划者有意将最能代表神权的清真寺和最能代表君权的宫殿建在一起，侧面反映了君神一体的思想。但是由于当时天主教和基督教的联合围攻，伊斯兰教和摩尔人建立的政权在伊比利亚半岛逐渐衰弱，神权和政权的地位受到严重冲击，表现出了萎靡的气氛，但是在宫廷的营建上，还是受到"崇尚宗教，君神一体"的文化精神的影响。

3. 中世纪西欧园林

中世纪，社会动荡，人们寄托宗教寻求慰藉，基督教得到快速发展，并渗透到生活的方方面面，随着罗马的分裂，基督教分为东正教和天主教，教会有严格的封建等级制度，在西罗马灭亡后几百年中，天主教首领同时兼世俗政权的统治者，形成政教合一的局面。但是在整个欧洲社会封建教会一家独大，政权却相对分散，这与东方中国的中央集权不一样，没有产生恢宏的皇家园林，而是规模较小的以"崇神"为目的的修道院、教会园林和简朴的城堡、寨堡园林。在文化精神上虽然没有突出君权的神圣意义，但与宗教联系更紧密了，认为人类的一切是上帝的创造，充分显现了神权在园林设计中具有举足轻重的地位与意义。

在动荡的中世纪，教会所属的寺院很少受到干扰，教会人士的生活也比较稳定，有一定的经济基础，这为寺庙园林的发展奠定基础。从布局看，寺院庭院主要由教堂及僧侣住房等建筑围绕的中庭，面向中庭的建筑前有一圈柱廊，柱廊的墙上绘有各种笔画，内容多为圣经中的故事或圣者的生活写照。中庭内由十字形或交叉的道路将庭院分为四块，正中的交叉处为喷泉、水池或水井，水既可饮用，又是洗涤僧侣灵魂的象征。整个庭院充满了宗教神学色彩。比较著名的寺院庭院有瑞士圣高尔教堂、罗马圣保罗教堂、意大利米兰巴维亚修道院等。圣高尔教堂于9世纪初建在瑞士的康斯坦斯湖畔，占地面积1.7公顷，内有教会所需的一切设施。全院由三部分组成，西部、南部的仓库、食堂作坊等附属设施与东部的菜园、果园、僧房、医院围绕着中央的教堂及僧侣用房以及院长室，这样的布局是教会神权至上的集中反映。由于基督教提倡禁欲主义，反对追求美观和世俗享乐，因此装饰的美化效果极弱，园林更多的是营造庄严静谧的空间氛围，以保持宗教的神秘性。

虽然世俗娱乐的装饰在寺庙园林中没有生存土壤，但在世俗权贵的城堡庭院中却得到一定的表现。由于防守的需要，城堡墙体厚实坚固，周围由带有木栅栏的土墙及内外干壕沟围绕，当中为高耸的、带有枪眼的碉堡式中心建筑，作为王族的居所，即使后来战争减少，社会相对安稳，城堡中心的防御性特征仍得到最大程度的延续。政权的存续、王权的安危被置于较高位置。11世纪后的西欧城堡庭院受到东方拜占庭、耶路撒冷等城市的影响，吸收了东方园林的奢华、精巧的园林风格。13世纪后，城堡庭院摒弃以往沉重压抑的形式，宜居性明显增强，更为王公贵族喜爱。从园林的风格来看，园林的世俗性、娱乐性越来越强，宗教性在一定程度受到冲击，但世俗王权的权威仍然延续。

三、"重结构、重分析"的审美思维

在西方美学发展历史中，古希腊开始便注重对数理的追求，文艺复兴时期人们重新发现了人与自然的价值，自然科学得以发展进步，哲学上也孕育出了以笛卡尔为代表的唯理论。笛卡尔认为数学可为一切知识的形式，希望每个人都用数学方法来进行思考。与这种观念相呼应，艺术家们将理性应用在艺术上，并产生了一系列著作：达·芬奇的绘画著作，阿尔伯蒂关于建筑的著作，丢勒关于几何学、透视学和人体比例方面的著作，这些作品都直接或间接对西方规则式园林产生着影响。

1. 重结构、重分析的园林审美思维的形成

西方的美学自古以来就有注重数量比例和谐的思想。早在古希腊的毕达哥拉斯学派开始，就把美看作是在数量比例上所体现出的和谐，认为和谐源于对立的统一。这些哲学家们从数量比例的观点出发，找出客体审美属性的形式因素，他们认为完整的形状最美，如圆球形，认为黄金分割的对称比例最美。他们将这种数的概念绝对化，认为美就在于形式。

到了中世纪，奥古斯丁又重申了古希腊亚里士多德和西塞罗的美学观点。他给美所下的定义便是"和谐"或"整一"，认为物体的美即"各部分的适当比例，再加上一种悦目的色彩"。奥古斯丁是虔诚的基督教徒，他将这些侧重形式的美的定义，与中世纪神学结合在一起，提出无论是在自然还是在艺术中，让人感到愉快的那种整一或和谐其实都并非物体对象本身所具备的属性，而是因为上帝在其上所印下的烙印。他认为事物所呈现的和谐之所以美，是因为它代表能达到最近于上帝的那种整一。而现实世界万事万物，如人体的匀称、动物的肢体、植物的形态等都是上帝按照数字原则创造的，所以才显出整一、和谐与秩序。他说："数始如一，数以等同和类似而美，数与秩序不可分。"④而人之所以能在天地间看出世界中悦目的美，是因为在美中看出了图形，在图形中看出了尺度，而在尺度里，看出了数。奥古斯丁的这种在数量关系上的审美思维，上承自毕达哥拉斯学派的黄金分割学说，下达于文艺复兴时期达·芬奇，米开朗琪罗和霍嘉兹诸艺术大师对于美的比例、线形所求出的数量公式，以及费希纳和实验美学派对美的形象所进行的测量和实验。这种观念的出发点是形式主义的，在西方美学发展中一直很有影响。

此外，康德在《美的分析》中的美学观点也是与中世纪经院派学者们是一致的。康德认为感官喜爱比例适当的事物，因为这种事物的比例适当这一特点类似感官本身。在体验这种比例和谐的事物过程中，人的各种感官能和谐地发挥作用。因为美的事物与感官本身相应，所以合拍。

数学被认为是理解和表现的根本，是线性透视理论的基础，而大自然被理解为是以数学的方式安排的。维特鲁威的数学比例的观点和欧几里得的几何学被人们重新拿来研究理解。设计者们将圆、方、黄金分割和几何图案使用在设计中，用透视将建筑和园林连为整体。阿尔伯蒂将这些思想用在别墅设计中，他于1452年撰写了《建筑十书》，在建筑和园林领域都产生了深刻影响，他所提倡的外向的阿尔伯蒂式的园林与内向围合的中世纪园林的显著区别，象征着两个时代的社会和精神上的巨大差异。

"笛卡尔式园林"（Cartesian garden）这个术语在园林史上经常被使用，不仅肯定了笛卡尔对几何学的贡献，也指明了笛卡尔哲学构成理性主义哲学的基础。17世纪至18世纪法国大革命之前，西方社会风起云涌、大师辈出，启蒙运动与理性主义等构成了较长的文化运动时期，同时伴随着音乐史上的巴洛克时期以及艺术史上的新古典主义时期。启蒙主义提倡相信理性并敢于求知，认为科学和艺术的知识的理性发展可以改进人类的生活。数学在哲学家笛卡尔影响下，更紧密地与自然哲学和美术联系起来。笛卡尔在《方法论》中建议哲学中应用"系统怀疑"论，启发了艺术家和作家强调人类事物中的确定性。科学家们寻找"自然的法则"，评论家们寻找"优雅的法则"。人们从历史和数学的角度对"优雅的法则"进行验证，黄金分割理论通过了这两项验证。几何在园林设计中的应用最为明显。在布拉曼特设计的园林中，园林、建筑和风景被连成统一的几何构图，成为园林的统治性特征。

透视学的方法诞生于文艺复兴时代，即合乎科学规则地再现物体的实际空间位置。这种系统总结研究物体形状变化和规律的方法，是线性透视的基础。透视学的研究对象源于物体对眼睛的作用的三个属性即形状、色彩和体积。物体距离远近不同呈现的透视现象主要为缩小、变色和模糊消失。所以透视学主要研究的二个方向为：物体的轮廓线，即上、下、左、右、前、后不同距离形的变化和缩小的原因；距离造成的色彩变化，即色彩透视和空气透视的科学化；物体在不同距离上的模糊程度，即隐形透视。而现代绘画所着重研究的是线性透视，而线性透视重点是焦点透视，它描绘一只眼睛固定一个方向所见的景物。它具有较完整较系统的理论和不同的作图方法，这对园林的科学规划奠定了理论基础。

2. 偏重结构、重视分析的审美思维在园林中的表现

对数理的追求，园林中几何学和透视学的运用，使得西方规整式园林呈现出清晰的比例、精准的数学结构，难以见到对自然的推崇。最能体现西方规则式园林结构特征的轴线，在园林发展过程中经历了从园林内部的轴线，到指向园外的地标，再到延伸向园外的阶段。轴线数量也从最初的单轴线发展到后来的放射性的多条轴线。下面以意大利手法主义中最为经典的兰特别墅和法国勒诺特尔式的最佳代表凡尔赛宫为例，对西方规则式园林重结构、重分析的审美思维进行分析。

手法主义园林是意大利园林发展盛期时的产物，也最能够代表意大利园林的特点。手法主义园林最重要的特征便是严格对称的中央纵轴；建筑空间

与园林空间相互呼应；精心设计的透视效果等。最为经典的意大利手法主义园林有卡帕罗拉的法尔尼斯府邸（Palazzo Farnese at Caprarola）、水景壮观的埃斯特别墅（Villa d'Este）、完美均衡的兰特别墅（Villa Lante）等。

兰特别墅是位于猎苑之中的规则式园林，外围用围墙进行围合，形成一个整体的空间。别墅之外的猎苑空间植有树木，设有小径和喷泉，其空间形态与花园紧密联系、相互呼应；就轴线和比例而言：兰特别墅中轴对称，其平面构图上各园林要素间存在比例关系，且被有秩序的进行设置。要素细节与园林整体空间的这种秩序感加强了兰特别墅园林的中轴对称。因场地属于台地型园林，在空间上不同台层的园林要素间部分重叠，而衔接重叠部分的造园要素得到强调突出；就造园要素而言：兰特别墅中十二块由黄杨组成的图案精美的模纹花坛围绕着方形水池，周围一面为建筑，另三面皆以树篱进行边界围合，将游览视线以水池为中心转入猎苑林园。因台地园高低落差，兰特别墅园林的视线较为开阔，整体空间视觉效果开敞明朗；就点景水法而言：兰特别墅水景设计精良而又节制。每个喷泉都有故事。台阶坡道上层层叠水最后落入底部半圆形河神泉池。水景中流动哗哗的水声，四溅的水花打破了整个花园的静态感，使得兰特别墅园林更为活泼灵动。法国园林在勒-诺特尔引领下曾经风靡一时。而勒-诺特尔最为经典的作品当属他为路易十四设计的凡尔赛宫（图14-4）。勒诺特尔在设计实践中，发明了主轴线和众多的相交轴线组合的手法，将整个园林场地进行几何划分，分为若干小场地再进行设计，将其布置成不同主题的园林空间，使得整个凡尔赛宫主题丰富、空间多元。

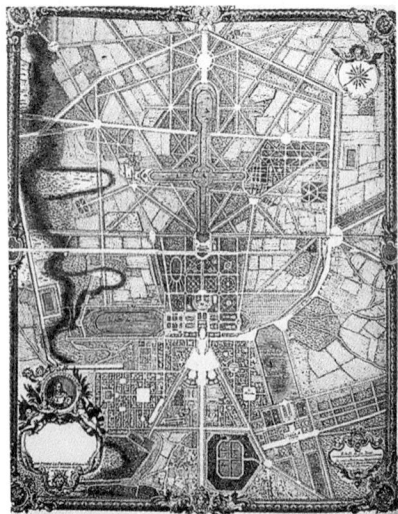

图14-4 凡尔赛宫（引自郦芷若，朱建宁. 西方园林［M］. 郑州：河南科学技术出版社，2010.）

就凡尔赛宫的轴线组合而言，勒诺特尔在轴线设计上的组合创新，改变了传统意大利园林的单条中轴对称的形式，若干辅助轴线对中轴起以辅助服从的效果，按主次排列左右，从而达成一种更为壮观、整体的构图效果。就局部园地而言，在轴线的初步划分后，各小块园林空地得以进行更细致的推敲，进行功能确定。勒-诺特尔在凡尔赛宫设置了一系列林园，各林园具有不同功能特征，在整个园林中占有相当重要的地位。如其中的林园舞厅，不仅设置了宫廷乐师演奏位置，对整个户外空间的舞厅音乐效果都考虑得非常周全，不论空间主题、功能设置，还是材质选择，都独具匠心、别具一格，路易十四非常热衷在这里举办舞会。就植物种植和修剪而言：早在意大利文艺复兴花园中，修剪植物就颇为常见，绿色植物被修成方形、锥形、圆形等各种形状，或置为拱门、拱券、廊道等。在凡尔赛宫中，勒诺特尔强化了这种理性主义"人定胜天"的美学观念，植物修剪成几何形状，被统一到园林整体构图当中。

四、"适度理性，回归生态"的时代精神

自1850年法国在塞纳河修建专门供市民游赏的公园，开启"现代城市公园"新纪元至今，外国现代城市公园得到不断地完善，逐渐形成"适度理性，回归生态"的时代思维，并诞生了一批经典的外国现代城市公园，这既是时代的诉求，也是现代城市公园发展的内在要求。

近代以前，园林主要服务于皇室、贵族、教廷、僧侣等特权阶层。从18世纪的英国伦敦皇家猎苑，允许市民进入游玩，19世纪的英国皇家贵族的园林逐渐向大众开放，至19世纪中叶法国在塞纳河旁专门修建了两座市民使用的公园，开启了"现代城市公园时期"。由于近代以来随着工业革命的推进，工具理性主义极度膨胀，狂妄的科技拜物教，没有科学的发展观作为人们的思想指导，人与自然对立，人类以征服自然为乐趣，致使人居生态环境不断恶化，因此工具理性主义遭到时代的尖锐批判和深刻反思。作为现代城市中难得的一片绿地，城市公园的营建，非常重视与自然环境的沟通，对科技理性的批判、吸收、继承，形成了"适度理性，回归生态"的时代思维。

经过现代主义的发展和后现代主义思潮的反思，生态理念逐渐得到全人类认可，并不断发展，生态建筑、生态城市、生态园林在全世界获得生长的土壤。城市生态公园在整体设计上体现了科学–美学–自然三者之间的相互关系和变化。"科学"指的是对科学理性的坚守，对新技术在园林中运用的认可，同时又把自然生态环境视为园林的灵魂。"美学"则是"科学理性"与"自然生态"的中介，起调节作用，避免走向极端理性主义和朴素生态主义两个极端。这里"科学"是现代城市公园的基础、"自然"是灵魂、"美学"是中介调和与催化剂。这既可以防止工具理性极度膨胀，又可以避免只讲生态，以至于无法满足现代城市的生活所需。这也是"适度理性、回归生态"的内在属性的必然要求。

美国中央公园的设计者是奥姆斯特德，他继承与发展了道宁的园林建

设观，吸收英国风景式园林的特点，并结合现代城市生活的实际需求，并科学地预见到了未来会有大量的人口涌入城市，必将加速促进城市化的进程，因此，他高度重视城市公园的建设，在中央公园的设计中，奥姆斯特德提出了以下构思原则：一是满足人们的需要：为人们提供周末，节假日休息所需的优美环境，满足全社会各阶层人们的娱乐要求；二是考虑自然美和环境效益：公园规划尽可能反映自然面貌，各种活动和服务设施应融于自然之中；三是规划应考虑规划的要求和交通方便。[⑤]中央公园的设计在遵循这些原则下，形成自己的特点。位于纽约曼哈顿岛中心位置，有效地改善了城市中心的人居环境，同时作为一个公共空间又方便城市各处的人们交流；在布局上，借鉴了英国自然式风景园林的一些做法，尊重原有地形地貌和固有的植被，并根据实际挖池植树。在公园的中间几大片草坪和一个大湖，视野开阔，游人可以领略到不断变化的景色。在边界种植各类乔灌木，隔绝城市的嘈杂，营造一个静谧祥和的游乐环境。在公园的游线处理上，打破西方传统的规则式做法，而是随景物变化作曲线处理，有一种"虽由人作，宛自天开"之感。西班牙的桂芦公园位于巴塞罗那北部，始建于1914年，是世界著名建筑师高迪的作品。高迪是塑性建筑流派的代表人，尤其在教堂和公寓的方面造诣很深，将曲线、曲面运用到极致。高迪的这些建筑特点被充分运用到公园的设计中来。

桂芦公园总体上属于自然浪漫风景式，充分表现了生态自然、生态人文的理念。主体建筑位于公园的中间位置，周围布置自由环形道路，道路旁有不同的山林、洞穴、小品建筑等景观。建筑布置尊重地形，因坡而建，下层的屋顶既是上层的台地，利用高差布置柱廊洞穴，建筑造型也是充满了曲面、曲线感，在不同的位置能领略各种变幻的立体空间景致。建筑与自然相互穿插，互为一体，石柱、山洞、装饰色彩、装饰纹路同植被十分协调。其能让人感觉到经过精心设计，巧妙构思，但又与自然环境结合得十分巧妙，反映了高迪对园林作品适度理性，尊重自然的设计理念。

西方现代城市公园蓬勃发展，在这一影响下东方的许多国家也发展了许多现代城市公园，比如中国的珠三角园林城市群、安徽黄山风景区、西安大唐芙蓉园……日本的京都岚山等，这里以日本的京都岚山（图14-5）为例。

岚山公园位于京都西北部，有京都第一名胜之称。这里最吸引人的便是红叶樱花，春天樱花盛开，秋天红叶漫天，吸引无数游人到此观赏。大堰川河绕岚山北部而过，每到春季两岸翠色欲滴的植被、盛开的樱花、清澈见底的湖水、摇曳江中的小舟与岚山相映成趣，渡月桥横跨其间，桥头有天龙寺等人文景观增加了景观的层次感。名山藏古寺，在岚山中有大悲阁、法轮寺、

图14-5　桂芦公园（引自张祖刚. 世界园林发展概论[M]. 北京：中国建筑工业出版社，2003.）

小都冢等景观点缀。在岚山山麓龟山公园内石刻着周恩来1919年4月5日题的一首《雨中岚山——日本京都》诗篇，更加增添了岚山公园的人文气息。

现代公园在全世界已逐渐得到推行，目前在许多国家、地区都有建设。如美国的富兰克林公园、法国的温桑和波龙涅林苑、英国摄政公园、中国的珠三角园林城市群等，整体来说，这些现代公园大都反映了"适度理性、回归生态"的时代思维。

五、"空灵体悟、追求禅意"的审美理想

日本园林是外国风景园林的重要组成部分，虽然受到中国园林的影响巨大，但是经过千百年的发展也形成自己的特点：迥异于壮丽的中国皇家园林，不同于淡雅的江南园林，不像绚丽世俗的岭南园林，跟朝鲜的粗犷豪迈、刚强奔放也不同，它以洗练简洁、优雅洒脱、彰显自然之美见长，表现为"空灵体悟、追求禅意"的审美理想。

早期的日本盛行神道教，作为一种自然神教，其是日本文化的根，在日本园林中至今能看到神道教的身影。神道教认为在每一个景色优美的山麓，水滨或密林之中都有神灵，因此人们为神灵建造的住所——神社。也大都位于风光秀丽的自然环境之中，极富诗意。可以说日本早期的园林可追溯至供神灵居住的神社。最重要的神社当属伊势神宫。伊势神宫建筑显得简洁洗练，刚柔并济。在神社建筑周边，围有木栅栏，在神社庭院的地面全部平铺松散的鹅卵石，质感粗糙，以精致的建筑形成对比。在木栅栏之外则是茂密的松树林，神宫充分借用了周围的自然景致来丰富自己的审美文化层次。"自然神"崇拜，神道教的流行，为日本园林空间"空灵体悟、追求禅意"文化精神、审美理想的最终形成埋下了种子，提供了土壤。

日本园林除了受到"神道教"的影响外，还受到佛教教义、禅宗哲学的深刻影响。在飞鸟时期，日本园林就接受了中国汉建章宫"一池三山"（蓬莱三岛）的园林营构模式。到平安时代盛行以佛教净土宗、须弥山思想

为指导的净土宗园林，又称"舟游式池泉庭院"，现存的有岩手县毛越寺庭院。在镰仓时代，追求净土思想与自然风景思想相结合，在舟游式池泉庭院中加进回游式的特点。

禅宗是佛教的重要分支。中国禅宗传到日本逐渐演变为具有日本特色的宗教文化，称为日本禅宗。"五山文化为日本庭园注入了鲜明的佛教空寂色彩，由于五山禅僧（中国文化的传播者）深谙中国禅宗佛教的哲理，娴熟禅宗山水画的写意技法，他们设计、营造的枯山水庭园就成为禅宗精神的载体。严格内省式的禅宗，注重深思、顿悟和行动的禅，把宗教哲学变成了审美活动。"在禅宗的寺院里，一些僧侣借鉴中国园林和山水画的做法，发展了一种"写意园林"，用"一木一石写天下之大景"。写意是日本园林的一大特色，14世纪～17世纪，是书院造的府邸、草庵风的茶室、田舍风的数寄屋的形成发展时期，园林的写意手法对这些园林风格的形成发挥着巨大的作用，写意园最大的代表园林类型就是枯山水。

金阁寺庭院始建于1937年，位于京都市北部，为幕府将军足利已满的别墅，后改为寺院。属于回游式池泉庭院，有水上和岸上两条游线，一方面，水面宽阔，可以乘舟游赏；另一方面在岸上也布置了回环散步的小径，亦可随小径欣赏园中美景。金阁寺庭院的中心建筑布置在湖岸旁，部分伸展到湖中，在金阁中可以俯瞰整个园林的景致，站在金阁的对岸，可以欣赏到金阁在水中的倒影。金阁外部镀有金箔，远观金光闪闪，甚是耀眼。该建筑共三层，第一层是发水院；第二层是潮音洞、第三层是究竟顶，系方形禅堂，供奉三尊弥佛陀。金阁寺庭院意境造景层次鲜明，湖面池中布置有岛，一方面寓意神岛，另一方面可丰富景观层次。后来在园的北侧建有夕佳亭，是明治时期的茶室，一面饮茶，一面可欣赏夕阳西下的景观，增加了园林的景观层次。而银阁寺庭院是幕府将军足利义政按照金阁寺庭院的造型修建的，有许多相似之处。

除金阁、银阁外，此类园林代表还有桂离宫、修学院离宫等。为了达到"空灵体悟、追求禅意"的审美效果，其造景手法多样。其特点归纳起来有巧于裁剪、曲折变化、层次丰富、缩小尺寸、分区设景等。

枯山水在没有水源的情况下，通过沙、石的组合达到模拟创造出水的感觉。最具枯山水特色的园林数京都府的龙安寺石庭和大德寺大仙院。此外还有灵云院书院、退藏院等庭院。这类庭院的特点就是在有限的空间中通过写意手法达到"尺寸之地幻出千岩万壑"的效果。枯山水用石块象征山峦，用白沙象征湖海，为了保证尺度适量，不植高大树木，只少量点缀灌木或者青苔、薇蕨等。

图14-6 龙安寺石庭（引自张祖刚. 世界园林发展概论［M］. 北京：中国建筑工业出版社，2003.）

龙安寺石庭（图14-6）建于15世纪，位于京都的西北部，邻近金阁寺，此石庭是在一禅室方丈前的面积为330平方米的矩形封闭庭院。该石庭深受禅宗哲学的影响，追求与世隔绝的大自然理念环境，创造出大自然优美景观。石庭地面全部铺以白沙，并用砂耙耙成水纹条形，犹如海面波浪万重，沿石根把沙面耙成环形，则是拍案惊涛。在白沙地面上，疏密有秩的布置15块石头，分成5、2、3、2、3五组，象征日本五个群岛，按照三角形的构图原则布置。除了石根略有几处苔藓外，并无其他花草树木。坐在屋檐下，沉思冥想，思绪漫飞，仿佛海风吹拂，心境明净似水，超脱尘世之外，这即是禅宗所追求的审美境界。

大德寺大仙院也是在极小的空间中用石和沙营造大自然的微缩景观，表现大自然的山岳、河流与瀑布等。大仙院的气象有别于龙安寺的阔大，更多的是幽邃空灵。体现了日本古诗"万丈崇岩削成秀，千寻素涛逆折流"的意境追求。

此外，茶庭是日本传统园林的重要类型之一，是表现茶道文化的重要空间。茶道以品茶为题，有一整套完整的仪式，仪式的特点是朴素大方，谦卑有理，营造静谧的氛围。举行茶道仪式主要在茶庭，"外观似山居草庵、茅顶外廊、榻榻米铺地木条地板、竹制踏步、低矮、简朴、狭窄，茶具粗糙，未经加工的土壁、带树皮的柱子，很小的拉窗，家具简陋、形似歪斜，日本人称为"佗茶室"或"草庵茶室"，表示清净无垢的佛的境界。"所以茶道追求的是素雅、宁静、自然，以"和敬清寂、禅茶一味"为主要特点。茶庭面积较小，在茶文化的熏陶下，重于意境的营造，在茶庭中植有草皮，其间零星点缀石块、石灯若干。

总之，通过对外国各地域风景园林中文化精神层面的提炼，我们可以大致体会到文化精神对于造园手法的时代性与文化性的深远影响，文化精神是造园手法的源泉和灵魂。我们也由此可以大致看到外国、抑或全世界园林的发展变化和未来趋势。

　　由崇尚神权、君神一体的精神取向，到偏重结构、重视分析的理性探寻，再到重视人权、普罗大众的人本内核；从强调严格等级的精神象征，到满足生产生活的实用性，再到重视生态平衡和环境保护的转变。而近现代的风景园林更是经历了从重结构、重分析的理性思维到重生态、重人文的适度理性思维转变，从批判反思工具理性主义到生态主义回归与复兴。总体看来当今乃至未来的风景园林的大方向朝着"适度理性与回归生态"发展，表现出一定的共同性，但是各个国家、各个地区又坚持自己的特色，又具有多样性与丰富性的特征。

注释

① 　陈志华. 外国建筑史（19世纪末以前）[M]. 北京：中国建筑工业出版社，2010.

② 　（英）Tom Turner著，林箐等译. 世界园林史[M]. 北京：中国林业出版社，2011.

③ 　王向荣，林菁.西方现代景观设计的理论与实践[M]. 北京：中国建筑工业出版社，2002:3.

④ 　郦芷若，朱建宁.西方园林[M]. 郑州：河南科学技术出版社，2001:380.

⑤ 　郦芷若，朱建宁.西方园林[M]. 郑州：河南科学技术出版社，2001:380.

⑥ 　周传斌. 凿通今古，汇融东西—纳斯尔教授的伊斯兰哲学史观述评[J]. 回族研究2008（03）.

⑦ 　朱光潜. 西方美学史[M]. 北京：商务印书馆.2011.

⑧ 　王南希，董璁.意大利手法主义时期三座花园的对比研究.中国园林.2014（04）.

⑨ 　郦芷若，朱建宁.西方园林[M]. 郑州：河南科学技术出版社，2001.

⑩ 　张祖刚. 世界园林发展概论——走向自然的世界园林史图说[M]. 北京：中国建筑工业出版社，2003.

第 15 讲

岭南建筑的文化地域性格

　　建筑的文化地域性格凝练和浓缩了建筑的审美属性和建筑的美学特征。岭南建筑是岭南文化的现象和表征，也是岭南文化的典型载体。岭南建筑，历史悠久，文化深厚，风格独特，表现出高度的适应性特征和鲜明的文化地域性格。岭南建筑的文化地域性格包括三个主要层面：地域技术特征、社会时代精神、人文艺术品格。岭南建筑的自然适应性集中体现了岭南建筑的地域技术特征，岭南建筑的社会适应性集中体现了岭南建筑的社会时代精神，岭南建筑的人文适应性集中体现了岭南建筑的人义艺术品格。

建筑的文化地域性格凝练和浓缩了建筑的审美属性和建筑的美学特征。建筑的文化地域性格涵盖了建筑的地域技术特征、社会时代精神和人文艺术品格三个主要层面。通过岭南建筑文化地域性格的讨论，我们可以以一个新的视角来认识岭南建筑的审美属性和美学特征。

岭南，本初是一个地理名词，意即五岭（大庾岭，骑田岭，都庞岭，萌渚岭，越城岭）以南。"五岭"、"岭南"之名最早见于司马迁《史记》："北有长城之役，南有五岭之戍"，"山东食海盐，山西食盐卤，岭南、沙北，固往往出盐，大体如此也"。岭南作为官方名词，始于唐太宗元年（公元627年）。唐初分全国为十道，五岭以南地区设置"岭南道"。"岭南"自此成为官方正式定名而长期广泛使用。

岭南建筑的称呼是伴随着新中国建筑实践的发展与特色明显的广东新建筑的突出成就的取得而逐渐为人们所接受的。1959年，时任我国建筑工程部部长的刘秀峰同志在全国建筑艺术座谈会上提出"要创造中国的社会主义的建筑新风格"的要求和倡议。自1960年开始，广东建筑界围绕"新建筑"、"新风格"展开了热烈、持久、认真的讨论。至1966年"文革"开始的6年时间里，基本上是每月讨论一次，讨论的中心话题是：广东建筑是否应有自己的特色？大家在讨论中对这一问题作了肯定回答。认为广东有自己的特点，广东建筑也应该有自己的特色，即应有岭南建筑的特点。与此同时，广东建筑界也开始尝试着对以往建筑实践进行理论上的总结和归纳。

从学理层面上说，关于"岭南建筑"的自觉理论研究始于1958年。其标志是时任华南工学院建筑学系教授的夏昌世先生在1958年《建筑学报》第10期上发表了题为《亚热带建筑的降温问题——遮阳隔热通风》的学术论文。夏昌世教授指出：岭南建筑应有自己的特点，满足通风隔热、遮阳的要求。首次论述了岭南建筑（广东新建筑）的特点。这不仅开启了岭南建筑理论研究的先声，也成为岭南建筑的学名渊源，此后岭南建筑渐渐地为人们所知晓、接受和承认，知名于全国建筑界，并成为广东新建筑的代名词。"岭南"本意指地理上的五岭之南的广大地区，但"岭南建筑"，从其被提出的学理初衷和被认可的时代背景来看，即指新中国成立以来的广东建筑，或称广东新建筑。正是在这个意义上，广东古建筑被称为古代岭南建筑，从1840年到1949年的广东近代建筑被称近代岭南建筑。

一、"文化地域性格"论的提出

随着广东新建筑的创作繁荣和成功实践，国内建筑界一方面对这种实践的成功经验进行学习和总结，另一方面也开始了关于以上述建筑为代表的广东新建筑的地域性、时代性和文化性的理论争鸣和学术探讨。在这场方兴未艾的探讨争鸣中，其中一个最具根本性的问题就是关于岭南建筑的学术界定。对此，目前学术界表述不一，众说纷纭。但总体上可以概括为三种主要观点。一是"地域论"。这种观点从岭南的地理概念出发，认为岭南建筑即建在岭南地区的建筑，包括广东、海南、港澳，以及广西大部、福建南部、台湾南部等区域的建筑。二是"风格论"。持此论者认为，岭南建筑即具有独特的岭南文化艺术风格的建筑，这种风格特征主要表现在适合岭南气候特点的平立面设计、建筑部件结构与造型，以及富于岭南地域文化内涵的建筑装饰。三是"过程论"。与前面两种观点不同，过程论者着眼于建筑艺术的创作主体及其创作实践活动，认为岭南建筑是指在岭南地区这块特定的土地上所开展和进行的求新、求变、不断探索的建筑创作实践活动。换言之，岭南建筑即岭南建筑创作实践活动的简称。

我们认为，上述三种观点都有其相对的合理性和借鉴意义，但也都存在着一定的局限性，难以说明岭南建筑的丰富的本质内涵。"地域论"强调建筑的地域性，有助于揭示岭南建筑的地域特征和某些方面如通风、隔热、遮阳等的技术个性。但是，"岭南建筑，是一个有自己追求和风格的建筑创作流派，正如并不是所有岭南的绘画都可归于'岭南画派'一样，并不是所有建在岭南地区的建筑都可以称之为'岭南建筑'"[①]。有学者在界定岭南文化时曾经指出："岭南文化与'岭南的文化'完全不是一回事，所有发生在岭南地区的文化现象都是'岭南的文化'，而只是那些具有岭南文化的主导精神和统一风格的文化现象才属于岭南文化，岭南文化也可以发生在岭南地区之外。"[②]同样，在所有岭南的建筑中，只有那些具有岭南文化的主导精神和统一风格的建筑，或者说，只有那些具有岭南文化地域性格的建筑，才称得上岭南建筑。

"风格论"更接近于对岭南建筑的艺术特征的揭示，强调建筑的文化性，有助于把握岭南建筑的文化和艺术本质。然而，为了强调建筑的艺术性而忽视甚至否定建筑的技术个性，为了强调建筑的形式风格而淡化建筑的文化地域性格，不但有悖于建筑是技术与艺术的结合这样一个客观事实，而且也难以真正阐释建筑的风格问题。因为建筑的艺术风格有赖于对建筑材料的技术处理，有赖于建筑师的知识修养和对地域文化精神的深层理解和个性表现，甚至，建筑的技术水平与发展在很大程度上决定了建筑风格的形成与演变。

"过程论"强调是一种纯粹的建筑创作实践活动，无视建筑的地域性和文化性的理论探索和经验总结，流露出一种"建筑创作无需理论指导"的非理性倾向，无益于岭南建筑创作及其发展。

我们认为，界定岭南建筑的关键在于岭南建筑所蕴含的岭南文化的"文化地域性格"。夏昌世和莫伯治两位前辈，在论述岭南庭园时指出，岭南地区包括了"广东、闽南和广西南部；这些地区不但地理环境相近，人民生活习惯也有很多共同之处。"③正是岭南地区的自然、社会和人文环境，孕育了岭南文化的精神品格，影响着岭南建筑的形成和发展，铸塑了岭南建筑的文化地域性格，从而决定了岭南建筑所独有的技术个性和人文品格。"文化地域性格"的提出，不仅反映出对目前关于岭南建筑"地域论"、"风格论"、"过程论"的学术借鉴和理性鉴别，而且诠释了岭南建筑的三大层面的文化内涵，即岭南建筑的地域技术特征、社会时代精神、人文艺术品格。建筑审美属性的最高标准在于建筑实现了地域性、文化性、时代性的三者的统一。"文化地域性格"论的意义正在于对岭南建筑的地域性、文化性、时代性这三者的综合揭示，从而凝练和浓缩了岭南建筑的审美属性和美学特征。岭南建筑的美学特征，从根本上说就在于岭南建筑的文化地域性格。所以，我们对岭南建筑的文化地域性格的探讨，实际上是岭南建筑美学研究的一个核心问题，而对岭南建筑的地域技术特征、社会时代精神和人文艺术品格的分析是进行岭南建筑美学研究的关键。

岭南建筑是岭南文化的现象和表征，也是岭南文化的典型载体。岭南建筑是岭南文化精神的形象表现，透射出深远厚重的岭南文化精神。岭南文化是源远流长且丰富多彩的中华文化的一朵奇葩，是中华文化体系中成就卓著且风格独特的地域文化之一。从价值系统、社会心理、思维方式和审美理想四个方面来审视，岭南文化精神可以概括为经世致用、开拓创新的价值取向，开放融通、择善而从的社会心理、经验之冠、发散整合的思维方式，清晰活泼、崇尚自然的审美理想，而且在近代发展时期的表现尤为突出④。岭南文化精神，孕育了岭南建筑的开放兼容、务实变通、世俗享乐的性格，凝练了岭南建筑的高度适应性特点。依据建筑发展的适应性理论⑤，我们可以结合建筑发展的自然适应性、社会适应和人文适应性来讨论分析岭南建筑的地域技术特征、社会时代精神和人文艺术品格。

二、岭南建筑的地域技术特征

岭南建筑的地域技术特征，彰显了岭南建筑的地域性特点，体现了岭南建筑发展的自然适应性。

建筑的自然适应性是建筑产生和发展的根本基础。建筑的自然适应性具体地表现在对建筑所在地的气候、地理、环境和建材的适应等几个主要的方面。正是适应了建筑所在地的气候、地理、环境和建材的特点而表现出来地域技术特征才可能得到传承和发展，从而成为构建建筑的地方风格和地域特色的关键因素。

首先，气候特点的不同在很大程度上导致了建筑的差异，是形成建筑地方风格和地域特色的一个十分重要的因素。岭南由于属热带、亚热带地区，其气候特点主要是湿、热、风（台风）。为解决通风问题，广东传统民居建筑和园林建筑可谓匠心独运，就很好地处理了建筑与气候的关系，积累了丰富的实践经验，体现出浓郁的地方性，形成鲜明的岭南特色。如岭南园林的庭园设计，采用连续相通的敞廊设置的处理手法，就很好地体现了这一原则和创作精神，很有借鉴意义。又如最为大量的民居建筑。陆元鼎、魏彦钧《广东民居》指出："在民居中，要取得良好的自然通风效果，首先要有良好的朝向，以便取得引风条件。总体布局的好坏是非常重要的一环。在朝向、引风条件和总体布局都获得良好条件的前提下，住宅内部通风效果将取决于平面布置。广东民居在总体布局中采取梳式布局和密集式布局方式，在平面布置中采取厅堂、天井和廊道相结合的布局手法来组织自然通风，经过调查和测定，效果是良好的。"⑥有的四点金和三进院落民居，为了解决自然通风不理想的问题，就在其东侧或东西两侧增设了南北向的巷道，形成冷巷。

这种冷巷既适应了气候条件，又具有便于交通和防火的实效性。就密集式的民居布局而言，一方面，其小空间的内部巷道和大空间的天井院落构成热压通风，起到通风降温作用，另一方面，它依靠建筑物之间互相毗邻，可增加抗风力。广东民居中，多进式布局的朝向多与台风方向相同。"据测定，四~五进的民居，最后一进住房，台风可减弱80%以上。如大门前加上影壁，最后有围墙，则防风更理想。"⑦

其次，在地理和环境方面表现出来的建筑的自然适应性也是建筑风格特色的一个标志和表现所在，岭南建筑的地域技术特征同样体现在高度的地理适应性上。岭南建筑中特别是岭南传统建筑中司空见惯的临水建筑、沿河建筑、跨水建筑以及建筑延伸水面的做法等充分反映出岭南建筑结合该地区河道纵横的特点，充分利用水面，以获取舒适的生活环境的自然适应性。如建于清代晚期（1875～1908）的小画舫斋。它位于稠密的西关古老住宅区，地形曲折，但设计者却根据不同使用要求而巧妙地安排了住宅、书斋、戏台和庭园。陆元鼎先生曾分析指出："小画舫斋建筑群有下列几个特点。一是布局妥帖，恰到好处；二是环境宁静优雅，乃读书佳地；三是结合自然条件好，特别是在组织穿堂风方面有独到之处。以入口门厅来说，前有敞廊，后有天井，内部采用通透格扇、落地扇等开敞式门窗处理。而且它采用天窗、楼井、屋面活动窗来加强通风和采光。住宅楼则全靠小天井来组织自然通风。书斋楼沿河而建，依靠水面可取得较好的降温效果。因此，它不失为南方城镇中结合环境处理较好的一个建筑实例"[⑧]。又如夏昌世先生1954年设计的广东肇庆鼎湖山教工疗养所。陆元鼎教授评析说："庆云寺建筑坐落在鼎湖山山腰，它坐西向东，依山而建，呈梯级形。当时大殿保存尚为完整。殿堂两翼布置着客堂，乃香客住宿地方，由于年久失修，基本上都属危房。夏昌世教授接到要在庆云寺侧设计教工休养所的任务时，要求在这些客房修复改造的基础上进行设计。于是经过详细勘察调查后，夏教授用一幢5层大楼作为主体建筑，按地形向两翼延伸主楼之上两层与两翼两幢建筑相连，主楼之下两层与两幢建筑相接，这样左右相连形成5段连续跌落式建筑，从坡下最低一层走向寺院旁，依次递高共为9层。建筑内部为外廊式休养房间，屋外有平台、凉亭。这种因地制宜、结合当地气候环境的非对称式设计已经反映出一种结合岭南地域特点的设计思想和方法"[⑨]。

广东省是岭南的主体，有3300多公里的海岸线，而有"省尾国角"之称的广东潮汕地区更是滨海地震多发带。为了适应这种地理条件，广东沿海地区的传统民居建筑多为硬山山墙，有别于内地的悬山山墙，从而减少台风带来的影响和破坏。在建筑装饰上，内陆地区司空见惯的砖雕墙饰由于难抵腐蚀就难觅踪影了，取而代之则是不惧酸雨不畏腐蚀的嵌瓷装饰，潮汕地区尤为突出（图15-1）。我们在调研中发现，粤东建筑的大木构架中广泛应用叠斗。将若干座斗层叠而形成的类似于人体脊柱的一种构架形式，这种构架不仅有强烈的韵律感，而且作为柱身的延长部分有增强构架柔韧性的特点，其主要作用就是抵抗粤东地震带的地震。

就岭南建筑的地域技术特征而言，岭南传统村落由于民系地理分布的

图15-1a　潮汕民系建筑嵌瓷装饰（自摄）　　图15-1b　潮汕民系建筑嵌瓷装饰（自摄）

不同和所处环境的差异，也呈现出村落布局的多样性和丰富性。广府民系传统村落由于多处珠三角平原地区，气候炎热，为引导东南季风，村落采取梳式布局和冷巷处理手法。客家传统村落除大型围龙屋之外，多为有山则靠山，无山则靠岗的散点布局，目的在于节约农田耕地；而潮汕传统村落布局则呈现出另一番景象，以中庭式为单元进行集中式平面组合，由"驷马拖车"到"百鸟朝凤"。

上文从湿、热、风等低于气候环境特点结合岭南建筑的选址布局、造型风格、木构技艺、建材选用、装饰装修等多个方面分析了岭南建筑的地域技术特征，揭示了岭南建筑审美属性和美学特征的基本维度。

三、岭南建筑的社会时代精神

建筑是凝固的历史和文化，是社会时代精神的形象体现。雨果所说"建筑是石头的史书"，就是肯定建筑的社会适应性，强调建筑所体现的社会时代精神。

岭南建筑反映社会思潮，体现时代理性，记录历史变迁，彰显社会时代精神。在古代，岭南建筑风格独特，表现为偏于一隅的独立发展，到近代，岭南建筑中西合璧，走向中外文化的交融汇合，在现代，岭南建筑灵活变通，开始务实兼容的创新探索，至当代，岭南建筑自成一派，追求走向主流的传承创新。

总体上说，开放性、兼容性和创新性是岭南建筑文化的三个重要特点，更是近代以来岭南建筑文化的三个突出特征，集中体现了近代岭南建筑的社会时代精神。相比而言，广府侨乡建筑最为突出地体现了岭南建筑的开放性、兼容性和创新性特征。

广府侨乡与潮汕侨乡、兴梅侨乡并称广东三大侨乡。广府侨乡是指广东境内广府民系（粤语系）的侨乡区域，以珠江三角洲地区为中心，包括"广州（含番禺、花县、增城、从化）、佛山、中山、南海，顺德、东莞、三水、肇庆、清远、信宜以及五邑地区等"。近代广府侨乡建筑以其覆盖的地域面积最广、建筑形制最丰富、保存数量最多而成为近代岭南侨乡建筑文化中的代表。作为近代岭南建筑的重要组成部分，近代广府侨乡建筑展现了"中外建筑文化从接触到冲突到融汇创新的全过程"，显示了"古今中西之争"的时代风貌，记录了近代岭南建筑发展经由自我调适和理性选择到融汇创新的艰辛和成就，最为充分地体现了岭南建筑的开放性、兼容性和创新性特征。

1. 广府侨乡建筑的开放性特征

就政治、经济等文化层面的意义上说，近代中国的开放与当代中国的开放有着本质区别。前者是被动的开放，是以战败为契机、以民族自救为指归的，因而民众最初是怀着屈辱和无奈的心理被迫接受的；后者是主动的开放，其目标在于强国富民，以实现中华民族的伟大复兴，民众信心无比，充满期待。然而，由于岭南文化是以"俗"文化（民间文化）为主体的，加之，以广州为中心的广府文化具有2000多年未曾中断的对外经贸交流的传统和优势，因此，开放性既是近代广府文化的基本特点，也是广府侨乡建筑发展的文化背景和心理基础。从这个意义上说，近代广府侨乡建筑的开放性又是相对主动、相对自觉的，是与近代岭南文化精神的开放兼容、择善而从的民众心理相一致的。

近代广府侨乡建筑的开放性主要是由海外华侨（华侨文化主体）引起的华侨文化的积极作用，使得近代广府侨乡建筑文化的开放局面具有"意识强、范围广、内容多、影响大"的特点。

一方面，近代广府侨乡建筑体现出积极主动和全局的开放意识。近代广府侨乡的建筑发展和近代中国租界（如上海、广州沙面）建筑的发展是不同的。租界建筑以直接输入式为主，是帝国主义和殖民主义强行推进的西方文化，对西方建筑文化的被动吸收和屈辱性从"闻铁路而心惊，睹电杆而泪下"和"鬼楼"、"夷馆"的感言和称呼中可以窥见。但是近代广府侨乡建筑的开放有明显的主动性，是侨乡人民在接触和学习西方文化后而表现的希冀民族独立自强的全局意识和开放心态，体现出华侨文化恋祖爱乡、实业兴国、敢为人先的特质。特别是五邑地区的碉楼建筑，它们的建筑外观多是"金山伯"们用自己带回来的居住国建筑的印象碎片和从国外寄回来的"普市卡"（乡民叫做"公仔纸"）上印有世界各地风光与不同国家建筑的明信片为依据指导工匠建造的。

另一方面，近代广府侨乡建筑的开放性主要体现为大胆使用国外先进材料、引进建筑技术，在结构形式和造型艺术上吸取国外建筑文化。首先在材料上，表现为自觉引进西方建筑材料——钢筋、水泥等。如开平蚬冈的瑞石楼，在修建和装修时就大胆地运用了钢筋、铁板、水泥、柚木、坤甸等国外的建筑材料和装饰材料。由于新材料的运用，带动了对西方建筑技术的引进，使建筑艺术具有更大的表现空间，所以在高度上，瑞石楼突破了广府地区传统建筑的高度，有9层25米高，而结构上，为钢筋混凝土结构，墙体坚固结实，从而在建筑外观上既浸透着西方建筑的浪漫和华贵之气，又给人坚实厚重之感，曾享有开平"第一楼"的美誉。广府侨乡地区大量可见的骑楼，既可以看到有砖石、钢筋、混凝土等先进材料的运用，又可以看到在内部构造中梁板的运用和外部的还有拱券式结构。在建筑的外观造型上，琳琅满目，千姿百态，对外国建筑文化的开放、吸收、整合更为全面、主动、丰富，尤以五邑侨乡地区为最。碉楼和庐是五邑侨乡建筑的代表和特色所在。由于受侨居地文化影响，五邑侨乡建筑风格各异，数量众多，蔚为壮观。仅开平现存碉楼就有1466座，建筑式样有廊楼式、罗马式、英国古堡式、德国哥特式、西班牙式、伊斯兰式等，几乎囊括了全世界各式各样的风格流派，像是开世界历史风格回顾博览会一样。广府侨乡建筑不仅在建筑形制上借鉴西方建筑艺术风格，在部件上也融入了许多的西方建筑元素，如西式立柱、券廊、穹顶、彩色玻璃和百叶窗等，表现出侨乡建筑对西方建筑文化从总体到局部、从形式到内容的全方位开放。由此形成多姿多彩的侨村，如台山斗山的浮月村、开平塘口镇和赤坎镇（图15-2）、新会古井五福村、恩平圣堂的侨村等。

图15-2　广东开平赤坎骑楼街景（自摄）

2. 广府侨乡建筑的兼容性特征

从建筑文化的发展历程来看，兼容性的实质就是"折中中外，融合古今"。近代广府侨乡建筑的发展，从宏观上看是处于中国传统建筑文化解体、转型和重新建构的一个大的历史潮流下，与中国近代建筑的发展是同步的；但是在微观上，侨乡建筑的转型和重新建构的引发点不同，它是由华侨文化的主动"开放性"所引发，并且整个过程都是在华侨文化的直接参与和推动下进行的。由于华人华侨接触学习西方文化而产生的审美心理上的差异性，近代广府侨乡建筑在城镇布局和单体建筑上表现出突出的兼容性。

近代广府侨乡地区的城镇布局一方面表现为集家庙（祠堂）、私塾、民居为一体的大型建筑群，另一方面在一定程度上融入了西方的城市理念，表现出城市功能区的划分和城市体系的建构。如增城瓜岭村、开平西降村都是著名的侨村，在村落布局上，都沿用传统粤中广府地区的梳式布局，并设立公共祠堂，其中增城瓜岭村在占地不到100亩的范围内，就拥有8个祠堂，而开平的西降村更突出了宗祠在布局上的中心地位，这种在大型建筑群中设立祠堂和祠堂所处的位置，都反映了广府侨乡地区所遵循的传统儒家思维引导下的家族宗法制度；但是在组合排列上，侨民体现出有规划的西方城市布局方式，即对于家畜的喂养，在村落中有专门的区域，以利人畜分离，另外在村落外围制高点、入口处等设置碉楼，以保证村民安全。这种有规划的城市功能划分在近代广州城市体现得更为明显，如西关商业、城内行政、东山住宅区等的城市分区，另外还设有电灯、自来水、汽车等相关市政设施，体现出近代城镇建筑新风貌。

从微观上看，近代广府侨乡建筑的兼容性还表现在单体建筑上。主要以三个种方式出现：传统平面布局和西洋立面的结合；洋人建筑设计和国人建造施工的结合；装饰内容和题材上的中西结合。在侨乡的几种常见建筑中，三间两廊改良式的侨居、碉楼、庐以及骑楼，它们都体现了传统平面布局和西洋立面的结合，在平面上，三间两廊改良式的侨居、碉楼、庐沿用的是广府传统三间两廊的布局方式，骑楼在平面上主要是传统竹筒屋，在外观上都吸收和借鉴了西方的建筑文化，呈现出中西建筑文化兼容的风貌；另外洋人建筑设计和国人建造施工结合的代表作是开平三埠镇的风采堂（1914年），它主体建筑之———风采楼就是"以五百金，雇西人骛新绘式"⑩，（图15-3）所以在其各部分的尺度比值上都比较符合西洋古典建筑盛行的"黄金分割比"，只是由于国人施工，在数据上都有一些出入，其中的西方建筑符号上都

图15-3　广东开平风采堂（自摄）

有些简化，如其中的柱式虽然在柱头花饰处类似希腊、罗马柱，但柱身却没有凹槽；在装饰内容和题材上的中西结合典范是位于开平塘口镇北义乡的立园（1936年），以"泮文"和"泮立"两座最为富丽堂皇的别墅为例，其屋顶采用中国宫殿式的风格，绿色的琉璃瓦、飘逸的檐角、栩栩如生的吻兽，在房身部位采取希腊式圆柱和古罗马式的艺术雕刻支柱，在窗户设计上取材欧美式，将中西风格和谐地糅合在一起，具有浓厚的西洋风味，室内装饰装修沿用此法，既有水磨彩色意大利石地板、欧美式壁炉、东洋式雕刻天花，吊挂西式煤油灯，还有以"刘备三顾草庐"为题材的岭南传统灰塑艺术和涂金木雕画"六国大封相"，红木雕刻桌椅等传统装饰手法。兼容性是近代广府侨乡建筑艺术的发展原则，也是侨乡建筑文化不断开放的深化和结果。它代表着侨乡建筑文化的自我反省和对新的建筑形式和建筑风格的积极探索，其价值目标就是侨乡建筑文化的发展创新。

3. 广府侨乡建筑的创新性特征

按照陆元鼎先生在《岭南人文·性格·建筑》中对"创新"所做的阐释，"创新的过程是先抄袭，后模仿，再创造。抄袭是照抄，不动脑筋。模仿时就要有一些变化，就是创新的第一步，有一点创新的表现。再创造，就必须创新，而且要进一步思考，不但要实践，而且要从理论上去思考，灵活变通就是进行创造的一种方法。"⑪我们可以看到侨乡建筑创新时所走过的艰难历程。从三间两廊式传统民居到以传统风格为主的三间两廊式改良式侨居，再到具有明显西方建筑特色的碉楼、庐；甚至碉楼的发展演变，由'旧式碉楼'到碉楼再到裙式碉楼的演变，都标志着创新性是广府侨乡建筑发展的目标和不懈的追求。

近代广府侨乡建筑的发展极具开拓创新的意识，中国最早的混凝土、砖石混合结构的建筑——岭南大学马丁堂，中国当时室内空间最大的会堂建筑——广州中山纪念堂（1931年），以及后来被誉为"南中国建筑高度之冠"的爱群大厦（1937年）都是在广府大地找到了根基。广府侨乡建筑无疑在吸收西方建筑先进文化、开拓创新上起到了先锋作用。它主要表现为在对西方建筑文化积极借鉴的基础上，对广府传统建筑的自我改良、对新形式和新功能的自觉探求，并逐渐开始注意到建筑以人的使用功能为中心的现代主义思想本质。

由于在材料上借鉴和吸收了西方建材的优点，近代广府侨乡建筑在结构上发生了深刻的变革。民居建筑在类型得到了丰富和扩大，产生出许多新的建筑形式，同时也对传统的建筑起到积极的改良作用。如竹筒屋的屋顶由传统的坡顶向平顶转变，从而有效地扩大了房屋的对外空间；随着新建材的使用，竹筒屋的结构也由单层独户住宅变为多层的分户式住宅，以适应城市人口发展需要；作为近代文化交流和经济发展的产物——骑楼，被认为是"竹筒屋模式诸多变体中最经济、实用、科学、合理的一种建筑类型"[12]；而侨乡新型民居建筑——庐，一方面打破了传统民居封闭内向的结构特点，增设了露台或阳台，和对外开窗，形成开敞外向的空间，房间的分割也趋于灵活；另一方面，有些庐还吸收了西式古典大厅的处理方式，出现了楼井空间，使上下空间相互渗透，也成为传统天井空间的竖向发展；别墅式侨居的重要特点是私密性更强，一反建筑围合院落的传统布局，采用的是在房屋外围布置庭院，而且建筑内部空间更加灵活，完全突破了传统民居竹筒屋、明字屋和三间两廊的布局方式，以充分满足人的使用功能为目的，同时在外观形式上对西方建筑进行了直接的模仿，偏离了传统，极具主人的个性特征。

在侨乡公共建筑中，为满足社会功能的需求，传统布局思维进一步被瓦解。集中在20世纪20～30年代的"中国固有形式"的建筑活动中，涌现出一大批优秀的建筑，其特点是依靠功能，采取新的平面布局，采用钢结构、钢筋混凝土和砖石承重的混合结构，尝试性地将中国传统的大屋顶与建筑的使用功能相结合，这一时期产生了诸如中山纪念堂、市府合署大楼、中山图书馆、岭南大学马丁堂、石牌中山大学等代表性建筑，它们在结构、布局和功能上都接受了西方建筑文化，与原来的民族传统建筑造型和功能状况都有所不同，是民族文化的自我创新。到了近代后期，建筑文化发展到中西合璧风格时，建筑样式逐渐趋于成熟，这时期的代表作品是建于1937年的广州爱群大厦，由建筑师李炳垣和陈荣枝设计修建，"他们既借鉴美国当时创摩天大厦新风格的纽约伍尔沃期大厦（Woolworth Building）的设计手法，又在哥特式复兴风格中渗入岭南建筑风格。为了创造竖线条，所有窗都采用上下对齐的竖向长窗，并且在各个立面的窗两旁都布置了上下贯通的凸壁柱（或称"倚柱"），这样在阳光下既形成竖向阴影，又使窗口得到侧向遮阳"。同时参照了当时广州传统民居的天井采光通风的设计手法，在中部留出140平方米的楼面作开敞式天井，并在首层大厅里设置冷气设备，这些建筑设计和装饰手法不可谓不大胆，不创新，它促使着使广府建筑文化进一步成熟。

在广府侨乡建筑的发展历程中，开放、融合、创新是密不可分的，它们共同构成了广府侨乡建筑完整的时代审美文化特征：开放是基础、融合是手段、创新是目标。它们共同促使着广府侨乡建筑在近代蓬勃发展，也造就了侨乡建筑独特的人文魅力，同时也引领近代建筑的走向，在中华建筑文化体系中占有特殊的地位。

与广府侨乡建筑相比较，近代兴梅客家侨乡建筑的传统式平面布局和国外风格的立面处理虽然显示出开放的心态，对外国先进的建筑技术、建筑材料和装饰手法主动积极地吸纳整合，但内心存有的对中国传统文化的尊崇依然根深蒂固，感情深厚。如果说，五邑侨乡建筑已经表现出对中西建筑文化的积极整合和主动创新，并开始了新的建筑文化的创造；那么，兴梅侨乡建筑置身于中西建筑文化交流碰撞的时代大潮，尚处于艰难的理性抉择阶段，尚未达到实质性的融汇创新，更多地表现为在沿袭传统建筑文化之时试探性地借鉴外国建筑符号和建筑技术。

四、岭南建筑的人文艺术品格

岭南建筑的文化地域性格浓缩了岭南建筑的审美属性和美学特征。岭南建筑的人文艺术品格是岭南建筑审美属性的重要表现。

人文艺术品格是讨论文化地域性格的第三个维度，主要表现为通过选址布局、空间组织、装饰装修等方面所表现出来的价值取向、精神追求、心理期盼和审美理想。地域技术特征、社会时代精神和人文艺术品格三者相互联系，共同构建起城市、村镇和建筑的文化地域性格。如果说，建筑的地域技术特征集中体现了建筑发展的自然适应性，建筑的社会时代精神集中体现了建筑发展的社会适应性，那么，建筑的人文艺术品格集中体现了建筑发展的人文适应性。诚如上文所述，建筑的自然适应性是建筑产生和发展的前提条件和根本基础，建筑的社会适应性是建筑发展的根本动力，而建筑的人文适应性是建筑发展的目标旨归。

岭南传统村落和建筑在选址布局上甚为讲究，体现了高度的自然适应性（如广府地区普遍多见的传统村落的梳式布局和冷巷处理）、社会适应性（如岭南传统圩镇的骑楼建筑和岭南侨乡建筑的中西合璧风格）和人文适应性。在客家民系地区，传统村落和建筑在选址布局还以"五位四灵"⑬的环境模式来体现天人合一的环境理想和环境审美追求，呈现了流传久远且影响深广的环境审美选择经验。梅州蕉岭县南礤镇的石寨村（图15-4）和梅州市梅江区西阳镇白宫新联村的棣华居就是"五位四灵"的环境模式的典型案例。棣华居是客家传统民居建筑"三堂四横一围龙"形式的围龙屋的典型代表，选址环境为左有流水，右有小道，前有污池，后有山岗，严格遵循《阳宅十书》所云"凡宅左有流水谓之青龙，右有长道谓之白虎，前有污池谓之朱雀，后有丘陵谓之玄武，为最贵也"。在广府民系地区，传统村落和在建筑选址布局方面除了梳式布局和冷巷处理的特点外，也有深刻人文价值追求和文化内涵表达。如广府地区传统村落的祠堂建筑往往布置在村落的核心位置，彰显了广府民系崇宗敬祖、遵循礼序的民系心理和价值取向。特别是在珠江三角洲岭南水乡地区，祠堂建筑往往临江而建或面塘而建，成为村落的首要建筑空间和突出景观。又如佛山三水的大旗头村的建筑布局，以文昌阁、大条石、晒谷坪、池塘，来隐喻文房四宝的笔、墨、纸、砚，蕴含了传统社会中的"文房四宝"意象，寄托了人文荟萃，家族兴旺的心里期盼。潮汕民系的村落和建筑布局则是另一番景象，以"中庭式"为基本单元进行组合变

图15-4 梅州市蕉岭县南礤镇石寨村（自摄）

化，出现诸如下山虎、四点金、四马拖车、百鸟朝凤等多种形态，表达了潮汕民系以"潮汕厝，皇宫起"民谚相传的建筑文化理想。

岭南庭院是岭南建筑重要组成部分，体现了岭南文化的基本精神和审美追求，即，经世致用、开放兼容、世俗享乐、崇尚自然。在中国传统园林体系中，岭南庭院在规模、布局和技艺上都有别于北方皇家园林和江南文人园林，特色鲜明，风格独特，自成一派。比较而言，北方皇家园林表现出庄、大、阔、深的审美特征，江南文人园林的审美取向在于尚古尚雅，追求精巧雅致，强调艺术审美的综合性，岭南庭院虽规模小，但布局巧妙，技艺精湛，文化地域性格鲜明。特别需要注意的是，岭南庭院在空间布局上是宅园合一，亦宅亦园，居住与游憩与共。广府地区的番禺余荫山房、顺德清晖园、东莞可园、佛山梁园、开平立园，潮汕地区的潮阳西园，均无例外。不仅如此，整个庭院空间总是以游憩空间为中心，强调庭院空间的生活便利性和世俗享乐性。

岭南建筑的人文艺术品格还表现在建筑细部处理和装饰装修上。岭南建筑通过细部处理和装饰装修来深化文化内涵，提升建筑意境，展现价值取向，表达审美追求。在岭南民间建筑中，祠堂建筑的装饰最为讲究。无论广府地区还是潮汕地区，都是如此。如始建于1888年落成于1894年的广州陈家祠（又名陈氏书院），堪称集岭南建筑装饰之大成（图15-5）。陈氏

图15-5　广州陈氏书院首进中路立面（自摄）

书院以其精湛的装饰工艺享誉遐迩，在三进三路九厅两抄手的典型祠堂建筑中广泛采用木雕、石雕、砖雕、陶塑、灰塑、壁画和铜铁铸等不同风格的工艺装饰。雕刻技法既有简练粗放，又有精雕细琢，相互映托，使书院在庄重淡雅中透出富丽堂皇。透过陈家祠"七绝"装饰（木雕、石雕、砖雕、陶塑、灰塑、壁画和铜铁铸有陈家祠"七绝"之誉）的题材内容及其象征隐喻，我们可以强烈地感受到陈家祠艺建筑装饰来传达的礼乐相济、兼容并蓄的文化精神，耕读传家、多子多福的价值追求和崇尚自然、世俗享乐的审美理想，从而展示岭南建筑的人文艺术品格。祠堂建筑在岭南地区普遍而多见，仅东莞的中堂镇就存有各族各姓祠堂48座，分别建于宋、元、明和清代。如始建于南宋的有潢涌村的黎氏大宗祠，始建于元代的有一村村的陈氏宗祠，还有始建于明代的有11座。祠堂建筑装饰讲究，装饰题材丰富多样，展现了地域文化传统、价值心理追求和审美艺术理想。

在岭南建筑装饰中，灰塑和嵌瓷是最具岭南特色的两种装饰工艺，彰显了岭南建筑的文化地域性格。它们不仅体现了岭南建筑的地域技术特征和社会时代精神，而且体现了岭南建筑的人文艺术品格。如广州南海神庙的灰塑（图15-6），构图完整，着色讲究。虽不著一字，然诗意盎然，再现了唐诗名篇李白《黄鹤楼送孟浩然之广陵》"故人西辞黄鹤楼，烟花三月下扬州。孤帆远影碧空尽，唯见长江天际流"的诗歌意象景观，给人以丰富的审美联想和广阔的审美想象。又如在潮汕传统建筑装饰中司空见惯的嵌瓷装饰，工艺精湛，题材丰富，色彩鲜艳，特色鲜明。

图15-6　广州南海神庙灰塑装饰（自摄）

　　岭南建筑的人文艺术品格的表现是丰富多样的。如吴庆洲教授曾专文论析了客家传统民居的审美意象，从追求与宇宙和谐合一的意象，向往神仙胜境、佛国世界的意象，宣扬儒家文化的礼乐意象、生殖崇拜意象、祈福纳吉的意象等五个方面阐释了客家传统民居建筑的审美意象[14]。凡此种种，客家传统民居建筑的意象内涵正是客家传统民居建筑的人文艺术品格的核心所在。

注释

①　曾昭奋：云归岭南-莫伯治集[M]，第275页，广州：华南理工大学出版社1994年。

②　郑刚：岭南文化向何处去[M]，第17页，广州：广东旅游出版社1997年。

③　夏昌世　莫伯治：漫谈岭南庭园[J]，建筑学报，第11-14页，1963年第3期。

④　唐孝祥：试论近代岭南文化的基本精神[J]，华南理工大学学报（社会科学版）第19-22页，2003年第1期。

⑤　唐孝祥：岭南近代建筑文化与美学[M]，第53-66页，北京：中国建筑工业出版社，2010年12月。

⑥　陆元鼎　魏彦钧：广东民居[M]，第245页，北京：中国建筑工业出版社，1990年.

⑦　陆元鼎　魏彦钧：广东民居[M]. 北京：中国建筑工业出版社，1990年.

⑧　陆元鼎　魏彦钧；广东民居[M]. 北京：中国建筑工业出版社，1990年.

⑨　陆元鼎：岭南人文—性格—建筑[M]. 北京：中国建筑工业出版社，2005年.

⑩　颜紫燕. 广东开平风采堂[J]，华中建筑，第79-81页,1987年第2期。

⑪　陆元鼎：岭南人文·性格·建筑[M].，北京：中国建筑工业出版社，2005年.

⑫　潘安：广州城市传统民居考[J]，华中建筑，第106页，1996年第4期。

⑬　唐孝祥，岭南近代建筑文化与美学[M]. 北京：中国建筑工业出版社，2010年.

⑭　吴庆洲：建筑哲理、意匠与文化[M]. 北京：中国建筑工业出版社，2005年。

后记
Postscript

　　我从2001年开始招收美学专业建筑美学方向硕士生，开设《建筑美学导论》课程。2008年开始招收建筑历史与理论专业建筑美学方向博士生，开设《建筑美学专题》课程。2004年为华南理工大学本科生开设《建筑美学》通识课程。十几年来，我一直在思考和着手编著一部《建筑美学》教材，2007年曾编著了18万字的书稿，但感觉不满意，未与出版社联系出版事宜。近年来结合我主持的国家社会科学基金项目《岭南近代建筑美学研究》（立项编号：00CZX011）和国家自然科学基金项目《岭南建筑学派现实主义设计理论及其发展研究》（立项编号：51378212）的科研成果，以及《建筑美学差异化教学研究》的教学研究和教学实践心得，加之我主持并主讲的国家精品视频课程《建筑美学》2013年10月在"爱课程"网站上线，我将建筑美学理论的体系性、建筑美学知识的基础性、建筑美学教学的差异性作为主要目标来完善原有书稿，最终定名为《建筑美学十五讲》。

　　编著《建筑美学十五讲》的初始想法，是为本科生、硕士生和博士生的《建筑美学》32学时选修课程提供教学参考资料，并结合国家精品视频课程《建筑美学》和华南理工大学《建筑美学》教学网站，推进《建筑美学》的教学实践和教学改革。

　　《建筑美学十五讲》得以在中国建筑工业出版社出版，要感谢中国建筑工业出版社艺术设计图书中心唐旭主任的热情引荐和中国建筑工业出版社沈元勤社长的立项肯定，感谢国家自然科学基金项目《岭南建筑学派现实主义设计理论及其发展研究》（立项编号：51378212）的资助和华南理工大学建筑学院亚热带建筑科学国家重点实验室的资助。在书稿的资料整理中，我的多位博士生和硕士生付出了很多努力，特此致谢。

唐孝祥

于华南理工大学建筑学院

作者简介

唐孝祥，男，1965年农历10月生，湖南邵阳人。华南理工大学教学名师，华南理工大学建筑学院教授、学院学位委员会委员和学术委员会委员。建筑学一级学科博士生导师、风景园林学一级学科博士生导师。《建筑美学》国家级精品视频课程负责人。先后获得南开大学美学专业硕士学位和华南理工大学建筑历史与理论专业博士学位。曾任华南理工大学人文社会科学学院文化艺术系主任、文化传播系主任、新闻与传播学院副院长，现兼任中国民族建筑研究会专家委员会副主任，国务院学位办特聘专家，中国建筑学会岭南建筑学术委员会副主任委员兼秘书长，中国民族建筑研究会民居建筑专业委员会副主任委员兼秘书长，华南理工大学亚热带建筑科学国家重点实验室副主任，广东省现代建筑创作工程技术研究中心管理委员会副主任等。

主要研究方向为：建筑美学、风景园林美学、岭南建筑理论。出版有《大美村寨-连南瑶寨》（中国社会出版社2015年）、《岭南近代建筑文化与美学》（中国建筑工业出版社2010年）、《中国民居建筑概览（华南卷）》（中国电力出版社2007年）、《美学基础》（华南理工大学出版社2006年）、《万紫千红：广东人的艺术精神》（广东人民出版社2005年）、《景观建筑形式与纹理》（浙江科技出版社2004年）、《近代岭南建筑美学研究》（中国建筑工业出版社2003年）等著（译）作10部，在《建筑学报》、《小城镇建设》、《南方建筑》、《新建筑》、《华中建筑》、《城市建筑》、《广东社会科学》、《现代哲学》、《学术研究》、《艺术百家》、《华南理工大学学报》、《新世纪宗教研究》（中国台湾）等学术期刊公开发表130多篇学术论文。主持完成课题主要有：（中日）国际合作项目《粤东北客家建筑调查与研究》、国家自然科学基金项目《岭南建筑学派现实主义设计理论及其发展研究》（立项编号：51378212）、国家哲学社会科学规划项目《近代岭南建筑美学研究》（立项编号：00CZX011）、国家教育部规划课题《粤闽侨乡建筑审美文化比较研究》、广东省普通高校人文社科重点研究基地重大项目《广东侨乡建筑文化研究》、广州市社科规划智库课题《塑造广州城市特色风貌的思路与对策研究》和政府招标项目《从化传统村落文化价值和风貌特色研究》、《和平县林寨省级新农村示范片建设规划、设计与咨询》等。

先后获得第四届广东省教学成果二等奖和第五届广东省教学成果二等奖、第六届中国高校人文社科研究优秀成果三等奖、第二届国家级研究生教学成果一等奖等多项省部级以上奖项。